普通高等教育规划教材

建筑电气 CAD

主编　丁有军　毛建东　黄文斌
参编　罗　玺　李　喆　周方晓　李　蒙

中国轻工业出版社

图书在版编目（CIP）数据

建筑电气 CAD/丁有军，毛建东，黄文斌主编．—北京：
中国轻工业出版社，2017.1
普通高等教育规划教材
ISBN 978-7-5019-8228-8

Ⅰ．①建…　Ⅱ．①丁…　②毛…　③黄…　Ⅲ．①建筑
工程－电气设备－计算机辅助设计－AutoCAD 软件－高等
学校－教材　Ⅳ．①TU85－39

中国版本图书馆 CIP 数据核字（2011）第 087727 号

责任编辑：王　淳　秦　功
策划编辑：秦　功　　责任终审：孟寿萱　　封面设计：锋尚设计
版式设计：宋振全　　责任校对：杨　琳　　责任监印：马金路

出版发行：中国轻工业出版社（北京东长安街 6 号，邮编：100740）
印　　刷：三河市万龙印装有限公司
经　　销：各地新华书店
版　　次：2017 年 1 月第 1 版第 4 次印刷
开　　本：720×1000　1/16　　印张：13.25
字　　数：280 千字
书　　号：ISBN 978-7-5019-8228-8　　定价：27.00 元
邮购电话：010-65241695　传真：65128352
发行电话：010-85119835　85119793　　传真：85113293
网　　址：http://www.chlip.com.cn
Email：club@chlip.com.cn
如发现图书残缺请直接与我社邮购联系调换
161483J1C104ZBW

前　　言

AutoCAD 是美国 AutoDesk 公司开发的著名的计算机绘图软件。自 1982 年问世以来，以其强大的绘图功能，被广泛应用于机械、建筑、电子和军事等工程领域。该软件因简单易学、精确无误等特点，深受众多房地产企业、设计院和高校等的青睐。

近年来，随着工程技术的不断发展，尤其是智能建筑新技术的高速发展。我们发现传统的 AutoCAD 教材已经满足不了工程应用及高校教学的需求。因此本书希望以一种新的理念，在介绍传统 AutoCAD 知识的同时结合专业电气绘图软件天正电气 CAD 的知识，在讲解弱电制图的同时重视强电的工程应用并强调工程规范的重要性，这样不仅能够大大地提高学生的制图水平，同时还能培养学生的制图素养。参加编写的人员有高校的教师，也有工作在行业一线的工程师，所以书中除了讲解必须的基础知识以外，以简洁的语言叙述了工程实践中的技巧，并有生动的实例分析。

本书分上下两篇共 12 章。上篇着重于讲解《AutoCAD2009》的基本知识、基本绘图和编辑命令，包括第 1 章 AutoCAD 的基本概念，第 2、3 章建筑电气 AutoCAD 绘制和编辑图形的方法，第 4 章文字和表格的使用，第 5 章尺寸标注方法；下篇着重于《建筑电气工程图实例精解》，分别对建筑电气工程图的基础知识以及常见的供配电系统、照明系统、防雷接地系统、弱电系统都进行了详细的讲解，内容涵盖了变配输电以及防雷接地和电视电话网络等方面的设计，包括第 6、7 章天正电气和建筑电气工程图的基本知识，第 8、9 章变电、配电工程图设计举例，第 10 章照明工程图实例精解，第 11 章防雷、接地平面图实例精解，第 12 章建筑弱电工程部分。

本书由丁有军、毛建东、黄文斌主编，参加编写的作者（按章节顺序）有：西安建筑科技大学李喆（第 1 章）、西安航天神舟建筑设计院毛建东（第 2、3 章）、华度智通（廊坊）工程咨询有限公司黄文斌（第 4 章）、洛阳理工学院李蒙（第 5 章）、西安创元建筑设计院有限公司罗玺（第 6、11 章），西安建筑科技大学丁有军（第 7、8、9、10 章）、西安建筑科技大学周方晓（第 12 章）。在编写过程中得到了许多同行的帮助和支持，在此表示感谢。由于编者水平有限，书中错误之处难免，欢迎读者对本书提出宝贵的意见和建议。

本书适用于自动化、电气、测控等专业学生，同样也适用于从事该专业的工程技术人员和希望将来从事该领域的技术人员的参考书和自学读本。

编　者

2011 年 5 月

目　录

上篇　建筑电气 AutoCAD 制图基础

下篇 建筑电气工程图实例精解

上篇　建筑电气 AutoCAD 制图基础

第 1 章　AutoCAD 的基本知识

本章主要内容包括 AutoCAD 简介，AutoCAD 的主要功能及 AutoCAD 2009 的新增功能，AutoCAD 2009 的工作界面，启动和退出，绘图环境设置，图层的使用和管理。

1.1　概述

1.1.1　AutoCAD 简介

AutoCAD 是由美国 Autodesk 公司开发的通用计算机辅助设计（Computer Aided Design，CAD）软件，具有易于掌握、使用方便、体系结构开放等优点，能够绘制二维图形与三维图形、标注尺寸、渲染图形以及打印输出图纸，目前已广泛应用于机械、建筑、电子、航天、造船、石油化工、土木工程、冶金、地质、气象、纺织、轻工、商业等领域。

AutoCAD 自 1982 年诞生以来，经过不断地改进和完善，经历了十多次的版本升级，于 2008 年又推出 AutoCAD 2009 版，使其性能大幅提高，功能更加强大。

1.1.2　AutoCAD 主要功能

AutoCAD 是美国 Autodesk 公司推出的一种通用的计算机辅助绘图和设计软件包。其主要功能为：

（1）绘图功能。绘制由各种图形元素、块和线组成的几何图形，并对绘制完成的图形进行标注。

（2）编辑功能。对已有的图形进行各种操作，包括形状和位置改变、属性重新设置、拷贝、删除、剪切、分解等。

（3）图形的显示、输入、输出功能。AutoCAD 通过管理外部硬件设备完成图形的输入、输出。通过显示控制的缩放或平移，可以方便地观察图形的全貌或详细察看其局部细节。

（4）二次开发功能。AutoCAD 提供了一种内部的 Visual LISP 编辑开发环境，用户可以使用 LISP 语言定义新命令，开发新的应用和解决方案。

1.1.3　AutoCAD 2009 的新增功能

从早期 AutoCAD V1.0 起，AutoCAD 的版本不断更新，AutoCAD 2009 是一种功能更加强大、使用更加方便的典型版本，从一推出就受到人们的广泛青睐。AutoCAD 2009 新增特性主要有：

（1）快速属性。新的快速属性工具让用户可以就地查看和修改对象属性，而不用求助于属性面板。可以通过状态栏（QP）打开/关闭快速属性。打开快速属性后，只要选择一个对象，它的属性就会显示以便于编辑。还可以通过 CUI 来控制每个对象部分属性被显示。

（2）动作录制器。AutoCAD 2009 动作录制器可以快速而简单地录制绘图步骤以重复使用。在设计工作中往往会有重复的任务——现在可以通过动作录制器只录制一次，将来需要执行重复任务时，通过动作录制器制作好的任务想执行几次就执行几次。动作录制时，甚至可以包含诸如暂停以方便用户输入、选择对象等。

（3）地理位置。可以将以实际坐标 X、Y 和 Z 表示的特定位置参考嵌入到图形中。然后，可以发送地理参考图形以供检查。

（4）DWFx。DWFx（DWF 的一个版本）是基于 Microsoft 提供的 XML 图纸规格（XPS）的格式。用户可以在 Windows Vista 和 Windows XP 上使用 Internet Explorer 7 查看和打印 DWFx 文件。用户也可以打印或发布 DWFx 文件，将 DWFx 文件附着为参考底图，并且使用标记集管理器读取 DWFx 文件。

（5）增强的图层特性管理器。增强的图层特性管理器支持双显示器方案。可以将其置于辅显示器上，而在主显示器上绘图。这样，绘图编辑器就变得简洁有序。不需要时也可以将其对话框最小化或关闭。

1.2　AutoCAD 2009 的启动和退出

1.2.1　AutoCAD 2009 的启动

AutoCAD 2009 的启动方法有 3 种：

（1）双击桌面上的“AutoCAD 2009”快捷图标。

（2）单击桌面上的“开始”按钮→“所有程序”→“Autodesk”→“Auto-

CAD 2009”。

（3）打开“我的电脑”→双击文件所在硬盘（如 C 盘）→双击“AutoCAD 2009”的文件夹→双击“acad. exe”程序。

1. 2. 2　AutoCAD 2009 的退出

退出 AutoCAD 2009 绘图环境时，可以采用以下 4 种方法：

（1）单击标题栏上的控制图标按钮 ，“文件”→“关闭”。

（2）命令行：QUIT（EXIT）。

（3）单击标题栏上的控制图标按钮 ，在弹出画面中单击控制图标按钮 退出 AutoCAD 。

（4）单击工作界面右上角的关闭应用程序按钮 。

1. 3　工作界面

启动 AutoCAD 2009 之后，便进入到崭新的工作界面，如图 1 – 1 所示。工作界面主要由绘图区、菜单栏、工具栏、命令行及状态栏等组成，这样就提供了多种命令输入方式，用户可以在命令行输入命令，也可在下拉菜单激活相应的菜单项，或单击工具条上相应的图标按钮。现将构成界面的各个部分分别介绍如下。

1. 3. 1　标题栏

在 AutoCAD 2009 系统中，视窗最上面的是该窗口的标题栏，显示的为当前正在运行的程序名称和用户正在使用的图形文件。一般情况下，刚刚打开的系统显示的标题栏为 Drawingl. dwg，如图 1 – 1 所示。如果打开历史文件或创建新的图形文件，标题栏将显示对应文件的名称。

1. 3. 2　菜单栏

在 AutoCAD 2009 系统中，菜单栏共包含 11 个下拉菜单。主要有“文件”、“编辑”、“视图”、“插入”、“格式”、“工具”、“绘图”、“标注”、“修改”、“窗口”以及“帮助”等菜单，菜单栏中几乎包含了所有绘图命令。在电气绘图中主要使用以下几种菜单命令：“格式”、“绘图”、“标注”、“修改”等，这些选项的下拉菜单内容如图 1 – 2 所示。具体的使用方法在以后的章节中将根据需要分别进行叙述。

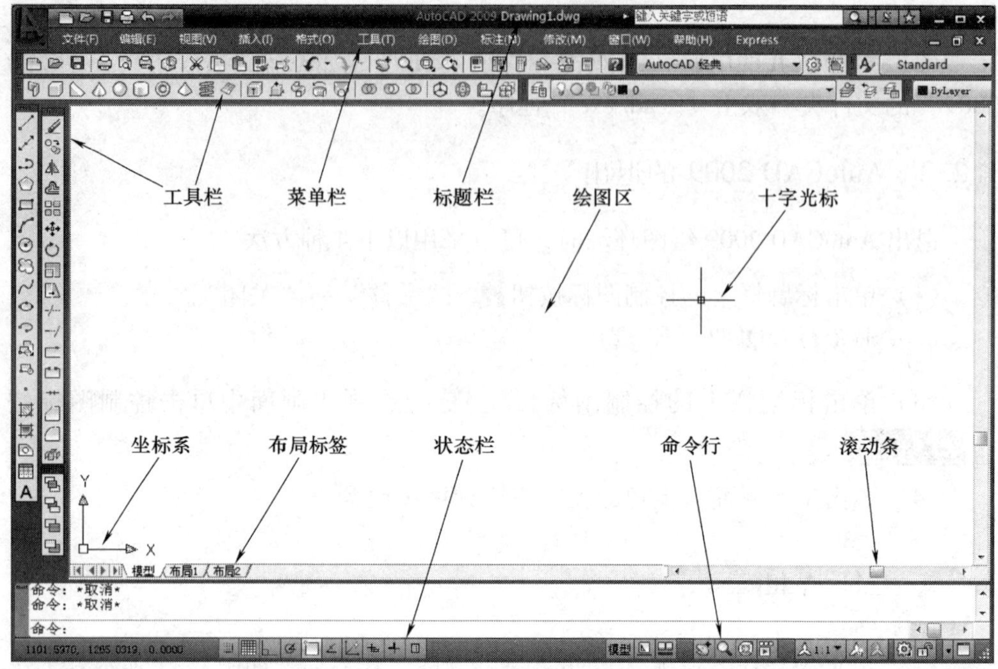

图 1－1　窗口界面

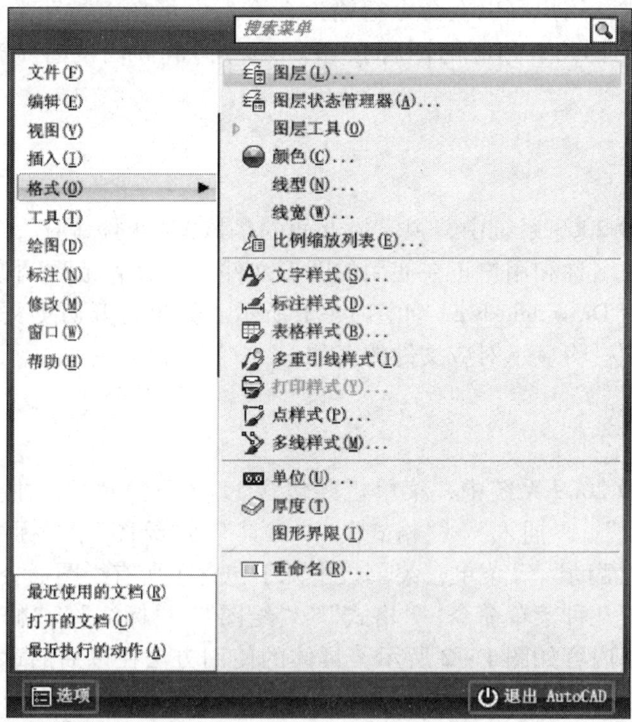

图 1－2　“菜单栏”对话框

1.3.3 工具栏

虽然菜单提供了方便快捷的命令选项，但最简单的命令选项还是工具栏，只需在按钮上单击，就可执行相应的操作，并且按钮上的图标还对其相应功能给出了一个形象的说明。AutoCAD 提供的多种工具栏在绘制、编辑图形时非常有用，在以后各章节将分别作详细介绍。

1.3.4 状态栏

AutoCAD 用户界面的最下方是状态栏，在状态栏的左边显示的是当前光标所处的三维坐标，用鼠标右键单击坐标显示处，弹出快捷菜单可实现关闭此功能（坐标显示变暗且数值不变），或在绝对、相对坐标间切换。

状态栏的下边还提供了 10 种辅助功能按钮，主要有捕捉、栅格、正交、极轴追踪、对象捕捉、对象捕捉追踪、线宽等，参见图 1－1。单击某个按钮，可将它们切换成打开或关闭状态。右键单击这些按钮，将弹出一个快捷菜单，单击选择“设置”项会弹出一个对话框，就可以设置相关选项及参数。

1.3.5 绘图窗口

绘图窗口是绘制、显示和编辑图形的区域，此区域无边界。利用视图缩放功能可以使绘图区无限增大或缩小，因此无论多大的图形，都可以置于其中，这极大地方便了绘图。当移动鼠标时，光标跟随鼠标移动，在不同的状态下，将分别显示为十字、小方框、虚线框和箭头等样式。例如，当 AutoCAD 提示选择一个点时，光标变为十字光标。另外绘图窗口的右边和下边分别有两个滚动条，可以拖动滚动条使绘图窗口上下或左右移动便于观察。

1.3.6 命令行窗口

命令行窗口位于绘图区下方，它由命令行窗口和命令历史窗口两部分组成。命令行窗口用于显示用户从键盘输入的内容，命令历史窗口含有 AutoCAD 启动后所用过的全部命令及提示信息，在默认状态该窗口的高为 3 行，可根据需要改变其大小。按下 F2 键可弹出命令文本窗口（以查看最近所用过的全部命令及提示），再按 F2 键将切换到命令行展示状态。

命令行窗口是用户和 AutoCAD 进行对话的窗口，通过该窗口发出的绘图命令，与菜单和工具栏按钮操作等效。在绘图时应特别注意该窗口，它不仅显示用户输入的信息，还显示 AutoCAD 系统的反应与提示信息，指导用户进行下一步操作。

1.3.7 绘图区域

绘图区域是用来绘制图形的区域，类似于手工绘图时使用的图纸，同时系统还为用户提供了许多绘制好的格式，方便用户的使用。如图 1－3 所示。

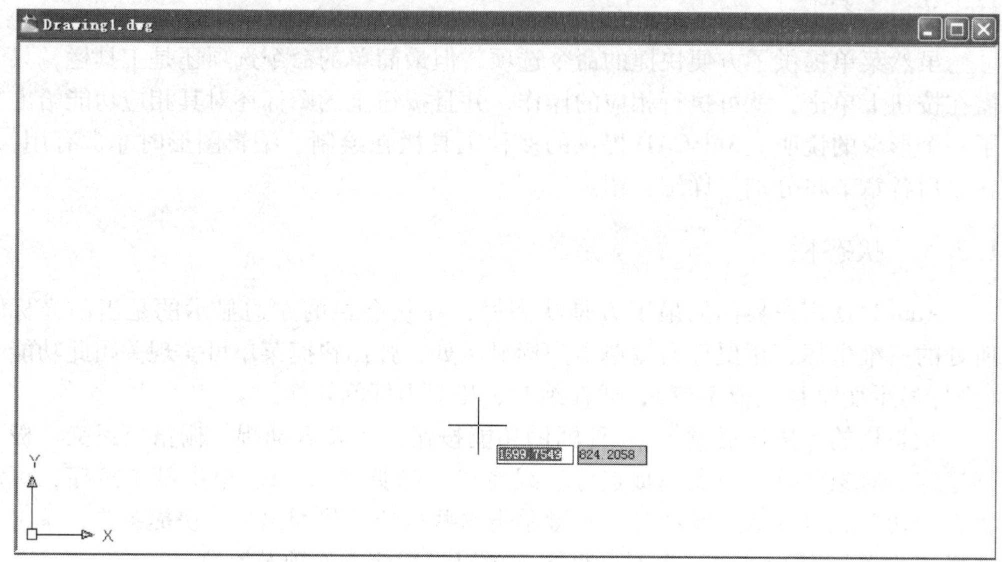

图 1－3 绘图区域

1.4 绘图环境设置

1.4.1 系统选项设置

点击初始界面左上角的菜单浏览器，选择左下方“选项”命令，左键打开其选项功能，即可对系统的绘图环境进行设置和修改，例如改变窗口的颜色，字体的颜色和大小等。如图 1－4 所示。

1.4.2 设置图形界限

在命令行输入“LIMITS”命令，可以确定绘图的范围，相当于手工绘图时图纸的大小，也就是我们常说的图幅。设定合适的绘图界限，有利于确定图纸绘制的大小、比例，以及图形之间的距离，可以检查图纸是否超出图框，避免盲目画图。

1.4.3 设置绘图单位

在中文版 AutoCAD 2009 中，可以单击“菜单浏览器”按钮，在弹出的菜单中选择“格式”→“单位”命令（UNITS），在打开的“图形单位”对话框（图 1－5）中设置绘图时使用的长度单位、角度单位，以及单位的显示格式和精度等参数。

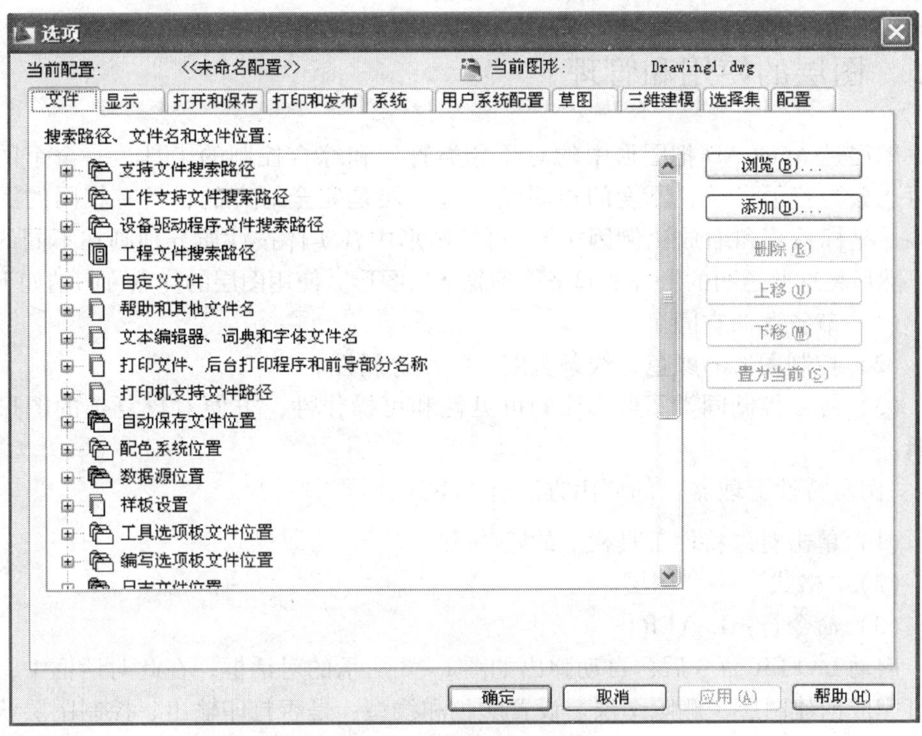

图 1－4 “选项”对话框

图 1－5 “图形单位”对话框

1.5　图层的使用和管理

图层是 AutoCAD 把图形中的对象分类管理和综合控制的工具，一个个的图层可想象为若干张没有厚度的透明纸（这些层是完全对齐的，具有相同的图形界限、坐标系统和缩放比例因子）。可把图形中各实体按性质分别画在不同的层上，然后将这些透明的纸叠加起来得到复杂的图形。使用图层的优点可归纳如下：

（1）节省存储空间。

（2）控制图形的颜色、线条宽度、线型等属性。

（3）统一控制同类图形实体的可见性和可操作性，方便对较复杂的图形的编辑。

“图层特性管理器”的调用方法有以下 3 种：

（1）单击对象特性工具栏上的按钮。

（2）“格式”→“图层”。

（3）命令行：LAYER。

启动 LAYER 命令后，自动弹出如图 1－6 所示的对话框，在此对话框中，用户可完成创建图层、删除图层、设置颜色和线型、是否打印输出、控制图层状态等操作。

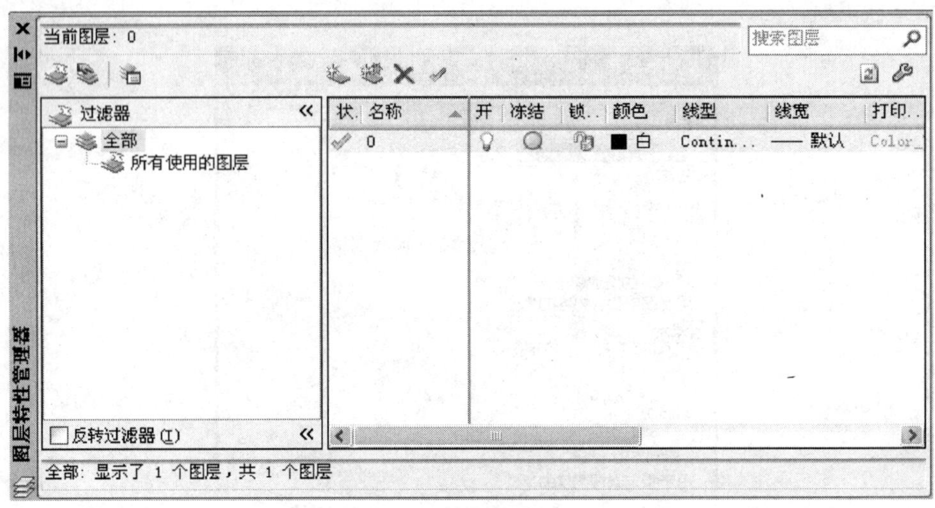

图 1－6　“图层特性管理器”对话框

1.5.1　建立和删除图层

打开图层状态管理器便可以新建图层，用户可以键入一个新的名字代替该缺省名称。

删除图层时，首先选择要删除的层，然后单击图层管理器中的“删除”按钮。

注意，下列层不能被删除：

（1）“0”图层和定义图层。

（2）当前图层和含有实体的图层。

（3）外部引用依赖图层。

1.5.2 图层状态管理器

选择“格式”→“图层状态管理器”，便可以新建、删除、编辑、保存图层，也可以选中图层进行重命名。如图1-7所示。

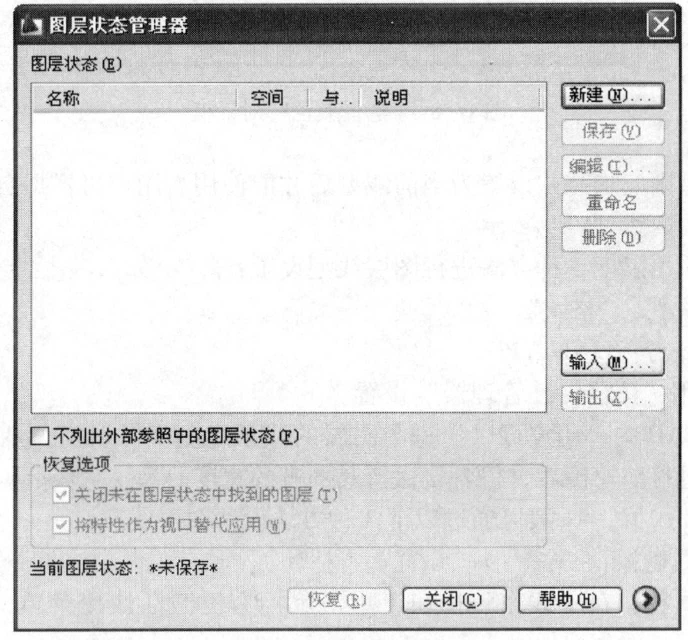

图1-7 “图层状态管理器”对话框

1.5.3 颜色控制

为了区分不同的图层，建议用户为不同的图层设置不同的颜色。方法如下：

选择格式栏中的颜色选项就可以轻松更改颜色，如图1-8所示。建议在绘制一般图形时尽量使用标准颜色。

1.5.4 线型和线宽的设置

AutoCAD允许用户为每个图层分配一种线型。在默认状态下，线型为连续

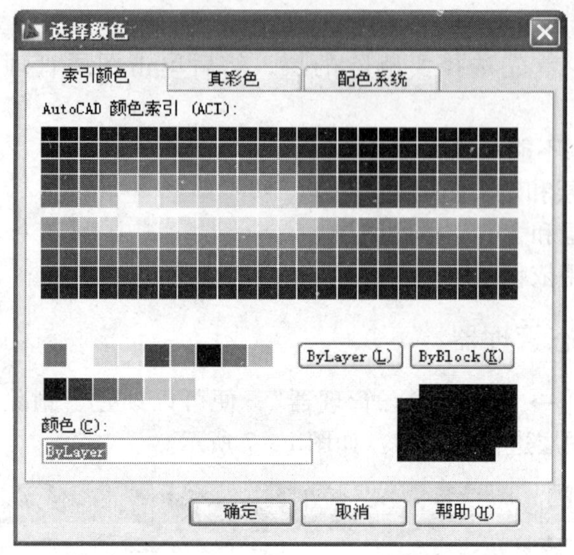

图 1-8 “选择颜色”对话框

线，其他线型则应加载并设置为当前线型后才能使用。用户可根据自己的需要为图层设置不同的线型。

通常可采用以下 3 种方法进行图层线型设置：

(1) 工具栏：“格式” → “线型”。

(2) 命令行：LINETYPE。

(3) 利用“图层特性管理器”设置。

在 AutoCAD 中，用户可以为每个图层的线条定制实际线宽，从而使图形中的线条在经过打印输出后，仍各自保持其固有的宽度。

在 AutoCAD 中，一般可通过以下 3 种方法设置图层线宽：

(1) 工具栏：“格式” → “线宽”。

(2) 工具栏：在“线宽”按钮上单击鼠标右键激活快捷菜单，选“设置”选项。

(3) 命令行：LWEIGHT。

1.6 视窗控制

AutoCAD 的视窗即为系统的操作界面，主要包括标题栏、菜单栏、工具栏、状态栏、命令行窗口、坐标系图标、绘图十字光标、绘图区域以及滚动条等，如图 1-9 所示。

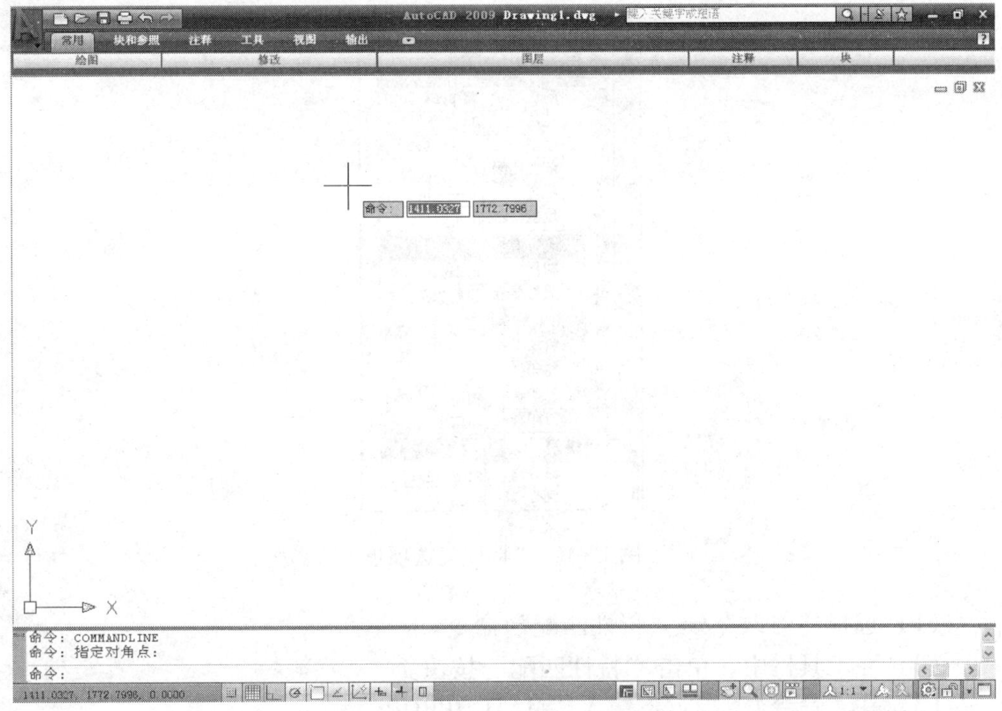

图 1－9　操作界面

1.7　特性选项板及特性匹配

作为对象的每一个图形实体，都包含了一般特性和几何特性。对象的一般特性包括对象的颜色、线型、图层、线宽等。几何特性包括对象的尺寸和位置。在利用 AutoCAD 绘图时也创建了这些特性，利用“特性”选项板可以方便地对各个实体进行修改。显示“特性”选项板有以下 3 种方法：

（1）选择“工具栏”→“修改”→“特性”命令。

（2）选择“工具栏”→“选项板”→“特性”命令。

（3）在“命令:”提示下，输入“PROPERTIES”。

打开的“特性”选项板如图 1－10 所示。

“特性”选项板按类别显示对象的特性。在绘图时，“特性”选项板既可以处于打开状态，也可以将“特性”选项板固定在绘图区的左右两侧。在“特性”选项板上单击右键，弹出“特性”选项板的快捷菜单。

AutoCAD 的特性匹配功能在绘图过程中比较实用，通过特性匹配工具，可以把某一个对象的某些或所有特性复制到其他若干个目标对象上。

特性匹配工具的 3 种使用方法：

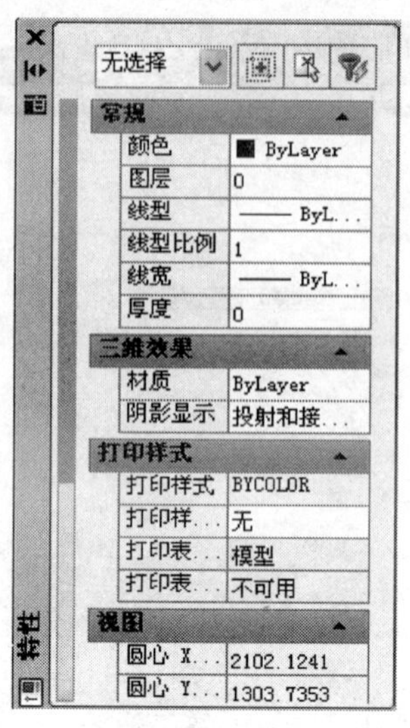

图 1－10 “特性”选项板

（1）选择“修改”→“特性匹配”命令。

（2）在工具栏中，单击“特性匹配”按钮。

（3）在“命令:”提示下输入“MATCHPROP”。

1.8 AutoCAD 帮助

AutoCAD 2009 中文版提供了多种形式的帮助，用户可以激活帮助菜单加以了解。

AutoCAD 帮助——可以利用目录、索引等方式找到相应的帮助内容。

新特性——对新特性的总结，直接链接到学习这些特性的帮助主题上。

学习助手——一张单独的光盘，是 AutoCAD 多媒体的学习工具。

支持助手——以问答方式提供技术支持。

执行以下任何一种操作，均可调出“帮助”对话框，如图 1－11 所示。

（1）菜单栏：“帮助”→“帮助”。

（2）命令行：HELP。

如果要比较系统地学习帮助中的内容，可以在“目录”选项卡中单击目录左边的加号，此时将展开查找所需的帮助内容。如果要快速查找与某项主题相关的帮助内容，则可以单击“索引”选项卡，在“输入要查找的关键字”文本框中输入要查找的主题名称，则下面的列表框中会自动列出该主题的所有内容，选择其中的一个子项，并单击下方的“显示”按钮，则会在右边的窗口中显示出相应的帮助内容，如图 1－12 所示。

如果需要准确地进行查找，则可以单击“搜索”选项卡，在其中使用组合查找命令来查询相关的内容，如图 1－13 所示。

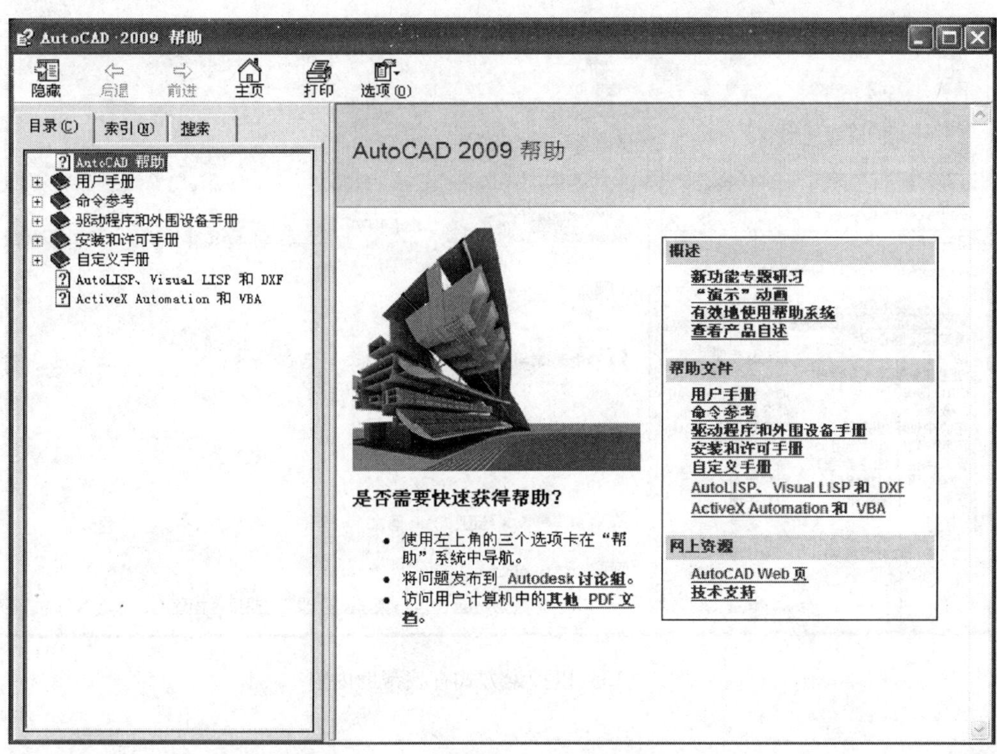

图 1－11 "AutoCAD 2009 帮助" 对话框

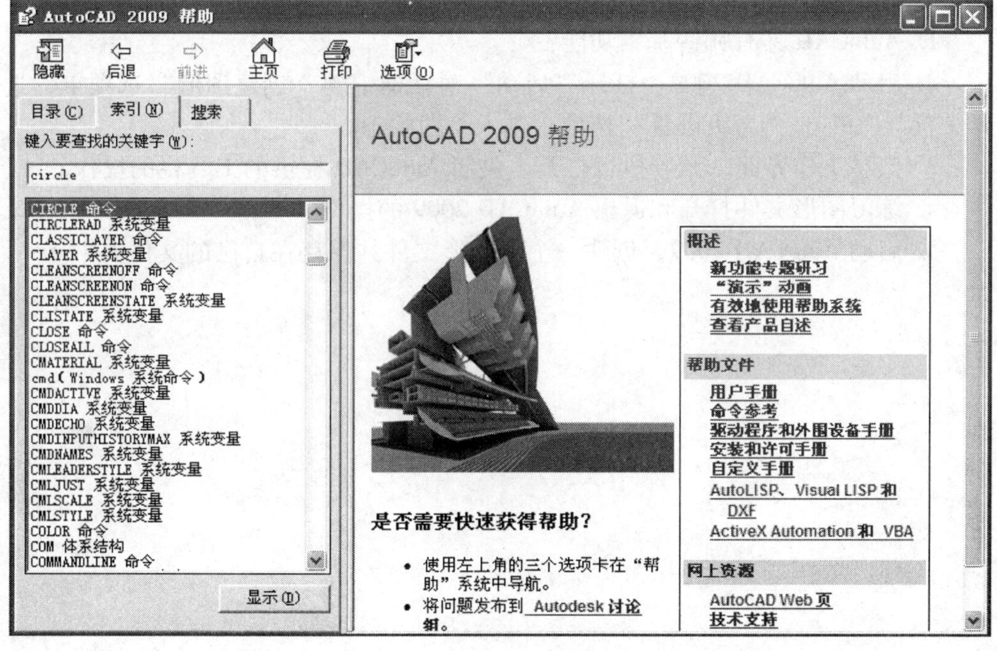

图 1－12 以索引方式查找帮助内容

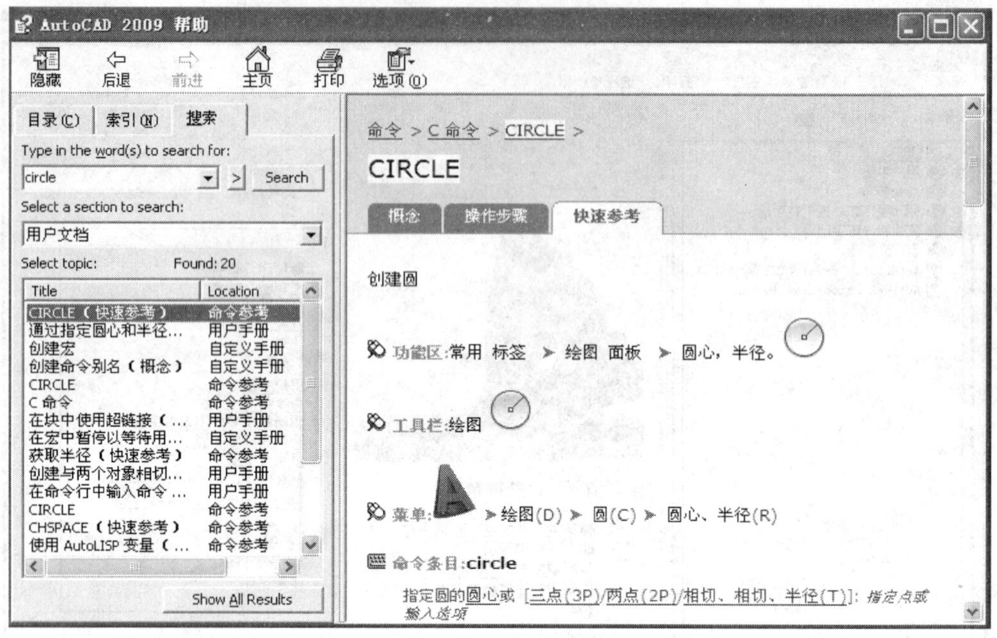

图 1－13　以搜索方式查找帮助内容

1.9　习题练习

1. AutoCAD 具有哪些基本功能？

2. 启动 AutoCAD 2009，打开“启动”对话框中的“创建图形”选项卡，选择“向导”中的“高级设置”选项，进入绘图状态。

3. 熟悉工作界面，试着执行打开、关闭 AutoCAD 提供的工具栏的操作。

4. 练习图形文件打开和退出 AutoCAD 2009 的操作。

5. 启动 AutoCAD 2009，创建一个新图形文件并保存在自己的文件夹中。

第 2 章　建筑电气 AutoCAD 基本绘制命令

本章主要介绍绘图基础的有关知识，包括点、线、基本几何图形的绘制以及图案填充和图块使用方法等。

2.1　坐标的输入方式

如何精确地输入点的坐标是绘图的关键，绘图常用的坐标输入方式有四种，分述如下。

2.1.1　绝对坐标

绝对坐标值是基于原点（0，0）的（二维空间）。要使用坐标值指定点，可输入用逗号隔开的 X 值和 Y 值（X，Y）。X 值是沿水平轴以图形单位表示的正的或负的距离，Y 值是沿垂直轴以图形单位表示的正的或负的距离。例如，坐标（35，45）指定一点，此点在 X 轴方向距离原点 35 个单位、在 Y 轴方向距离原点 45 个单位。

2.1.2　相对坐标

相对坐标值是基于上一输入点的。如果知道某点与前一点的位置关系，可使用相对坐标。要指定相对坐标，在坐标的前面加一个@符号。例如，坐标（@35，45）指定一点，此点在 X 轴方向距离上一指定的点 35 个单位、在 Y 轴方向距离上一指定的点 45 个单位。

2.1.3　绝对极坐标

绝对极坐标是用某点相对原点的距离以及该点与原点的连线与 0°方向（通常为 X 轴正方向）的夹角来表示的，其格式为：距离 < 角度。例如“30 < 50”指定一点，该点距原点 30 个单位，它与原点的连线与 0°方向的夹角为 50°。

2.1.4　相对极坐标

相对极坐标可以用某点相对上一点的距离以及该点与上一点的连线与 0°方向（通常为 X 轴正方向）的夹角来表示的，其格式为：@距离 < 角度。例如“@30 < 50”指定一点，该点距上一点 30 个单位，它与上一点的连线与 0°方向

的夹角为50°。

如图2－1所示，练习使用各种坐标输入方式。

命令：line↓

指定第一点：50，30↓（记为a点）

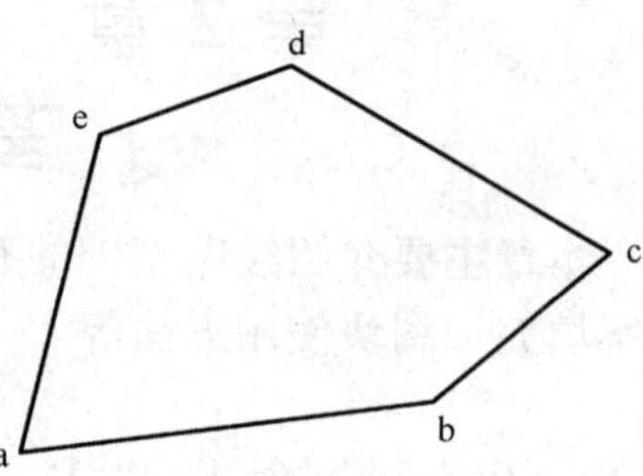

图2－1　坐标输入方式练习

指定下一点或［放弃（U）］：210，50↓（记为b点）

指定下一点或［放弃（U）］：@70<60↓（记为c点）

指定下一点或［闭合（C）/放弃（U）］：240<50↓（记为d点）

指定下一点或［闭合（C）/放弃（U）］：@80<200↓（记为e点）

指定下一点或［闭合（C）/放弃（U）］：c↓

2.2　基本绘制命令

2.2.1　点的绘制

2.2.1.1　点的绘制方法

在电气制图过程中，常常需要绘制点作为关键点或者辅助点。另外，点是绘制圆、圆弧、圆环、椭圆、直线、射线、多线、构造线、样条曲线以及多段线等图形不可或缺的一种元素。用户还可以利用对象捕捉功能捕捉各种节点作为关键点使绘图更加方便、精确。

点的绘制主要有以下3种方法：

（1）选择“绘图”菜单“点”选项中的“单点”命令，可在绘图区域绘制任意一点。假如选择“点”选项中的“多点”命令，可在绘图区域连续指定多个点。

绘制“单点”和绘制“多点”的主要区别是前者只能绘制一个点，而利用“多点”绘制命令，则可直接在绘图区域指定多个点。

（2）在命令行窗口中输入点的命令代码“POINT”，按（Enter）键确认，然后按需求定点的位置。

（3）在“绘图”工具栏中单击“点”按钮，可连续绘制需要的点。

单击右键选择（Enter）键或者（Esc）键都可以退出点的绘制。

2.2.1.2　点样式的选择

在AutoCAD 2009中，绘制点之前要选择点的样式，因为系统默认的点仅为一个小黑点，一般要对其尺寸大小、类型样式进行设置，以方便用户在绘图过程中的选择和使用。

设置点样式的方法：

（1）在“格式”菜单中选定“点样式”，弹出“点样式”对话框，如图2－2所示。

（2）在命令行窗口中输入点样式的命令代码“DDPTYPE”，按（Enter）键确认同样可以得到“点样式”对话框，如图2－2所示。

根据需要在“点样式”对话框中利用绝对单位或者相对于屏幕设置点的大小，并且在对话框中选择一种点样式，单击“确定”按钮，在绘图区域绘制的点的样式即变为所选择的点样式。选择某种点样式之后绘制的点，如图2－3所示。

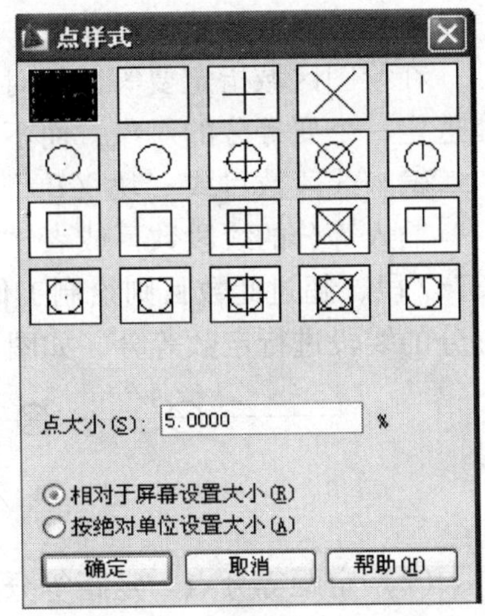

图2－2 “点样式”对话框

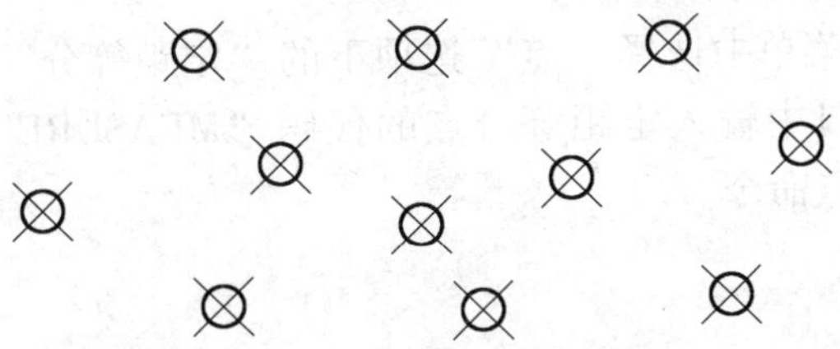

图2－3 利用某点样式绘制的点

2.2.1.3 等分点的绘制

在实际工程中，用户不仅可以利用点绘制基本图形，而且还可以利用其作为一种辅助工具帮助绘图，比如定数等分点、定距等分点等。下面对这两种方式分别进行讨论。

（1）定数等分点。利用定数等分点可以在选定的对象上按指定数目等分，并且在等分点处给出标记或者插入块。等分对象可以是直线、圆、圆弧、多段线或者样条曲线等。

默认的等分点的样式仅仅是一个黑点，可以根据需要在“点样式”对话框中选择其他点样式。若在命令提示行中输入在等分点处插入“块”的命令代码“B”，系统将按照提示在等分点处插入“块”。

绘制定数等分点的方法：

①在“绘图”菜单中选择“点”选项下的“定数等分”命令。

②在命令行窗口中输入定数等分点的代码“DIVIDE”，按 <Enter> 键确认，启动定数等分点命令。

系统将会提示：

选择要定数等分的对象：

在绘图区域指定要等分的对象，比如圆弧、直线、多段线等。在此，一次只能选定一个要等分的对象，而不能指定多个。

输入线段数目或“块（B）”：

输入等分的线段数目或者“块”命令。在此命令下一个对象只能分为2～32767段，超过此数目则绘制工作不能完成。利用该命令可以对电气制图中需要等分的线段进行定数等分，如图2－4所示。

图2－4 按定数等分点绘制的直线段

（2）定距等分点。定距等分点的作用与定数等分点相似，它是以确定的距离来等分指定的图形对象。

绘制定距等分点的方法：

①在“绘图”菜单中选择“点”选项下的“定距等分”命令。

②在命令行窗口中输入定距等分点的代码“MEASURE”，按 < Enter > 键确认，启动定距等分点命令。

2.2.2 线的绘制

2.2.2.1 直线的绘制

使用绘制直线命令，可以创建一条或一系列邻接的线段。

（1）执行 LINE 命令可采用的3种方法：

①绘图工具栏：。

②命令行：LINE。

③菜单栏：“绘图”→“直线”。

（2）命令举例：

命令：－line 指定第一点：（在屏幕上任意位置单击，确定一点）

指定下一点或［放弃（U）］：（在屏幕上任意位置单击，确定一点）

指定下一点或［放弃（U）］：（在屏幕上任意位置单击，确定一点）

指定下一点或［闭合（C）/放弃 U）］：按 Enter 键结束或按 C 键封闭一系列线段。

（3）效果参照图2－5所示。

2.2.2.2 射线的绘制

射线是一端固定、另一端可以无限延伸的直线。绘制射线可以在“绘图”菜单栏中选择“射线”命令，然后指定端点和通过点，得到一条射线。同样，可以经过指定端点和多个通过点，绘制同一起点的一簇射线。

（1）执行 RAY 命令可采用的 3 种方法

①绘图工具栏：⟋。

②命令行：RAY。

③菜单栏："绘图"→"射线"。

（2）效果参照图 2－6 所示。

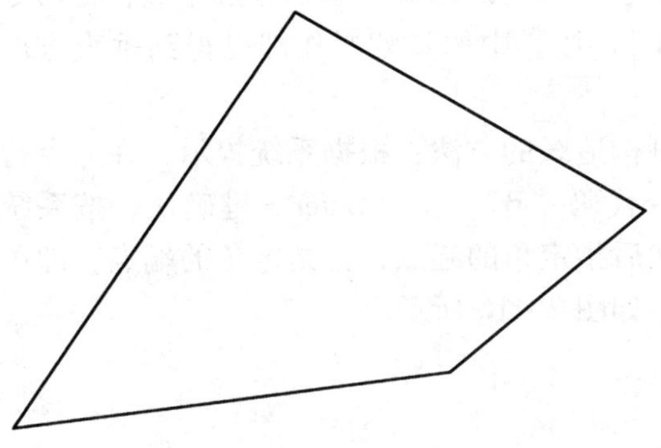

图 2－5　用 LINE 绘制闭合的折线

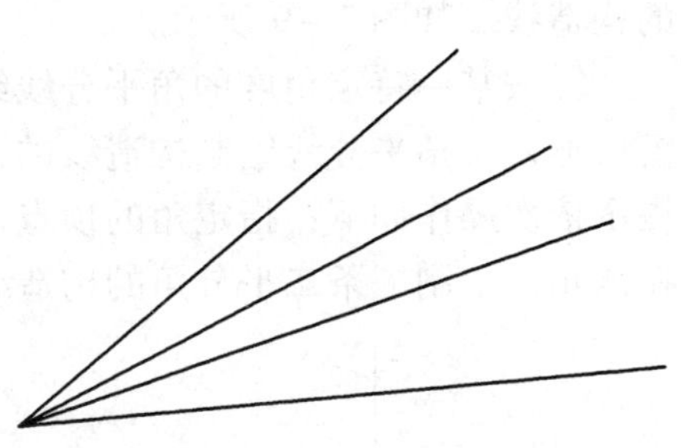

图 2－6　射线的绘制

2.2.2.3　构造线的绘制

（1）构造线概述。构造线是向两端无限延伸的直线。这种线一般用于辅助构造图形，作为绘制其他对象的参照。例如，使用构造线查找三角形的中心、图形的定位等。

构造线的绘制方法如下：

构造线的绘制方法与直线基本相同，只是相应地增加了一些辅助选项。一般情况下，在"绘图"菜单中单击"构造线"按钮，或者在命令行中键入"XLINE"，按 <Enter> 键确定，系统命令行会有如下提示：

－xline 指定点或［水平（H）/垂直（V）/角度（A）/二等分（B）/偏移（O）］，可根据要求在绘图窗口选择一点或键入一个选项。

（2）构造线的典型绘制方法

①通过指定点的绘制方法：根据系统提示，在绘图窗口选取一点，系统继续提示指定通过点，根据需要来指定要通过的点，即得通过点绘制的一条构造线。如果需要绘制多条构造线，可在系统"指定通过点"的提示下依次指定各个构造线的通过点，如图 2－7 所示。

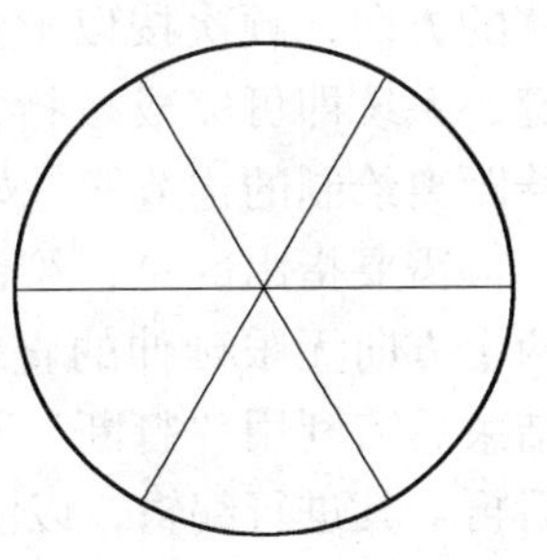

图 2－7　通过点绘制多条构造线的图例

②水平方向构造线的绘制方法：根据系统提示，在命令行窗口输入水平构造线的命代码"H"，按 <Enter> 键确认，系统提示指定通过点，根据需要可

以指定比如圆心、三角形底边中点为通过点，单击右键即可得到的一条水平方向的构造线。如图 2－8 所示。

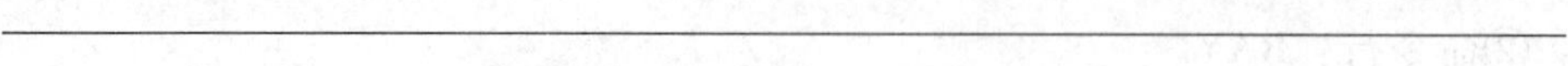

图 2－8　水平方向绘制的构造线

③垂直方向构造线的绘制方法：与水平方向的构造线绘制方法相似，在命令行窗口输入垂直构造线的命令代码“V”，按②中的步骤操作即可得到垂直方向的构造线。如图 2－9 所示。

④按某一特定角度的角平分线绘制构造线的方法：根据系统提示，在命令行窗口输入按角平分线绘制构造线的命令代码“B”，按 < Enter > 键确认，按系统提示依次操作如下：指定角的顶点，然后指定角的起点，再指定角的端点，即可在该角内绘制一条二平分角的构造线。如图 2－10 所示。

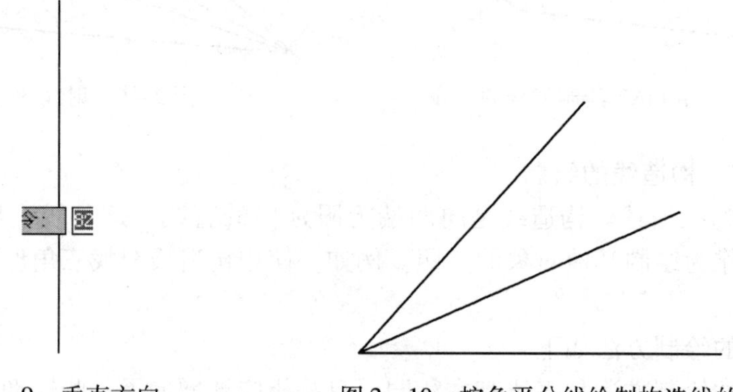

图 2－9　垂直方向绘制的构造线

图 2－10　按角平分线绘制构造线的方法绘制的二平分角

⑤按已知直线向某方向偏移一定距离绘制构造线：根据系统提示，在命令行窗口输入“O”按 < Enter > 键确认，根据系统提示，输入需要的偏移距离，按 < Enter > 键确认。系统将继续提示，选择直线对象，选定直线后，再指定要偏移的方向，顺次按以上提示操作，单击右键，系统即可完成按指定的偏移对象和偏移距离绘制的构造线。如图 2－11 所示。

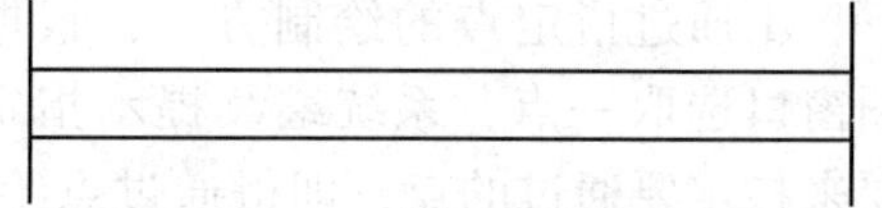

图 2－11　按一定偏移量绘制双管荧光灯图例

需要指出的是，绘制的构造线都是向两个方向无限延伸的直线，所以，在绘制结束后需利用“打断”命令将其打断，然后再对其进行编辑，以满足绘图的需要。

2.2.2.4　多线的绘制

多线是指由多根平行直线构成的一组直线，通常由 1 ~ 16 条平行线组成。这些平行线可以是开放的也可以是封闭的，同时还可以选择实心线或空心线。绘制多线的方法与绘制直线基本相似，不同之处是多线由一条以上平行直线组成。

（1）执行 MLINE 命令可采用的 3 种方法

①绘图工具栏：。

②命令行：MLINE。

③菜单栏：“绘图”→“多线”。

（2）设置多线样式。绘制多线时，首先要选择多线的样式，用来控制直线元素的数目和每个直线元素的特性。例如，偏移、颜色、线型和数目等。通常情况下，对多线的性状，如多线接头、起点和终点的样式及角度、背景颜色，还有多线的元素特性等进行设定，才能得到需要的多线样式。设置多线样式的步骤如下：

①选择“格式”→“多线样式”选项，或者在命令行窗口中输入“MLSTYLE”，按<Enter>键确定，打开“多线样式”对话框，如图 2－12 所示。

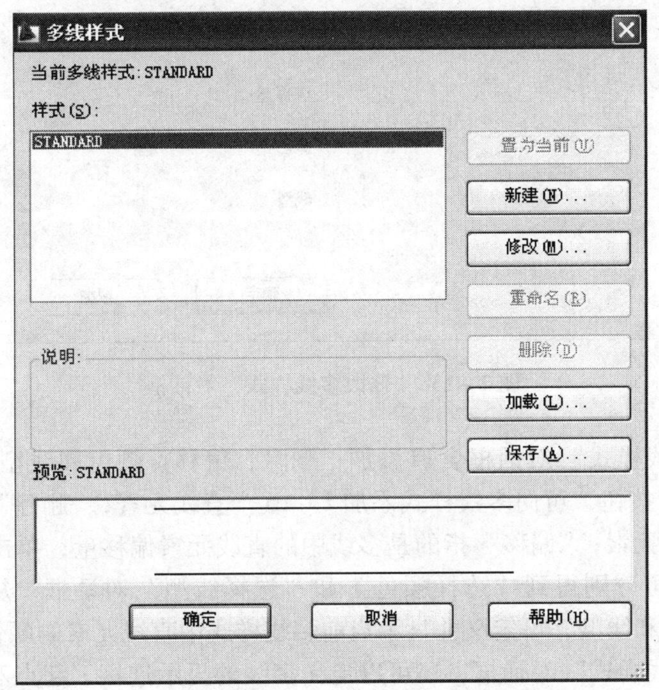

图 2－12 “多线样式”对话框

②在“多线样式”对话框中设置所需要的多线样式。在“多线样式”对话框中，有如下几种选项：

新建：根据需要新建多线样式，设置其线条数目和线的拐角方式。

修改：修改多线样式的封口、填充、元素特性等内容。

此外，在对话框中单击“加载”按钮，可以得到“加载多线样式”对话框，再单击“文件”按钮，可在得到的“从文件加载多线样式”对话框中任意选取一种多线样式，单击“确定”按钮，完成对多线样式的加载，并通过“保存”、“添加”和“重命名”三个按钮分别进行保存、添加和重命名多线样式。如果需要设置新的多线元素的特性，可单击“修改”按钮，显示“修改多线样式”对话框，修改多线元素数目、偏移量、颜色和线型，如图 2－13 所示。

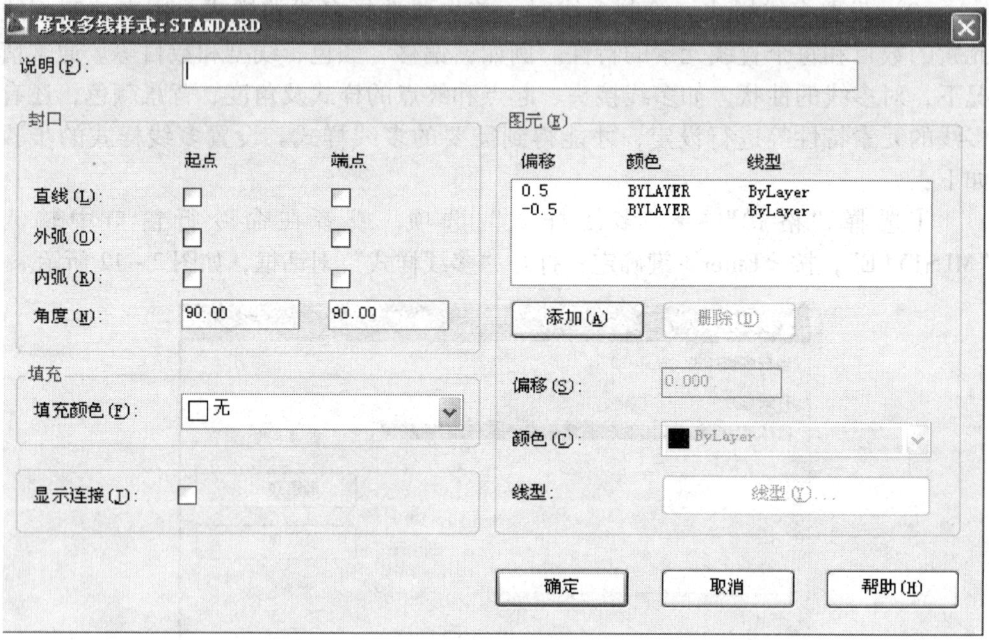

图 2－13 “修改多线样式”对话框

“修改多线样式”对话框含有添加、删除、偏移、颜色和线型等几种选项。单击“添加”按钮，可向多线样式添加 1～16 个直线元素；“删除”是从多线样式中删除直线元素；“偏移”指的是多线中的直线元素偏移量；单击“颜色”和“线型”按钮可分别得到“选择颜色”和“选择线型”对话框，从该对话框中选择适当颜色和线型，可定义并显示当前多线样式中直线元素的颜色和线型。

“修改多线样式”对话框，还可以定义多线的显示连接、起点和端点的封口类型、角度、填充的颜色。选定“显示连接”选项，可使多线中每条直线元素的端点处都显示连接。

“封口”有下列几种选项，用来控制多线样式的起点和端点的封口形式。选定“直线”时，多线的端点或起点封闭；选定“外弧”时，多线的最外一条直线元素在端点处为一圆弧；选定“内弧”时，可在成对的直线元素之间画弧。角度指的是端点封口角度，可在 10°～170°之间任意指定。

在图 2－14“填充”选项中，若打开下拉菜单，则可控制多线的背景填充颜色，单击“选择颜色”对话框来设置背景填充的颜色。设置完成后，依次单击“确定”按钮，逐步退出所有对话框，完成多线样式的设置。

图 2－14 “选择颜色”对话框

2.2.2.5 多段线的绘制

多段线是 AutoCAD 绘图中比较常见的一种实体，通过绘制多段线，可以得到一个由若干直线和圆弧连接而成的折线或曲线。整条多段线是一个实体，可以统一对其进行编辑。另外，多段线中每段线条还可以设置为不同的线宽，因此，多段线也称为变宽线。前面所讲到的正多边形、矩形、圆环等都属于多段线的特例。

（1）执行 POLYLINE 命令可采用的 3 种方法：

①绘图工具栏：[图标]。

②命令行：PLINE。

③菜单栏：“绘图”→“多段线”。

（2）命令举例

①启动绘多段线命令。

②输入：200，100↓（指定起点）。

③在正交方式下，右移鼠标输入：200↓。

④利用右键菜单，选择 A 选项，进入画圆弧模式。

⑤在正交方式下，向上移动鼠标输入：60↓（作为圆弧直径）。

⑥输入：L↓，切换回画直线方式。

⑦利用极轴垂直向上追踪点（200，100），直至出现两条相交的追踪线（正交仍打开的状态下，只能看到一条向上的追踪线）时单击鼠标，确定此直线段的端点。

⑧利用右键菜单，选择 A 选项，进入画圆弧模式。

⑨输入 C，回车结束命令。

效果如图 2－15 所示。

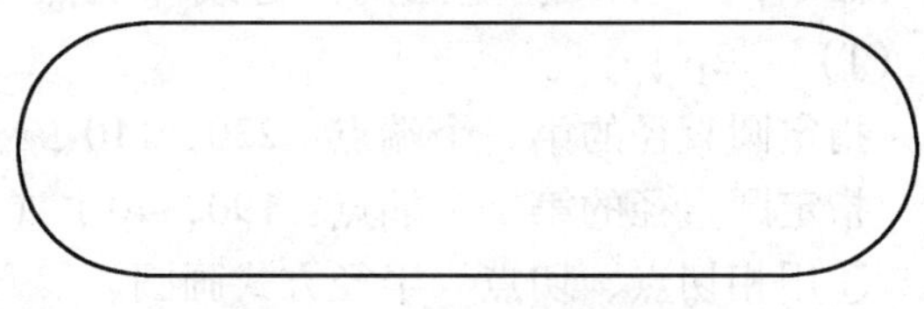

图 2－15 闭合的多段线

2.2.3 曲线的绘制

在绘图过程中，经常要绘制曲线。AutoCAD 2009 提供了大量的曲线绘制命令，可以根据需要绘制各种曲线。曲线对象主要包括圆、圆弧、椭圆、圆环、样条曲线和云线等。

2.2.3.1 圆的绘制

可以用若干种方法创建圆。默认方法是指定圆心和半径。

(1) 执行 CIRCLE 命令可采用的 3 种方法

①绘图工具栏：。

②命令行：CIRCLE。

③菜单栏："绘图" → "圆"。

(2) 命令举例：

在命令行输入 CIRCLE 并回车，命令行提示：

指定圆的圆心或［三点（3P)/两点（2P)/切点、切点、半径（T)]：（输入圆心坐标或选择画圆方式）

指定圆的半径或［直径（D)] <50.0000 >：（画圆方式不同，该行提示也不同）

常用画圆方式举例。

①单击图标，命令行提示：

命令：－circle 指定圆的圆心或［三点（3P)/两点（2P)/切点、切点、半径（T)]：70，100↓

指定圆的半径或［直径（D)]：<20.0000 >30↓（得到图 2－16 中的圆 1）

②右键菜单→"重复圆"，命令行提示：

命令：－circle 指定圆的圆心或［三点（3P)/两点（2P)/切点、切点、半径（T)]：3P↓

指定圆上的第一个点：200，170↓

指定圆上的第二个点：250，210↓

指定圆上的第三个点：190，240↓（得到图 2－16 中的圆 2）

③"绘图" → "圆" → "两点（2)"，命令行提示：

命令：－circle 指定圆的圆心或［三点（3P)/两点（2P)/切点、切点、半径（T)]：2p↓

指定圆直径的第一个端点：230，110↓

指定圆直径的第二个端点：190，40↓（得到图 2－16 中的圆 3）

④用相切点、切点、半径方式画圆。

命令：－circle 指定圆的圆心或［三点（3P)/两点（2P)/相切、相切、半

径（T）]：T↓

指定对象与圆的第一个切点：（在圆 1 右下方边界停留片刻，出现边延切点标记，左键单击确认与该圆相切）

指定对象与圆的第二个切点：（在圆 3 左下方边界停留片刻，出现边延切点标记，左键单击确认与该圆相切）

指定圆的半径：30↓（得到图 2－16 中的圆 4）

⑤"绘图"→"圆"→"相切、相切、相切"。

命令：－circle 指定圆的圆心或［三点（3P）/两点（2P）/切点、切点、半径（T）]：_3p

指定圆上的第一个点：

指定圆上的第二个点：

指定圆上的第三个点：

据命令行提示，分别拾取圆 1、2、3 上的递延切点（得到图 2－16 中的圆 5）。

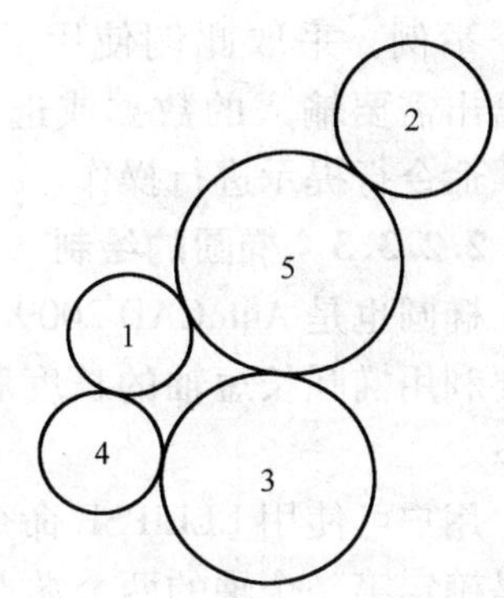

图 2－16　几种常见画圆方式举例

2.2.3.2　圆弧的绘制

在绘图过程中，经常要绘制曲线。AutoCAD 2009 提供了大量的曲线绘制命令，可以根据需要绘制各种曲线。曲线对象主要包括圆、圆弧、椭圆、圆环、多段线和样条曲线等。

绘圆弧的方法有多种，要求已知条件除起点外，还要知道以下条件中的 2 个：①圆心；②端点；③弧上一点；④包角；⑤弦长；⑥方向；⑦弧长；⑧半径。

默认的画圆弧方法是确定三点：起点、圆弧上一点和端点。

（1）执行 ARC 命令可采用的 3 种方法

①绘图工具栏：⌒。

②命令行：ARC。

③菜单栏："绘图"→"圆弧"。

（2）命令举例：如图 2－17 所示，用两条平行的垂直线表示两根相距 60m 的杆塔，已知两杆塔导线悬挂点（此例假设为杆顶）距地 20m，中间所架设的导线最大弧垂为 4m，下面绘制用弧线表示的导线：

①设置对象捕捉模式为端点、中点，并调用对象捕捉工具条。

②连接两直线下端点作为辅助线。

③在绘图工具栏上单击⌒图标，启动画弧命令。

图 2－17　用平行线表示的两等高杆塔

④捕捉其中一条垂直线的顶点作为圆弧的起点。

⑤追踪辅助线的中点垂直向上导向，输入16。

⑥捕捉另一条直线的顶点作为圆弧的端点。效果如图2－18所示。

说明：在不致引起混淆时，以后的命令举例，采取此例使用的简捷方式，仅给出需要输入的数据或选项，读者可参照命令行提示进行操作。

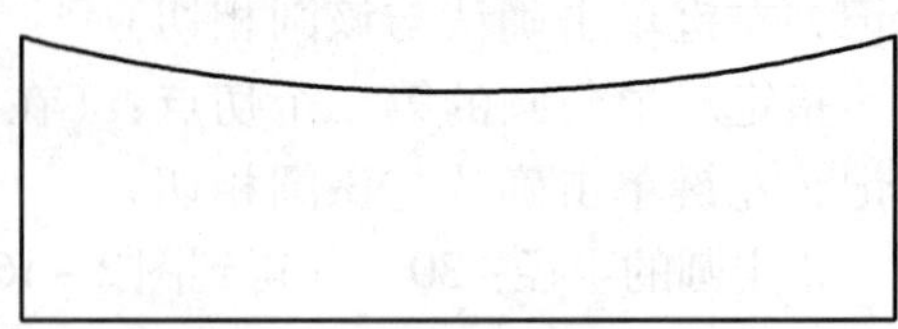

图2－18　绘制悬垂导线示意图

2.2.3.3　椭圆的绘制

椭圆也是AutoCAD 2009经常用到的一种实体。椭圆有一个长轴和一个短轴，主要利用椭圆长短轴的长度和位置来绘制椭圆，系统提供绘制椭圆的几种方法如下。

用户可使用ELLIPSE命令，画椭圆或部分椭圆（即圆弧），默认的画椭圆方法是确定第一个轴的两个端点，然后给出第二个轴的半轴长。

（1）执行ELLIPSE命令可采用的3种方法

①绘图工具栏：。

②命令行：ELLIPSE。

③菜单栏："绘图"→"椭圆"。

（2）命令举例

例2－1：图2－19所示，以默认方式绘椭圆。

①启动画椭圆命令。

②输入坐标：80，60↓。

③输入坐标：150，90↓。

④输入：50↓。

例2－2：图2－20所示，绘椭圆弧。

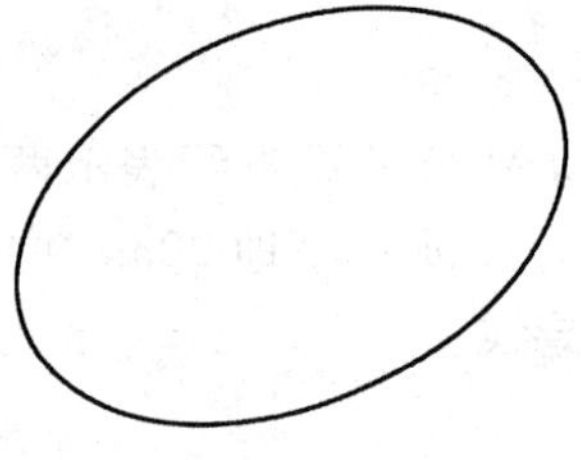

图2－19　绘制的椭圆

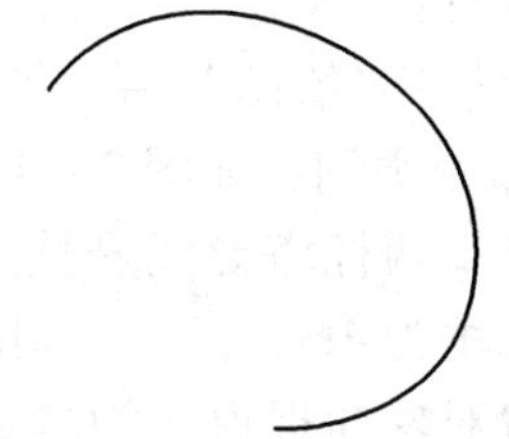

图2－20　绘制椭圆弧

①启动画椭圆命令。

②指定椭圆的轴端点或圆弧［（A）/中心点（C）］：A↓。

③指定椭圆弧的轴端点或［中心点（C）］：C↓。

④指定椭圆弧的中心点：250，120↓。

⑤指定轴的端点：280，100↓。

⑥指定另一条半轴长度或［旋转（R）］：30↓。

⑦指定起始角度或［参数（P）］：_50↓（此角度为椭圆弧起始点到椭圆中心的连线与长轴之间的夹角）。

⑧指定终止角度或［参数（P）/包含角度（I）］：180↓回车结束命令。

绘制结果如图2-20中的椭圆弧。

2.2.3.4 圆环的绘制

圆环是填充环或实体填充圆，即带有宽度的闭合多段线。可把圆环看作由一组具有不同直径的圆组成的封闭图形，也可以看作是带有宽度的闭合多段线。其参数主要有圆心、内圆半径和外圆半径，主要用于绘制建筑电气中的电灯图例和插座图例。

用户只需指定内径和外径，便可连续选取圆心绘出多个圆环。

（1）执行DONUT命令可采用的3种方法

①绘图工具栏：◎。

②命令行：DONUT。

③菜单栏："绘图"→"圆环"。

（2）命令举例

例2-3：如图2-21所示，绘填充的圆环。

①启动绘圆环命令。

②指定内径为15。

③指定外径为25。

④在屏幕任意处连续单击，指定圆心。

⑤回车结束命令。

图2-21 连续画填充的圆环

2.2.3.5 样条曲线的绘制

此命令一般用来绘制近似曲线，可以用来绘制建筑电气中的一些特殊曲线。本节仅通过实例加以简单介绍。

（1）执行SPLINE命令可采用的3种方法

①绘图工具栏：～。

②命令行：SPLINE。

③菜单栏："绘图"→"样条曲线"。

（2）命令举例：利用样条曲线命令画一条正弦曲线。

①打开栅格和捕捉。

②启动SPLINE命令。

③按图示确定曲线的各特征点。

④连续 3 次回车，结束命令。

效果如图 2 - 22 所示。

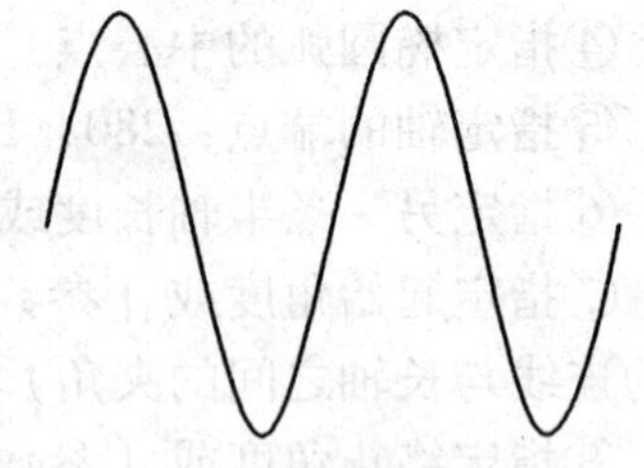

图 2 - 22 正弦曲线绘制示例

2.2.3.6 云线的绘制

"修订云线" 命令是一种有曲线绘制功能的命令，利用该命令可以通过设置几个点绘制造型奇特的开放或者闭合的曲线。因其形状像云朵，故称其为云线。主要用于对有错误的地方进行标注，或者将该部分直接删除，使用户方便地找到需要修改的地方。

(1) 启动修订云线命令，有如下 3 种方法：

①绘图工具栏：。

②命令行：REVCLOUD。

③菜单栏："绘图" →"修订云线"。

(2) 命令列举：根据系统提示，用户可以指定绘制修订云线的起点进行绘制，另外还可以指定弧的长度进行绘制。

如果要选择某个闭合对象转换为修订云线，该闭合对象将显示为云线样式。在提示下选定要转换的对象，系统即可将所选对象转化为云线。此时，系统将提示是否要反转方向，默认情况下不反转方向，直接按 <Enter> 键确认即可；如果需要反转，则在该提示下，在命令行窗口中键入"Y"按 <Enter> 键确认，系统即可将云线中的弧线方向反转。

利用指定的正五边形转换为一个反转的和一个没有反转的云线，如图 2 - 23 所示。

图 2 - 23 反转的修订云线和没有反转的修订云线

(3) 云线的擦除区域。擦除也是一种编辑方法，可以屏蔽一些内容，生成一块空白区域，可以在此区域对某指定对象进行描写或者编注。

"擦除" 的使用步骤如下：

①选择"绘图" →"区域覆盖" 选项或者在命令行窗口中输入命令代码"WIPEOUT"，按 <Enter> 键确认。

②指定第一点或者选定边框、多段线。

如果选择指定第一点，在绘图区域按提示依次指定要绘制的空白周围的关键点，按 <Enter> 键即可得到一片空白区域。如果选择"边框"，系统将提示开或者关闭边框。当选择"开"时，将显示所有擦除边框，当选择"关"时所有擦除边框都不显示。

如果选择多段线，将由选定的多段线决定将要擦除的对象的边框，按系统提示选择闭合多段线，系统继续提示是否要删除多段线，可根据需要自行决定。如果输入“Y”将删除作为擦除边框的多段线，输入“N”将不删除多段线。

2.2.4 基本几何图形的绘制

矩形和正方形是基础几何图形中最基本的图形，表面上看它们由几根线段组成，其实都是由一根折线绘制而成的。本节即以矩形和正多边形的绘制方法为例，对基本几何图形的绘制进行讨论。

2.2.4.1 矩形的绘制

（1）执行 RECTANG 命令可采用的 3 种方法

①绘图工具栏：。

②命令行：RECTANG。

③菜单栏：“绘图”→“矩形”。

启动绘矩形命令后，只需先后确定矩形的两个对角点便可绘出矩形。现将命令行提示的有关绘矩形方式的选项介绍如下：

命令：_RECTANG

指定第一个角点或“倒角（C）/标高（E）/圆角（F）/厚度（T）/宽度（W）”：

倒角（C）：以设定的距离来做矩形的倒角。

圆角（F）：以设定的半径值来做矩形的圆角。

标高（E）：设置三维矩形距离地平面的高度。

厚度（T）：设置矩形的三维厚度值。

宽度（W）：设置矩形边线的宽度值。此宽度值设置后，不易修改为其他线宽。因此，常用的方法是通过对象特性工具栏的线宽选择获得合适的线宽，这种方式可随时修改线宽。

应该指出，以上选项在更改设置前，在本图的绘制过程中一直有效。

（2）命令举例

①倒角：用于绘制倒角矩形。启动绘制“矩形”命令，在系统提示下，向命令行窗口输入倒角的命令代码“C”，按 < Enter > 键确认。按系统提示分别指定矩形的第一个倒角距离和第二个倒角距离，再按提示依次指定两个点，系统将按设定的倒角距离绘制所需要的矩形。倒角距离相同的矩形如图 2－24（a）所示。

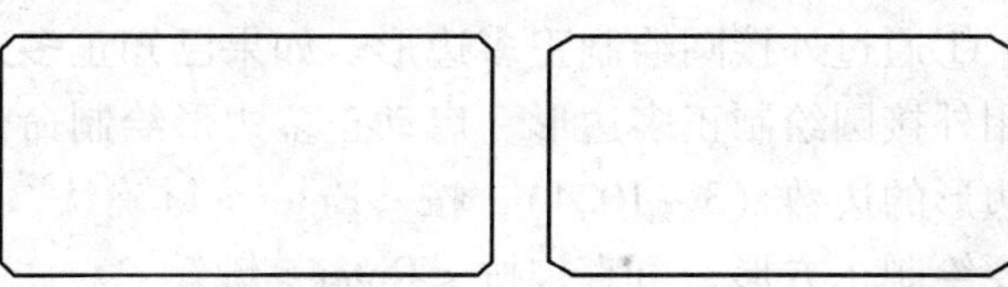

（a）倒角距离相同的矩形　　（b）倒角距离不同的矩形

图 2－24　倒角矩形

如果设置的两个倒角长度

不相等，系统将按照顺时针方向把第一个倒角长度当作是首尾顺次连接的两条直线中第一条直线的值，将第二倒角长度当作第二条直线的值，如图 2－24（b）所示。

②圆角：用于绘制圆角矩形。启动绘制“矩形”命令，在系统提示下，向命令行窗口输入圆角的命令代码“F”，按 <Enter> 键确认，输入圆角半径，然后指定矩形的两个角点即可。如图 2－25 所示。

如果矩形圆角半径大于矩形短边长度的1/2，矩形的四个圆角将可能变为直角。

③宽度：用于确定矩形的线宽。在系统提示下，向命令行窗口输入宽度的命令代码“W”，按 <Enter> 键确认，输入矩形边框线的绘制宽度，然后指定矩形的两个角点即可。

此绘图方法可与上述几种方法混合使用。绘制具有一定线宽的矩形，如图 2－26所示。

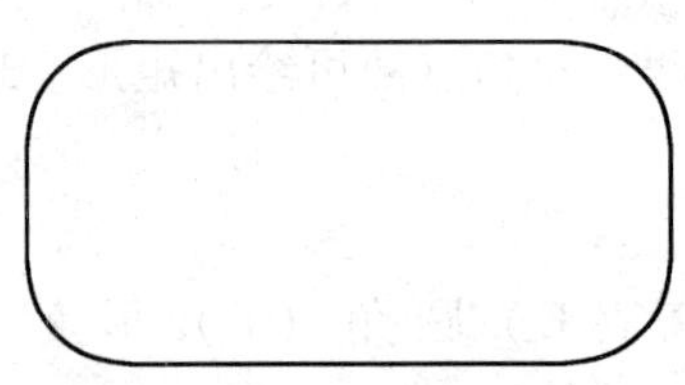

图 2－25　利用圆角绘制的矩形

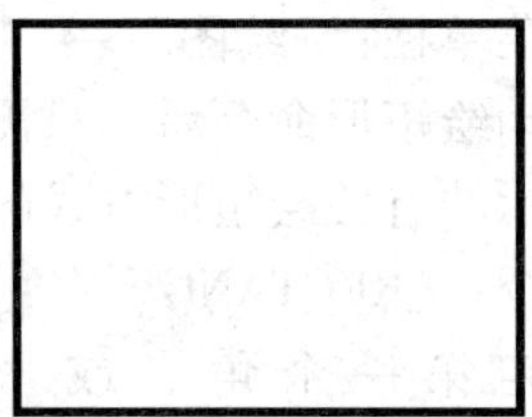

图 2－26　具有一定线宽的矩形

④标高和厚度：此两个选项主要用于三维绘图。前者用于绘制有一定标高的矩形，后者用于绘制有一定厚度特征的矩形。

在 AutoCAD 2009 系统中，可以使用“PEDIT”命令对矩形的边进行单独编辑，也可以使用 EXPLODE 命令将矩形中的边转化为单独的直线进行编辑。

2.2.4.2　正多边形的绘制

（1）执行 POLYGON 命令可采用的 3 种方法

①绘图工具栏：。

②命令行：POLYGON。

③菜单栏：“绘图”→“正多边形”。

（2）命令举例

①通过外接圆绘制正多边形。如果已知正多边形的中心到各角点的距离，可利用外接圆绘制正多边形。启动正多边形绘制命令，在命令行窗口输入要绘制的多边形的边数（3～1024），按 <Enter> 键确认。系统默认多边形边数为 4，如果需要绘制正方形，可直接按 <Enter> 键。

系统提示：指定多边形的中心点或［边（E）］：（按 <Enter> 键确认。）

系统将提示：输入选项，［内接于圆（I）/外切于圆（C）］ <I>：

按<Enter>键确认，然后在命令行窗口输入外接圆的半径，可得通过外接圆绘制正多边形，如图2－27所示。

②通过内切圆绘制正多边形：如果已知正多边形的中心点到每条边中点的距离，可通过内切圆绘制外切正多边形。

由上述内容可知，如果利用内切圆绘制正多边形，可在命令行窗口中输入内切圆的命令代码“C”，按<Enter>键确认。

系统将提示：指定圆的半径：

指定正多边形内切圆的半径，系统将按指定的正多边形的边数和内切圆的半径绘制正多边形。图2－28所示为按内切外切圆绘制的正多边形，其中的圆为假想的内切圆。

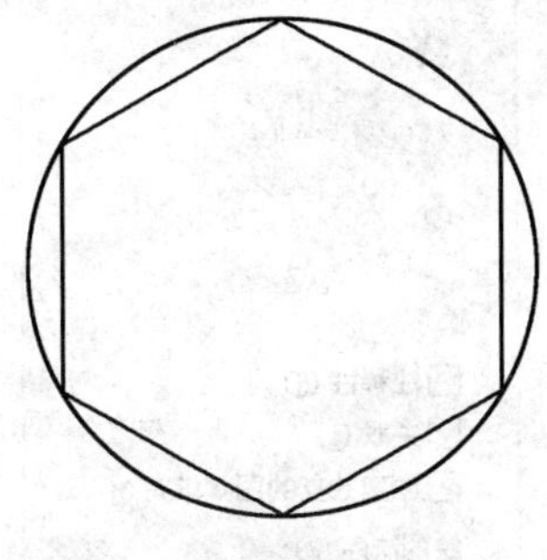

图2－27　内接正多边形

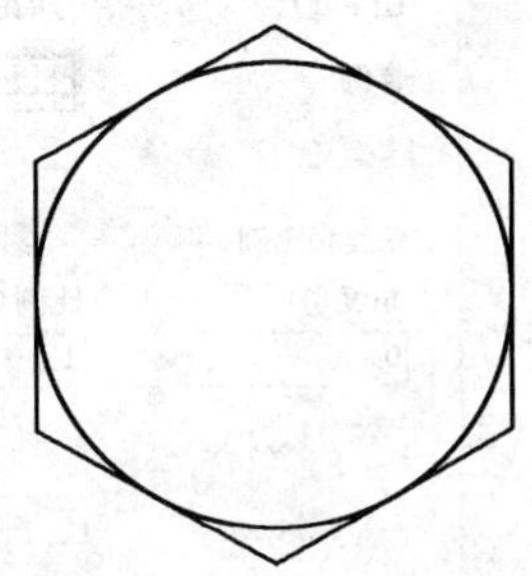

图2－28　外切正多边形

③通过多边形边长绘制正多边形：已知正多边形的边长，可通过指定正多边形的位置和正多边形的边长来绘制正多边形。当系统提示：指定正多边形的中心点或“边（E）”，输入边长的命令代码［E］，按<Enter>键确认。

按照系统提示指定边的第一个端点，在绘图窗口选定一点，系统继续提示用户指定第二点，按照已知的正多边形的边长确定第二个端点，得到的正多边形即是按已知边长绘制的正多边形。

2.3　图案填充

在工程制图中，为了使绘制的图形更加清晰，可以对某些特定区域使用图案填充，用于区分不同类型的材料或者特殊区域。AutoCAD 2009为绘制图案填充提供了丰富的填充图案，并且允许用户自行定义填充图案。

2.3.1　图案填充的绘制

2.3.1.1　命令介绍

执行HATCH命令可采用以下3种方法：

①绘图工具栏：。
②命令行：HATCH。
③菜单栏："绘图"→"图案填充"。

2.3.1.2　系统介绍

启动HATCH命令后，AutoCAD 2009打开"图案填充和渐变色"对话框，如图2－29所示。该对话框有两个选项卡，下面简单介绍各部分的应用。

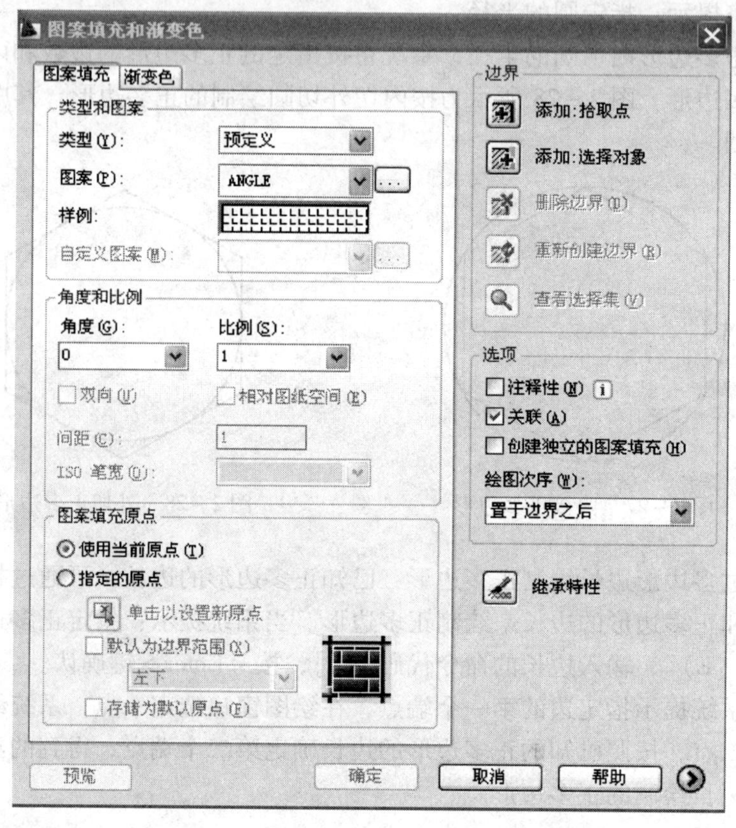

图2－29　"图案填充和渐变色"对话框

对话框中共有2个选项"图案填充"和"渐变色"。"图案填充"选项卡用于进行与填充图案相关的设置，在"渐变色"选项卡中定义由一种颜色过渡到另一种颜色的效果。

（1）在"图案填充和渐变色"选项卡中，可以设置图案填充时的类型和图案、角度和比例等特性。

其中，"类型"下拉列表框中提供了3个选项：预定义、用户定义和自定义。在"预定义"选项中，用户也可以单击"图案"选项后面的"浏览"按钮，得到"填充图案选项板"对话框，如图2－30所示。

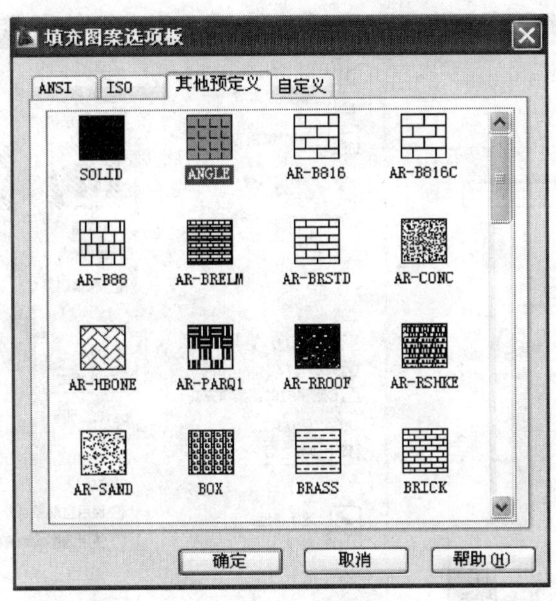

图 2 – 30 “填充图案选项板”对话框

“填充图案选项板”对话框共提供了 4 个选项卡，每一个选项卡显示不同的图案样式，从中选择任意一种预定义的图案，单击确定即可将选中的图案显示在“样例”中。

(2) 点击“边界图案填充”右下角符号，可弹出“孤岛”选项卡。它共有如图 2 – 31 所示的几个选项，分别介绍如下。

①“孤岛检测”用来描述“孤岛”类型。其中“孤岛”指的是在图案填充时，位于填充区域内的封闭区域。在该栏中，为“孤岛”提供了 3 种填充方式：“普通”指的是标准的填充方式，即第一层填充，第二层不填充，第三层填充，第四层不填充，如此交替进行，计算边界层次由外向内；“外部”指的是指填充“孤岛”的外部，即只填充外部第一层的封闭区域；“忽略”指的是忽略“孤岛”的存在，对所选的全部封闭区域进行填充。

②“对象类型”：用来指定新建边界对象的类型，并通过“保留边界”开关按钮确定是否对边界填充进行计算。

③“保留边界”：若选中该项，则填充边界将被保留。如果不选择该项，根据系统默认图案填充完成后将会自动删除填充边界。此命令执行后还可以在该复选框旁边的窗口确定将该边界保存成面域还是保存成多段线。

④“边界集”：下拉列表框用于指定边界对象的范围。只有使用“边界点”方式定义边界时，选定的边界集才有效。

⑤“新建”：用于选取新的边界集。

(3)“渐变色”选项卡用来为填充区域选择渐变的填充颜色。如图 2 – 32 所

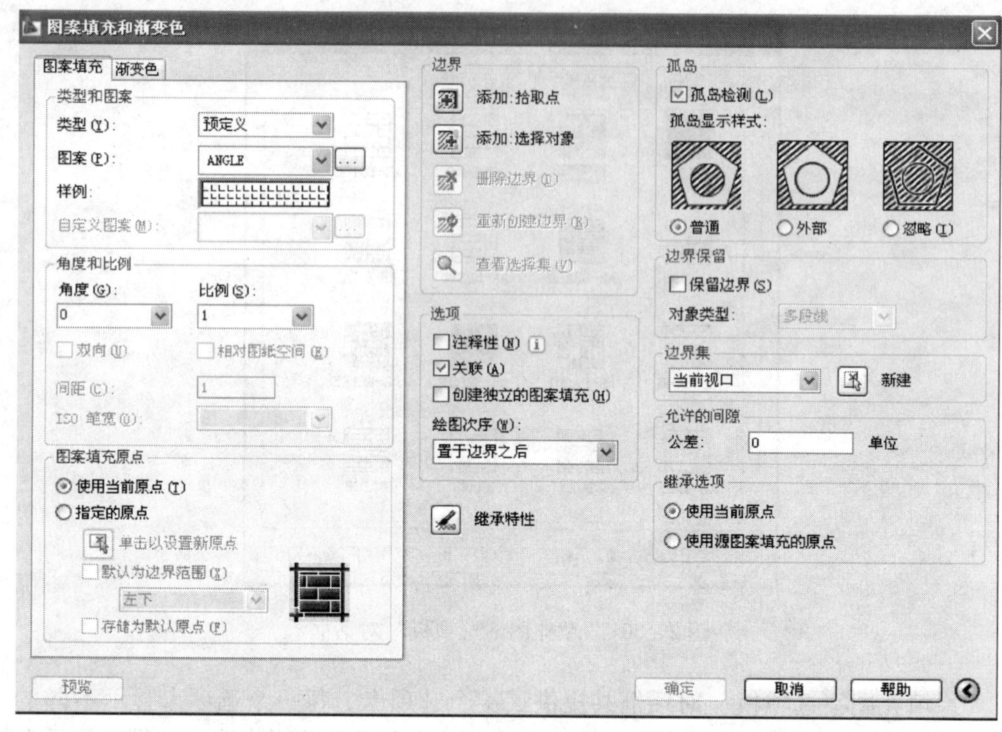

图 2－31 “图案填充和渐变色”对话框中的“孤岛”选项卡

示，系统提供9种固定图案，其中包括柱状、球形和抛物面状图案，可以根据需要选择某种图案。在“渐变色”选项卡下，各选项的意义如下：

①“单色”选项指的是利用一种颜色对图案进行填充。填充图案的主要步骤为：

在“图案填充和渐变色”对话框中的“渐变色”选项卡中，选择“单色”选项，单击其右边的颜色色块并将其拖动到右侧，样本中的颜色渐次变浅。样本中将提示9种不同的渐变方案。选中样本中的渐变方案，选择填充区域，返回到边界图案填充对话框，按“确定”按钮即可在指定区域绘制图案填充。

②“双色”选项指的是在两种颜色之间平滑过渡的双色渐变填充。在其对话框中将会出现“颜色1”和“颜色2”字样，单击“颜色1”右侧的“浏览”按钮，将会得到“选择颜色”对话框。可以在此对话框中的“索引颜色”选项卡中任意指定一种颜色。单击“确定”按钮。可以利用同样的方法定义“颜色2”的颜色。以下的步骤和定义“单色”时相同。

③“居中”设置对称的渐变颜色，没有选定该复选框时，渐变填充向左上角变化，以创建光源在对象左边的颜色渐变。

④“角度”选项用来设置渐变填充的角度，该选项与指定图案填充的角度互不干涉。

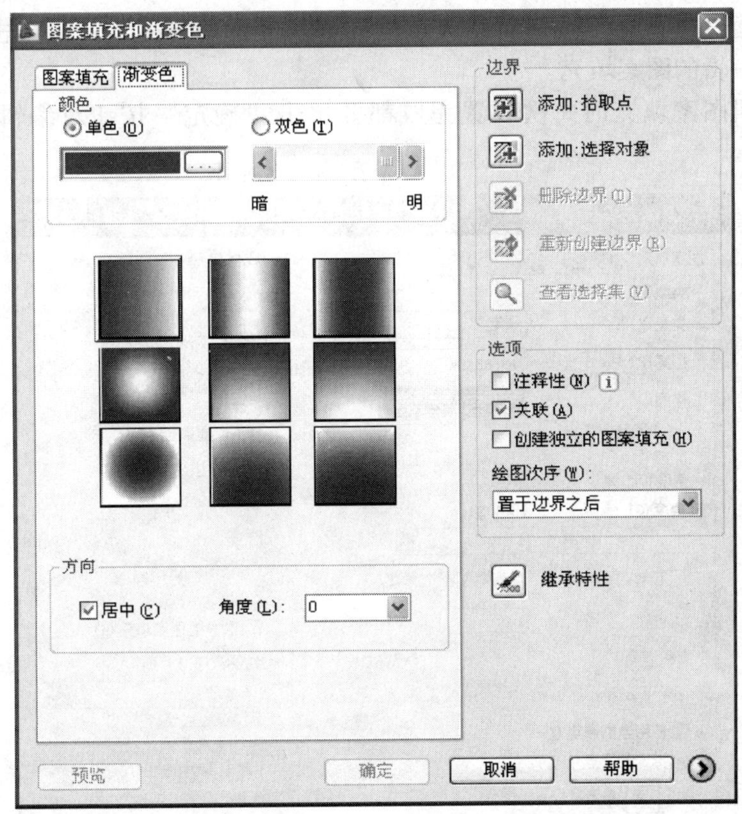

图 2－32 “图案填充和渐变色”对话框中的“渐变色”选项卡

2.3.2 图案填充的编辑

在图案填充完成后，可利用 AutoCAD 2009 系统提供的“编辑图案填充”命令对图案填充进行编辑设置。

执行 HATCHEDIT 命令可采用以下 3 种方法：

①修改工具栏：。

②命令行：HATCHEDIT。

③菜单栏：“修改”→“对象”→“图案填充”。

启动“编辑图案填充”命令后，系统提示：

选择关联填充对象：

可以在绘图区域选择一个填充对象，系统将会显示如图 2－33 所示的“图案填充编辑”对话框。该对话框中的选项含义和上边所述的一样，用户可以利用该对话框对要编辑的图案填充进行设置。如果选择的图案填充不是关联对象，系统将提示选择的对象不是关联对象，此时则不能对该对象进行图案填充编辑。

然后可以通过“预览”按钮对修改过的图案填充进行预览。可以单击“确定”按钮确认编辑的图案填充。

在编辑图案填充时每次设置完成都要单击“确定”按钮对编辑对象进行确认。

图 2－33 “图案填充编辑”对话框

2.4 图块使用

2.4.1 块的基本概念

块是由多个对象组成并经定义命名的整体对象。可以把块作为单一对象按指定的缩放比例和旋转角度插入到当前图形的指定位置。

块的主要作用如下：

（1）提高绘图的效率和质量。工程绘图中，经常要用到一些需要反复使用的图形，如电气设备的符号、集成电路芯片、建筑用标高、轴线标号等。可以把它们定义为块，即以一个缩放图形文件的方式保存起来，并可按类别建立专用的和通用的图块库。需要时，由用户直接调用。这样既可减少大量重复性的工作，又可提高绘图的质量和效率。

(2) 节省存储空间。图块作为一个整体对象，每次插入时，AutoCAD 不再重复记录保存该块中每一个对象的特征参数，仅保存该图块的特征参数，如图块名、插入点坐标、缩放比例、旋转角度等。图块越复杂，插入次数越多，节省存储空间越明显。

(3) 便于修改图形。在工程项目中，尤其是在初步设计阶段，经常要反复修改图形。如果要修改的是块，则只需重新定义一个同名块，AutoCAD 将会自动更新所有与该块同名的块。

(4) 可以加入属性。所谓属性，即从属于图块的文字信息。经常把形状相同的块的技术参数定义为属性。在使用图块时，可以按提示给定相应的技术参数值（属性值），从而满足设计和生产的要求。给块加入属性，还有利于提取属性值，供数据库进行处理计算等。

使用图块的属性有 3 个步骤：

①定义属性；

②创建属性块；

③插入块时按提示输入属性值。

2.4.2 内部块命令

内部图块是指创建的图块保存在定义该图块的图形中，只能在当前图形中应用，而不能插入到其他图形中。

2.4.2.1 命令介绍

执行 BLOCK 命令可采用以下 3 种方法：

①块工具栏：。

②命令行：BLOCK。

③菜单栏："绘图" → "块" → "创建"。

2.4.2.2 系统介绍

打开"块定义"对话框，如图 2－34 所示。下面介绍对话框中的各个部分。

(1)"名称"文本框：用于输入新建图块的名称。

(2)"基点"选项组：用于设置该图块插入基点的 X、Y、Z 坐标。

(3)"对象"选项组：用于选择要创建图块的实体对象。

①"选择对象"按钮：用于在绘图区域选择对象。

②"保留"单选钮：用于创建图块后保留原对象。

③"转换为块"单选钮：用于创建图块后，原对象转换为图块。

④"删除"单选钮：用于创建图块后，删除原对象。

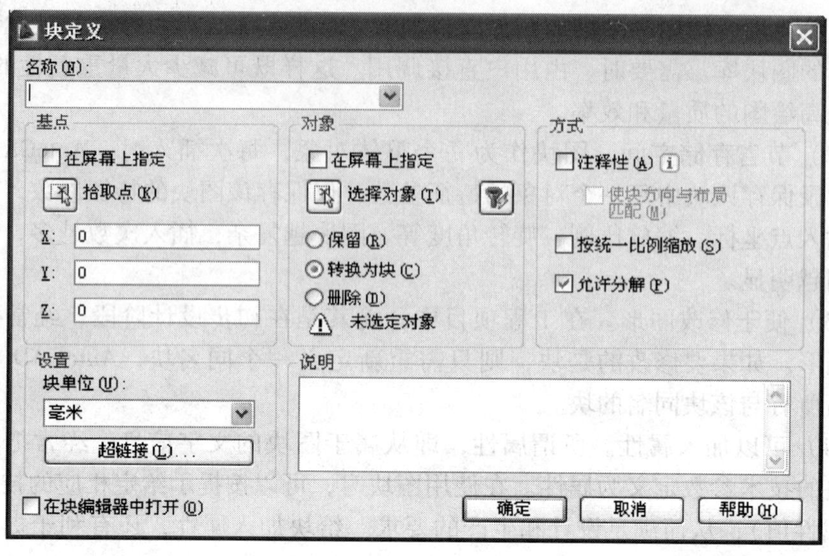

图 2－34 “块定义”对话框

（4）“方式”选项组：同于自动完成缩放注释的过程，从而使注释能够以正确的大小在图纸上打印或显示。

（5）“设置”下拉列表框：用于设置创建图块单位。

（6）“说明”文本框：用于输入图块的简要说明。

最后单击“确定”按钮，完成创建图块的命令。

2.4.3 外部块命令

外部图块与内部图块的区别是，创建的图块作为独立文件保存，可以插入到任何图形中去，并可以对图块进行打开和编辑。

2.4.3.1 命令介绍

执行 WBLOCK 命令可采用以下方法：

命令行：WBLOCK。

2.4.3.2 系统说明

打开“写块”对话框，如图 2－35 所示。下面介绍对话框中的各个部分。

（1）“源”选项组：用于确定图块定义范围。

①“块”单选项：用于在左边的下拉表框中选择已保存的图像。

②“整个图形”单选项钮：用于将当前整个图形确定为图块。

③“对象”单选钮：用于选择要定义为块的实体对象。

（2）“基点”选项组和“对象”选项组的定义与创建内部图块中的选项含义相同。

（3）“目标”选项组：用于指定保存图块文件的名称和路径，也可以单击

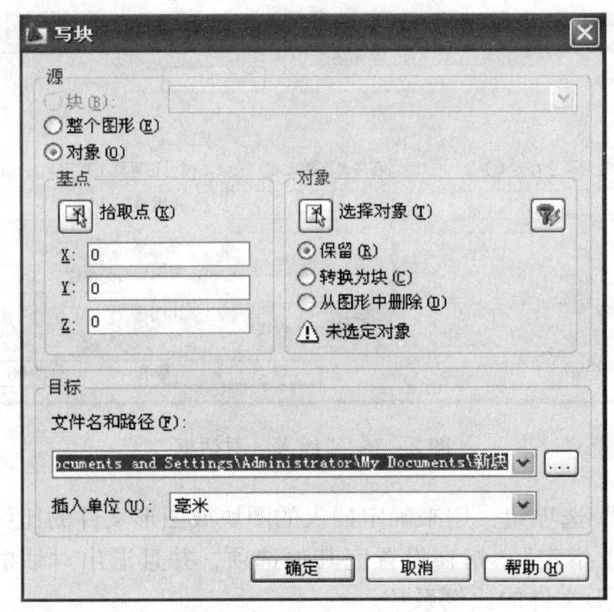

图 2－35 “写块”对话

按钮，打开“浏览图形文件”对话框，指定名称和路径。

（4）“插入单位”文本框：用于设置图块的单位。

2.4.4 插入图块操作

本书主要介绍插入图块和编辑图块两个部分的内容。插入图块操作如下。

2.4.4.1 命令介绍

执行 INSERT 命令可采用以下 3 种方法：

①块工具栏：。

②命令行：INSERT。

③菜单栏：“插入”→“块”。

2.4.4.2 系统介绍

打开“插入”对话框，如图 2－36 所示。

插入对话框功能如下：

（1）“名称”下拉列表框：用于输入或选择要已有的图块名称。也可以单击“浏览”按钮，在打开的“选择图形文件”对话框中选择需要的外部图块。

（2）“插入点”选项组：确定图块或图形文件的插入点。

“在屏幕上指定”：选中此选项后，可以在设置完其他选项，并且退出对话框后，在屏幕上直接选择插入点，也可以直接在设置时输入 X、Y、Z 的坐标值来直接确定插入点。

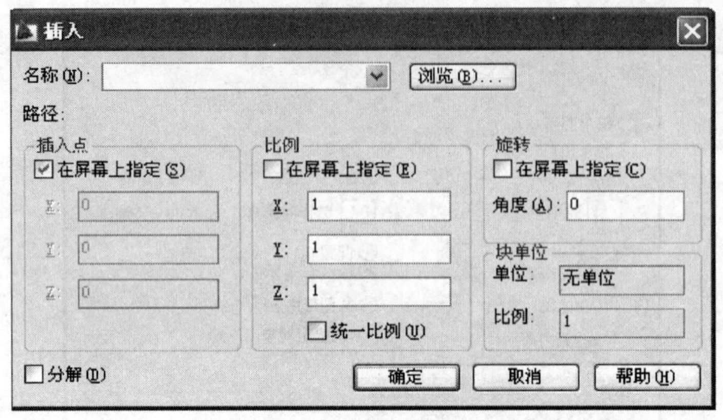

图2-36 “插入”对话框

(3) “比例”选项组：用来确定插入的图块或图形文件的比例系数。

①“在屏幕上指定”：指在设置完其他选项，并且退出对话框后，通过命令来确定图块或图形文件的比例系数。

②“统一比例”：其作用是使 X、Y、Z 的比例因子保持相同。

(4) “旋转”选项组：用来确定插入的图块或图形的旋转角度。

①“在屏幕上指定”：指在设置完其他选项，并退出对话框后，在命令行确定图块或图形文件的旋转角度。

②“角度”对话框：用来直接确定图形或图块的角度。

(5) “分解”选项的作用是在图块插入后，将其分解为各自独立的图形对象，需要注意的是，分解后的图块的 X、Y、Z 的比例因子要相同。

2.4.5 编辑图块操作

2.4.5.1 编辑内部图块

图块作为一个整体可以被复制、移动、删除，但是不能直接对它进行编辑。要想编辑图块中的某一部分，首先将图块分解成若干个实体对象，再对其进行修改，最后重新定义。操作步骤如下：

(1) 从“修改”菜单选择“修改”→“分解”。

(2) 选取需要的图块。

(3) 编辑图块。

(4) 从菜单栏选取“绘图”→“块”→“创建”命令。

(5) 在“块”的定义对话框中重新定义块的名称。

(6) 单击“确定”按钮，结束编辑操作。

执行结果是当前图形中所有插入的该图块都自动修改为新图块。

2.4.5.2 编辑外部图块

外部图块是一个独立的图形文件，可以使用“打开”命令将其打开，修改后再保存即可。

2.4.6 块属性

在定义保存图块时，可以给图块附加一些文本信息，用来增强图块的通用性，这些附加的文本信息就是图块的属性。属性是从属于图块的非图形信息，是图块的一部分。但属性不同于图块中的一般文本信息。一个图块的属性包括属性值和属性标记两部分。

在定义图块前，可以先定义图块的每一个属性，把属性赋予图块，再插入定义后的图块。在插入图块时，可以根据提示输入要定义的属性值。

图块的属性有以下特点：

（1）属性包括属性值和属性标记两部分。

（2）在定义图块前，每个属性都要先使用“ATTDEF”命令进行定义。该命令可以用来定义图块的属性标记、属性提示、属性默认值、显示格式和属性的插入点。

当定义的属性要修改时，可以使用“CHANGE”命令进行直接修改，也可以用“EDIT”命令以对话框形式对属性进行修改。

（3）在插入图块时，可以通过属性提示输入属性值或使用默认值，插入图块时属性由属性值表示。因此，同一个图块可以有不同的属性。

（4）属性可以进行数据的提取。

2.4.6.1 定义属性命令 ATTDEF

（1）执行 ATTDEF 命令可采用的 2 种方法：

①命令行：ATTDEF。

②菜单栏：“绘图” → “块” → “定义属性”。

（2）属性定义对话框说明及使用方法。启动 ATTDEF 命令后，弹出“属性定义”对话框，如图 2－37。现将该对话框中各部分的功能介绍如下：

①“模式”：设置属性模式，该区有以下 6 个复选框：

a. “不可见”：指定插入块时不显示或打印属性值。ATTDISP 将覆盖“不可见”模式。

b. “固定”：在插入块时赋予属性固定值。

c. “验证”：插入块时提示验证属性值是否正确。

d. “预设”：插入包含预置属性值的块时，将属性设置为默认值。

e. “锁定位置”：锁定块参照中属性的位置。解锁后，属性可以相对于使用夹点编辑的块的其他部分移动，并且可以调整多行属性的大小。

f. “多行”：指定属性值可以包含多行文字。选定此选项后，可以指定属性的边界宽度。

②“属性”：设置属性参数。该区有 3 个文本框：

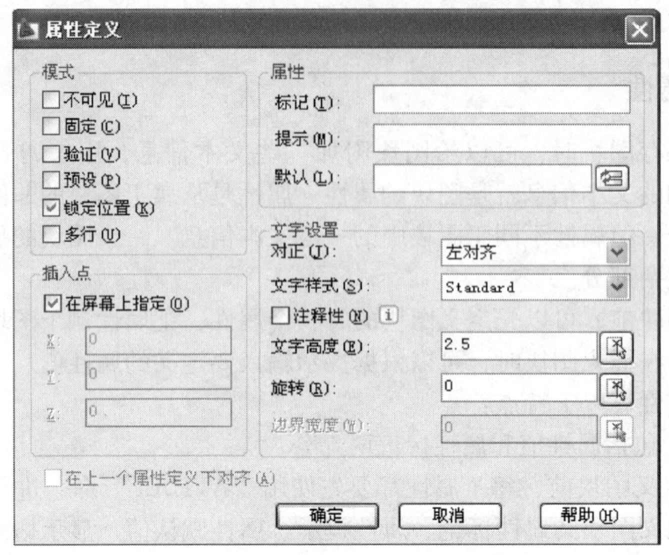

图 2－37 “属性定义”对话框

a. “标记”：每一个属性都有自己的标记，可以认为属性标记就是属性的名字。

b. “提示”：在插入带有属性的块时，命令行出现在该文本框中输入的文字，引导用户正确输入属性值。如果没有设置该项，则 AutoCAD 会用属性标记作为提示。

c. “默认”：用于输入图块属性的值。可把该图块属性的常用值填入，方便使用。

③“插入点”：指定属性文本在图块中的位置。

④“文字设置”：确定属性文本的特性。

⑤“在上一个属性定义下对齐”：要定义的属性在上一个已定义的属性的正下方，并且继承文字特性。

2.4.6.2 修改属性定义命令 DDEDIT

(1) 使用特性管理器编辑属性定义。选中要编辑的属性，然后调出“特性”对话框，如图 2－38 所示。

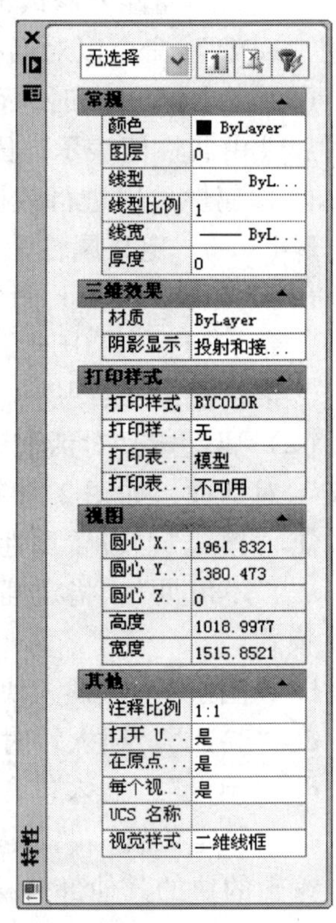

图 2－38 利用“特性”对话框修改属性定义

在该对话框中，除了可实现 DDEDIT 命令的功能外，还可修改属性文字的样式、对正方式、文字高度、旋转角度以及属性的模式等特性。修改的操作方式与利用特性对话框修改文字基本相同。

说明：要编辑已追加到图块的属性定义，须先将图块炸开，使图块的属性值还原为属性定义再进行编辑。

（2）编辑图块中的属性值命令 EATTEDIT。修改图块中属性值，使用 ATTEDIT 命令。

执行 EATTEDIT 命令可采用以下 3 种方法：

①修改工具栏：。

②命令行：EATTEDIT。

③菜单："修改"→"对象"→"属性"→"单个"。

启动 EATTEDIT 命令后，命令行提示：

选择块参照：

用户选择了带有属性值的块后，弹出如图 2－39 所示的对话框。该对话框不仅可以编辑属性值，还可以编辑属性的文字选项和图层、线型、颜色等特性值。

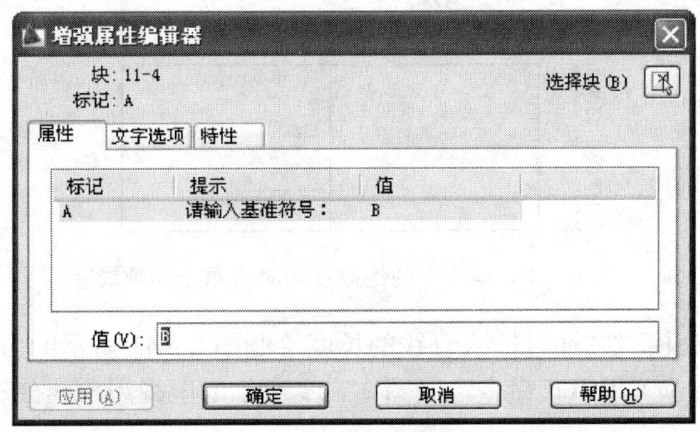

图 2－39 "增强属性编辑器"对话框

说明：

（a）ATTEDIT 命令只能修改图块的属性值，而不能修改属性的字体、字高、对齐方式等参数。

（b）创建属性块时，如果指定源对象处理方式为"转换为块"，会立即激活"编辑属性"对话框。

2.5 习题练习

1. 练习采用指定三点方法绘制圆。
2. 用"图层特性管理器"创建新图层，设置要求如下：

图层	颜色	线型	线宽/mm
普通照明	红色	CONTINUOUS	0. 35
应急照明	红色	CONTINUOUS	0. 35
动力插座	黄色	CONTINUOUS	0. 25
动力控制	蓝色	CONTINUOUS	0. 35
动力母线	紫色	CONTINUOUS	0. 35
弱电电视	蓝色	CONTINUOUS	0. 5
弱电网络	紫色	CONTINUOUS	0. 5
普通消防	绿色	PHANTOM2	0. 4
接　地	绿色	TG	0. 4

3. 在习题 2 中创建的各新图层上绘制图形，并利用“图层”和“对象特性”工具栏来改变图形设置。

4. 利用点的绝对或相对直角坐标绘制图 2－40 所示的组合开关箱图形。

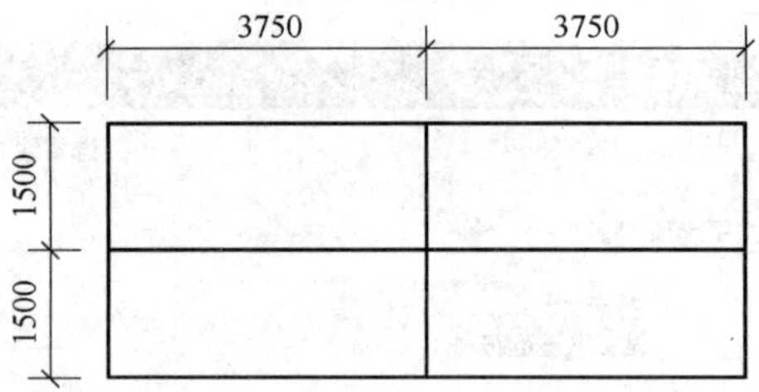

图 2－40　输入点的绝对或相对直角坐标画线

5. 打开正交模式，通过输入直线的长度绘制图 2－41 所示的刀开关箱。

6. 用 LINE 和 CIRCLE 命令绘制图 2－42 所示的电视用户四分支器。

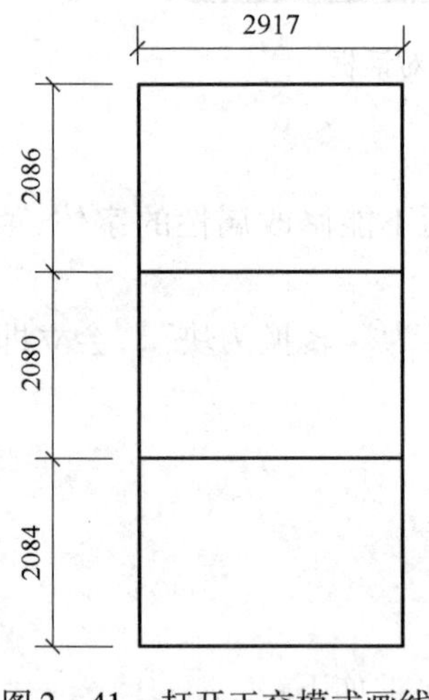

图 2－41　打开正交模式画线

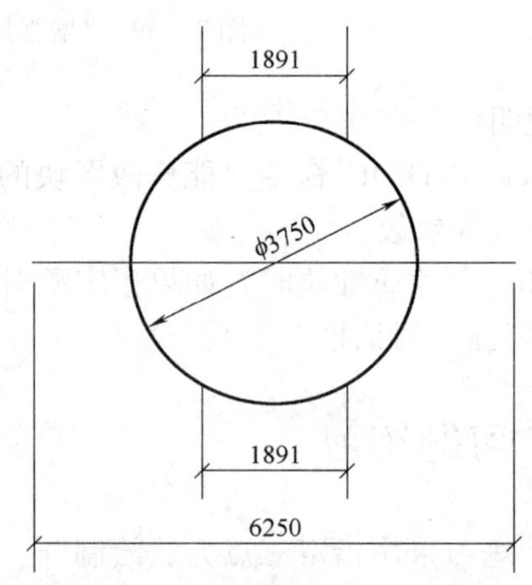

图 2－42　电视用户四分支器

7. 用 RECTANGLINE 和 CIRCLE 命令绘制图 2－43 所示的火灾声光报警器。

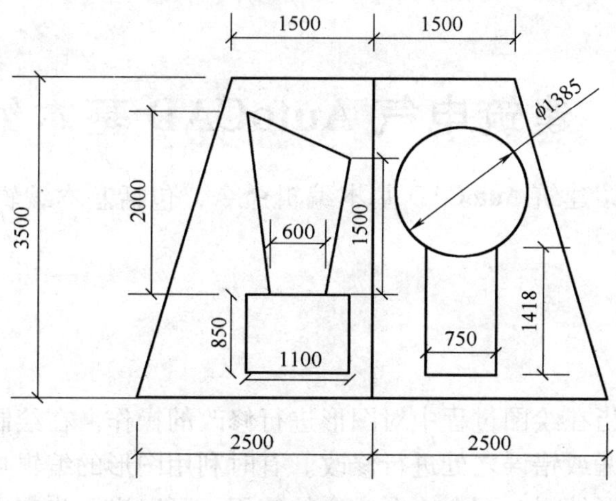

图 2－43　火灾声光报警器

8. 用 LINE 和 CIRCLE 命令绘制图 2－44 所示的火灾警铃。

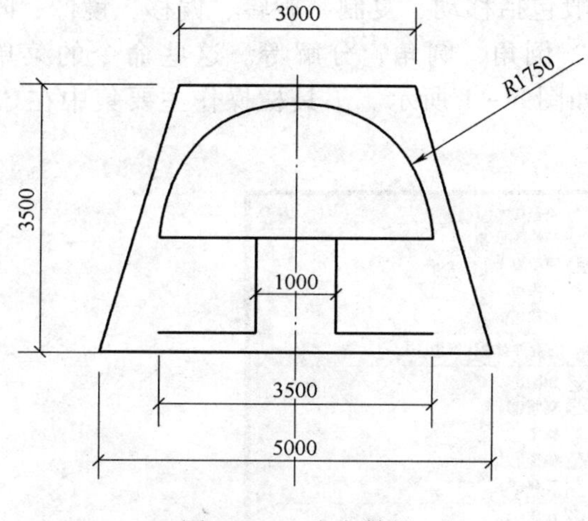

图 2－44　火灾警铃

第 3 章　建筑电气 AutoCAD 基本编辑命令

本章主要介绍建筑 AutoCAD 基本编辑命令，包括基本编辑命令和夹点编辑方法等。

3.1　概述

编辑图形是指在绘图过程中对图形进行修改的操作。在绘制图形后，经常要进行核审，对遗漏或错误之处进行修改。有时利用图形的编辑功能也可使绘图过程简单化。在图形编辑时配合绘图命令的使用，可以进一步完成对复杂图形对象的绘制，并合理安排和组织图形，保证绘图的准确性。因此，对编辑命令的熟练掌握和使用有助于提高绘图的效率。

图形的编辑一般包括移动、复制、旋转、偏移、镜像、阵列、延伸、拉伸、缩放、打断、修剪、倒角、圆角、分解等。这些命令的菜单操作主要集中在“修改”菜单中，如图 3－1 所示。工具栏操作主要集中在“修改”工具栏中，如图 3－2 所示。

图 3－1　“修改”菜单

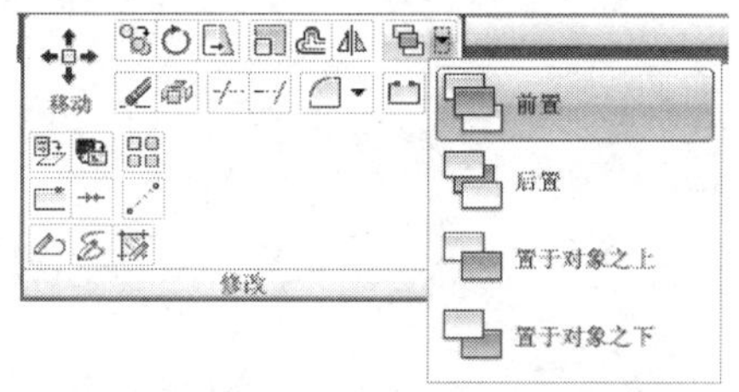

图 3－2　“修改”工具栏

3.2 基本编辑命令

3.2.1 修剪类命令

3.2.1.1 修剪命令

画出的图形常会出现多余的或超出了边界线的部分，需要剪切去除，用修剪命令很容易完成。修剪对象是指用指定的一个或多个对象的边界来剪切另一个指定的对象。被指定作为修剪工具的对象的边界不一定与被修剪的对象相交叉。可以利用对象隐含的交叉点进行修剪，也可以利用对象最近的交叉点进行修剪。

（1）功能：用选择的对象的边界修剪指定的对象。

（2）输入命令

①命令行：TRIM。

②菜单栏："修改"→"修剪"。

③修改工具栏："修改"→-/--。

（3）命令举例

例 3-1：对熔断器符号进行修剪，使其成为电阻符号。

（1）绘如图 3-3（a）所示的熔断器符号。

（2）剪去位于矩形内的直线部分。操作过程如下：

命令：_trim

当前设置：投影 = UCS，边 = 无

选择剪切边...

选择对象或 <全部选择>：找到 1 个选择对象：找到一个（选择矩形）

选择对象：↓结束选择

选择要修剪的对象，或按住 Shift 键选择要延伸的对象，或［栏选（F）/窗交（C）/投影（P）/边（E）/删除（R）/放弃（U）］：（单击直线位于矩形内的部分）

效果如图 3-3（b）所示。

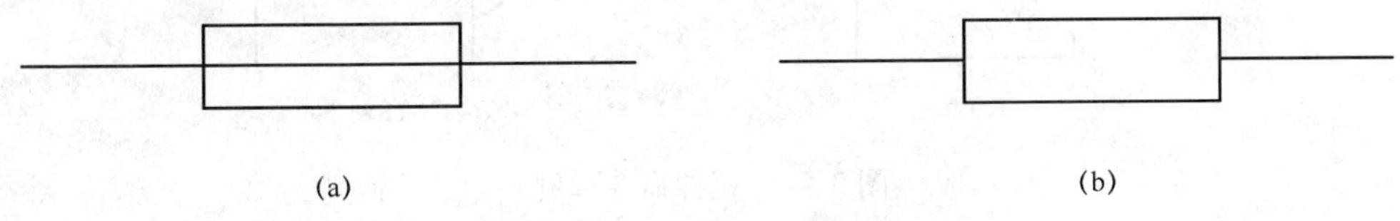

图 3-3 修剪命令举例

技巧与说明：

（1）可采用 Window 或 Crossing 方式一次选择多个对象作为剪切边。

（2）作为剪切边的对象同时也可以作为被修剪的对象。

（3）多线必须被炸开后才能作为修剪对象。

（4）当多个对象要被一个边修剪时，可选用栏选（Fence）方式选择对象。

3.2.1.2　延伸命令

延伸对象是指延伸对象直至到另一个对象的边界线。

（1）功能：把指定的对象延伸到指定的对象边界。

（2）输入命令

①命令行：EXTEND。

②菜单栏："修改"→"延伸"。

③修改工具条："修改"→ --/。

（3）命令举例

例3-2：将图3-4（a）中的弧线延伸到指定边界的矩形。

执行延伸命令的过程如下：

命令：_extend

当前设置：投影=ucs，边=无

选择边界的边…

选择对象：找到1个（选择矩形）

选择对象：↓结束选择

选择要延伸的对象，或按住Shift键选择要修剪的对象，或［栏选（F）/窗交（C）/投影（P）/边（E）/放弃（U）］：（在靠近A端处拾取弧线）

选择要延伸的对象，或按住Shift键选择要修剪的对象，或［栏选（F）/窗交（C）/投影（P）/边（E）/放弃（U）］：（继续在靠近B端处拾取弧线）

选择要延伸的对象，或按住Shift键选择要修剪的对象，或［栏选（F）/窗交（C）/投影（P）/边（E）/放弃（U）］：回车结束命令

效果如图3-4（b）所示。

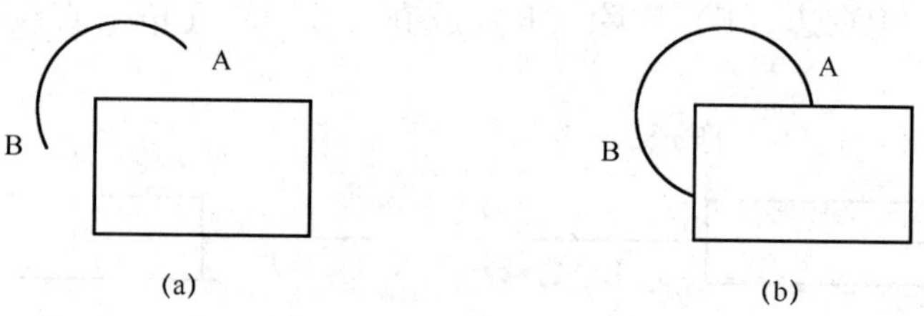

图3-4　延伸命令举例

技巧与说明：

（1）若被延伸的对象看上去有两处与边界相交，则靠近哪一端拾取被延伸对象，那一端就延伸。

（2）延伸命令与修剪命令在提示选择要编辑的对象时，都有一个可选项“边（Edge）”，这个选项要求用户确定对象被修改后是一定要和边界相交，还是能与边界的延长线相交即可。

3.2.1.3　拉伸命令

拉伸对象是指拖拉选择的对象，拉伸后对象的形状发生改变。执行该命令必须使用窗口方式选择对象。整个对象位于窗口内时，执行结果是移动对象；当对象与选择窗口相交时，执行结果则是拉伸或压缩对象。拉伸对象时应指定拉伸的基点和位移点，利用一些辅助工具如捕捉、钳夹、功能及相对坐标等可以提高拉伸的精度。

（1）功能：将对象拉伸或移动。

（2）输入命令

①命令行：STRETCH。

②菜单栏：“修改”→“拉伸”。

③修改工具条：“修改”→ 。

（3）命令举例

例3-3：拉伸图3-5（a）中的矩形，使其宽度沿 *X* 轴正方向增大50。

命令：_stretch

以交叉窗口或交叉多边形选择要拉伸的对象。

选择对象：

指定对角点：找到2个

选择对象：结束选择

指定基点或位移：（捕捉右下角点，然后在正交方式下向右导向）

指定位移的第二点：50↓结束命令

效果如图3-5（b）所示。

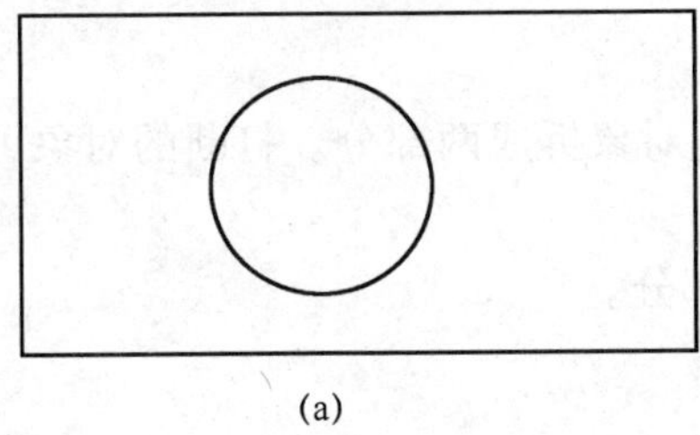

(a)

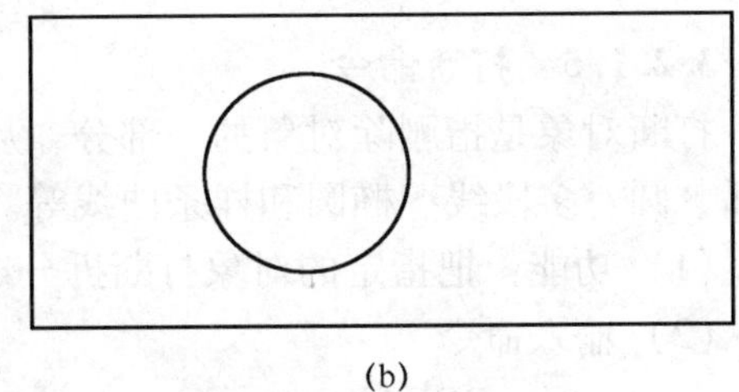

(b)

图3-5　拉伸命令举例

技巧与说明：

（1）必须以交叉窗口或交叉多边形（CP）方式选择要拉伸的图形。

（2）选择对象的窗口内完全包含的图形不变形，仅被平移。

3.2.1.4 拉长命令

（1）功能：改变指定的对象的长度。

（2）输入命令

①命令行：LENGTHEN。

②菜单栏："修改"→"拉长"。

③工具条："修改"→ 。

（3）命令举例

例 3－4：用拉长命令将一段圆弧修改为半圆形。

（1）绘制一段短圆弧，如图 3－6（a）所示。

（2）执行拉长命令的过程如下：

命令：lengthen

选择对象或［增量（DE）/百分数（P）/全部（T）/动态（DY）］：T↓

指定总长度或［角度（A）］<1.0000）>：A↓

指定总角度<57>：180↓

选择要修改的对象或［放弃（u）］：（拾取圆弧）

选择要修改的对象或［放弃（u）］：结束命令

效果如图 3－6（b）所示。

图 3－6 拉长命令举例

3.2.1.5 打断命令

打断对象是指删除对象的一部分，从而把对象拆成两部分。打断的对象可以是弧、圆、多段线、椭圆和样条曲线等。

（1）功能：把指定的对象打断拆分成两部分。

（2）输入命令

①命令行：BREAK。

②菜单栏："修改"→"打断"。

③修改工具条："修改"→ 。

（3）命令举例

例 3－5：用打断命令去除直线的一部分。

（1）绘制如图 3－7（a）所示的两条直线。

（2）将其中的水平线打断。命令执行过程如下：

命令：_break 选择对象：（拾取水平线）

指定第二个打断点或［第一点（F）］：F↓

指定第一个打断点：（在点“1”上单击）

指定第二个打断点：（在点“2”上单击）

效果如图 3－7（b）所示。

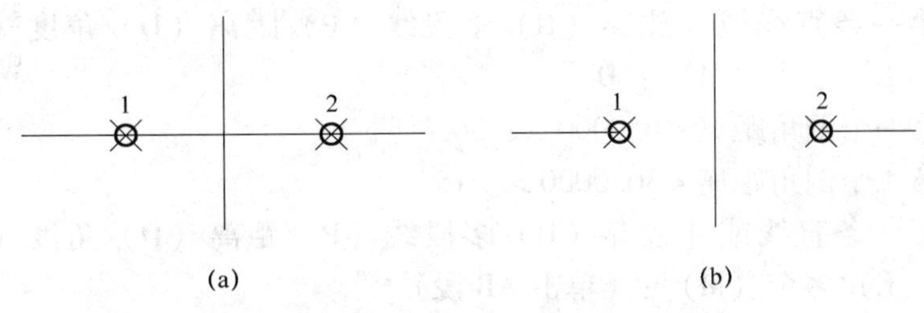

图 3－7　打断命令举例

技巧与说明：

（1）在 AutoCAD 提示选择被打断的对象时，拾取框落在对象上的那一点，被默认为第一打断点，因第一点往往不准确，因此注意使用“第一点（F）”方式。

（2）在指定第二点提示符下，输入@（相当于位移@ 0，0），然后回车，表示第二点与第一点相同。命令结束后，虽然不能看出对象有何变化，但它已变成两个实体。

3.2.1.6　倒角和圆角命令

倒角是指连接两个不平行的线型对象。可以用斜线连接直线段、双向无限延长线、射线和多段线。

（1）功能：对两条相交直线或多段线等绘制倒角。

（2）输入命令

①命令行：CHAMFER。

②菜单栏：“修改”→“倒角”。

③修改工具条：“修改”→ 。

圆角是指用指定的半径决定的一段平滑的圆弧来连接两个对象。连接的对象可以是一对直线段、非圆弧的多段线段、样条曲线、双向无限长线、射线、圆、圆弧和椭圆。

（1）功能：用指定的半径决定的一段平滑的圆弧来连接两个对象。

（2）输入命令

①命令行：FILLET

②菜单栏：“修改”→“圆角”。

③修改工具条：“修改”→ 。

例 3 -6：分别对矩形的两个角进行圆角和倒角。

（1）绘一个宽为150mm，高为100mm 的矩形，如图3 -8（a）所示。

（2）把 B 点所示的角进行倒角，过程如下：

命令：chamfer

（“修剪”模式）当前倒角距离 1 =0. 0000，距离 2 =0. 0000

选择第一条直线或［放弃（U）/多段线（P）/距离（D）/角度（A）/修剪（T）/方式（E）/多个（M）］：D

指定第一个倒角距离 <0. 0000 >：30

指定第二个倒角距离 <30. 0000 >：15

选择第一条直线或［放弃（U）/多段线（P）/距离（D）/角度（A）/修剪（T）/方式（E）/多个（M）］：（单击 AB 段）

选择第二条直线，或按住 Shift 键选择要应用角点的直线：（单击 BD 段）

执行结果 AB 段被修剪掉 30，BD 段被修剪掉 15，同时形成个倒角。

（3）把 C 点所示的角进行圆角，过程如下：

命令：FILLET

当前模式：模式 = 修剪，半径 = 10. 0000

选择第一个对象或［多段线（P）/半径（R）/修剪（T）］：R↓

指定圆角半径 <10. 0000 >：30↓

命令（重复圆角命令）FILLET

当前模式：模式 = 修剪，半径 =30. 0000

选择第一个对象或［多段线（P）/半径（R）/修剪（T）］：（单击 AC 段）

选择第二个对象：（单击 CD 段）。

效果如图 3 -8（b）所示。

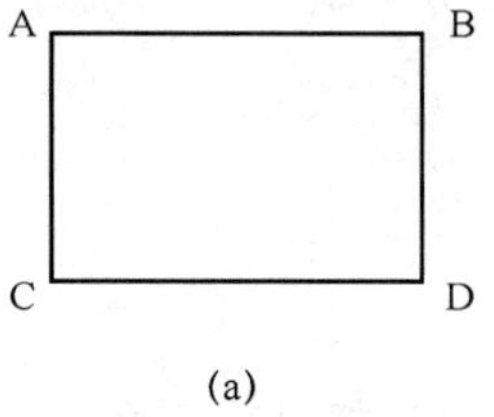

(a)

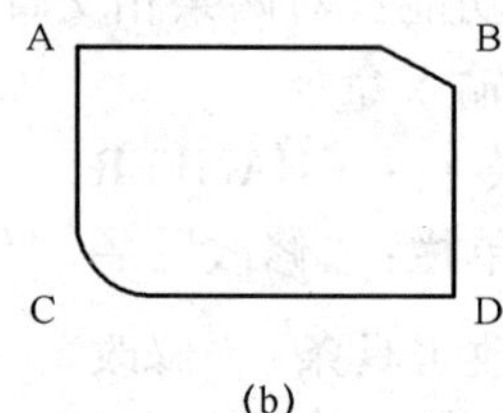

(b)

图 3 -8　倒角和圆角举例

3. 2. 2　复制类命令

3. 2. 2. 1　复制图形命令

在绘图中，有时需要多次重复绘制相同的对象，操作繁琐。这时利用

AutoCAD的复制命令就能很轻松地将对象目标复制到指定的位置。

（1）功能：把选择的对象复制到指定的位置。

（2）输入命令

①命令行：COPY。

②菜单栏：“修改”→“复制”。

③工具条：“修改”→ 。

④快捷菜单：选择要复制的对象，在绘图区域单击鼠标右键，从打开的快捷菜单上选择“复制选择”，如图3-9所示。

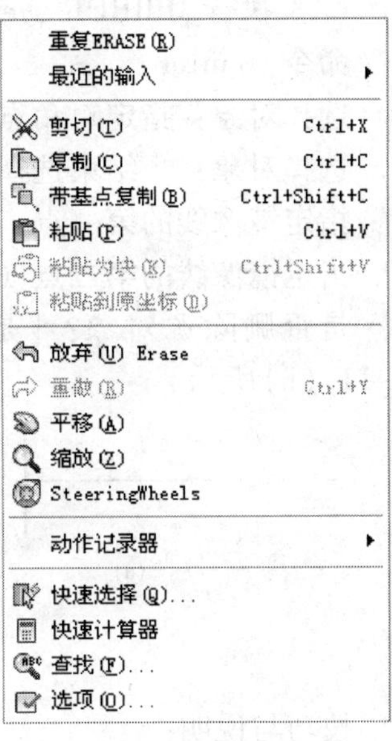

图3-9 快捷菜单

（3）命令举例

例3-7：复制单个对象，本例绘制变压器简易符号。

（1）画一个半径为20mm的圆。

（2）执行COPY命令的操作过程如下：

命令：COPY

选择对象：找到1个（选择圆）

选择对象：↓结束选择

指定基点或位移，或者［重复（M）］：（捕捉圆心）

指定位移的第二点或<用第一点作位移>：（在正交方式下右移鼠标，在合适位置单击）。效果如图3-10所示。

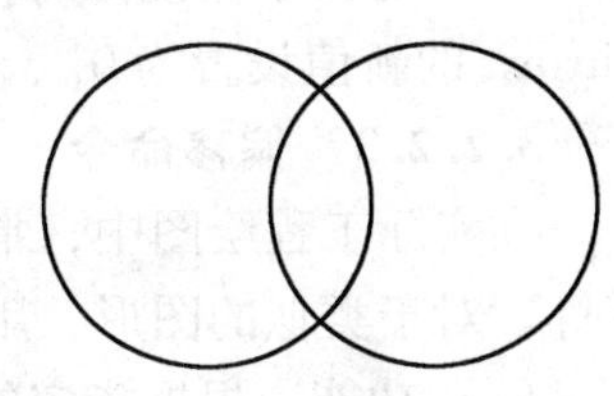

图3-10 复制命令举例

技巧与说明：该命令仅用于本图形内复制对象，而利用“编辑”菜单内的复制（copyclip）命令则可把被选图形复制到剪贴板上，用于其他图形或被别的程序（如Word等）使用。

3.2.2.2 镜像图形命令

在实际绘图中，常常会遇到一些对称的图像，这时可以只画出图像的1/2，然后利用镜像功能复制出另外的1/2。

（1）功能：把选择的对象复制到指定的位置。

（2）输入命令

①命令行：MIRROR。

②菜单栏：“修改”→“镜像”。

③修改工具条：“修改”→ 。

（3）命令举例

例3-8：绘制电容器的符号。

（1）用 LINE 命令绘制如图 3－11（a）所示的两条互相垂直的直线。

（2）执行 MIRROR 命令操作如下：

命令：mirror

选择对象：指定对角点：找到 2 个（选择上述两条直线）

选择对象：↓结束选择

指定镜像线的第一点：（在垂直线的右方合适位置指定一点）

指定镜像线的第二点（在正交方式下指定与第一点横坐标相同的另一点）

是否删除源对象？［是（Y）/否（N）］ <N>：↓结束命令。效果如图 3－11（b）所示。

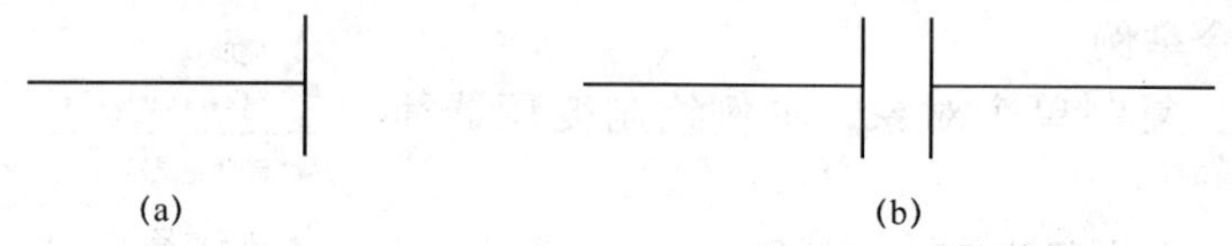

图 3－11　镜像命令举例

技巧与说明：

（1）镜像轴线可以是任意角度，图中不要求实际存在该线，给定两点即可。

（2）对文字作镜像时，为避免镜像后的文字反向显示，应事先将系统变量 mirrtext 的新值设置为 0。

3.2.2.3　偏移命令

在实际工程绘图中，常常遇到一些间距相等、形状相似的图形，如楼梯、筒灯等。对于类似的图形，用偏移命令可以快速地偏移复制图形。

（1）功能：根据指定的通过点或距离偏移对象。

（2）输入命令

①命令行：OFFSET。

②菜单栏："修改"→"偏移"。

③修改工具条："修改"→。

（3）命令举例

例 3－9：偏移复制圆弧。

（1）绘制一条圆弧，起点（110，80）；第二点（150，130）；终点（210，150）。如图 3－12（a）所示。

（2）偏移复制圆弧的操作过程如下：

命令：offset

指定偏移距离或"通过（T）<通过>"：8（指定偏移复制后的对象距源对象 8 个图形单位）

选择要偏移的对象或 <退出>：（拾取圆弧）

指定点以确定偏移所在一侧：（在圆弧左上方单击）

选择要偏移的对象或 <退出>：（在刚复制的圆弧上单击）

指定点以确定偏移所在一侧：（在刚复制的圆弧左上方单击，以下类同）……

选择要偏移的对象或 <退出>：↓结束命令，效果如图 3－12（b）所示。

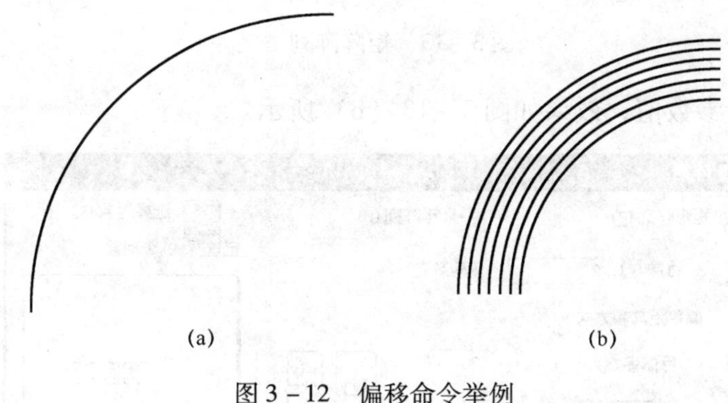

图 3－12　偏移命令举例

3.2.2.4　阵列命令

在实际制图时，有时要复制成规则分布的对象，例如，要在一层楼里安装多盏成规则分布的灯，用复制命令不方便且操作复杂，这时可以用阵列命令。建立阵列是指重复选择的对象并把这些副本按矩形或环形排列。把副本按矩形排列称为建立矩形阵列，把副本按环形排列称为建立环形阵列。建立环形阵列时，应该控制复制对象的次数和对象是否被旋转。建立矩形阵列时，应该控制行和列的数量以及对象副本之间的距离。

（1）功能：多重复制选择的对象并建立阵列。

（2）输入命令

①命令行：ARRAY。

②菜单栏："修改"→"阵列"。

③修改工具条："修改"→ 。

（3）命令举例

例 3－10：利用 ARRAY 命令矩形阵列图形。

（1）绘制如图 3－13（a）所示的按钮图形。

提示：内、外圆半径分别为 5 和 6，画出一个圆后，可使用 OFFSET 命令偏移复制出另一个圆。

（2）ARRAY 命令的执行过程如下：

命令：ARRAY（弹出"阵列"对话框，如图 3－14 所示）。

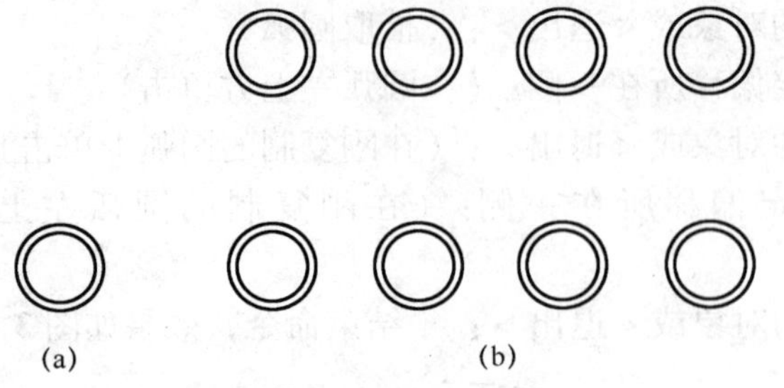

图 3－13　矩阵阵列举例

如图设置参数值，效果如图 3－13（b）所示。

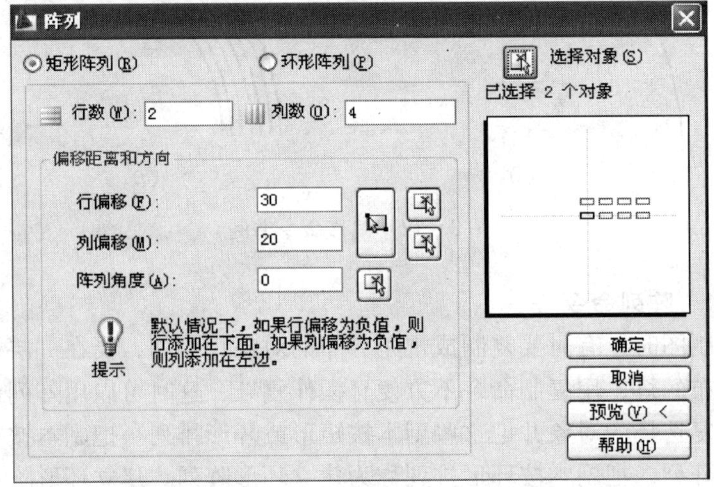

图 3－14　“阵列”对话框（矩形阵列）

例 3－11：绘如图 3－15（a）所示的花灯图案。

（1）画一半径为 30mm 的圆。

（2）用 LINE 命令通过捕捉圆心和象限点画出一条半径。如图 3－15（a）所示。

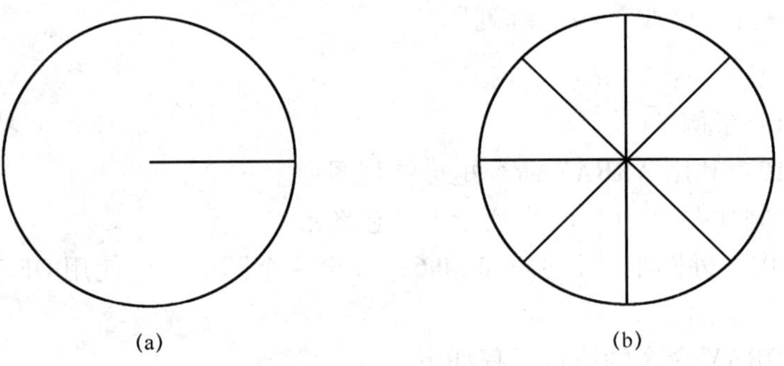

图 3－15　环形阵列举例

（3）环形阵列的过程如下：

命令：ARRAY（弹出“阵列”对话框，如图 3－16 所示）

如图设置参数值，效果如图 3－15（b）所示。

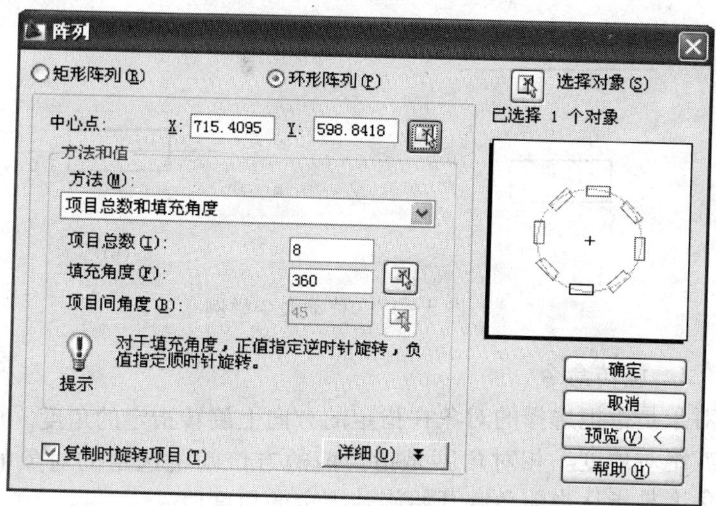

图 3－16 “阵列”对话框（环形阵列）

3.2.3 移动类命令

3.2.3.1 移动命令

无论多么复杂的图形，都可以移动到希望的任何位置上。移动过程中可以改变对象的方位和尺寸。

（1）功能：把选择的对象移动到指定的位置。

（2）输入命令

①命令行：move。

②菜单栏：“修改”→“移动”。

③修改工具条：“修改”→ 。

（3）命令举例

例 3－12：绘制熔断器的一般符号。

（1）在正交方式下画一条长为 18mm 的直线。

（2）画一个宽为 8mm，高为 3mm 的矩形。如图 3－17（a）。

（3）执行移动命令的过程如下：

命令：move

选择对象：找到 1 个（选择矩形）

选择对象：↓结束选择

指定基点或［位移（D）］：捕捉矩形垂直边的中点

指定位移的第二点或＜使第一点作位移＞：（单击捕捉工具栏的“最近点”按钮）到（在直线上的合适位置单击），效果如图 3－17（b）所示。

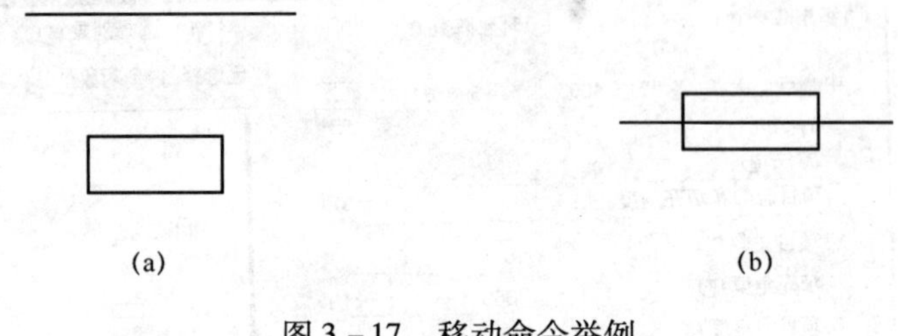

图 3－17　移动命令举例

3.2.3.2　旋转命令

旋转对象是指把选择的对象在指定的方向上旋转指定的角度。旋转角度是指相对角度或绝对角度。相对角度是指当前的方位围绕选定的对象的基点进行旋转；绝对角度是指从当前角度开始旋转指定的角度值。

（1）功能：使对象绕基点按指定的角度进行旋转。

（2）输入命令

①命令行：ROTATE。

② 菜单栏：“修改”→“旋转”。

③修改工具条：“修改”→“ ”。

（3）命令举例

例 3－13：绘制信号灯符号。

（1）绘制如图 3－18（a）所示的图形。

（2）旋转命令的操作过程如下：

命令：rotate

选择对象：指定对角点：找到 2 个（用交叉窗口方式选择圆的两条直径）

选择对象：↓结束选择

指定基点：（捕捉圆心作为旋转基点）

指定旋转角度或，或［复制（C）/参照（R）］＜0＞：：60 ↓结束命令。效果如图 3－18（b）所示。

选项说明：

“参照（R）”：在用户不知确切旋转角度时，把选定对象从参照角度旋转到新的指定角度。

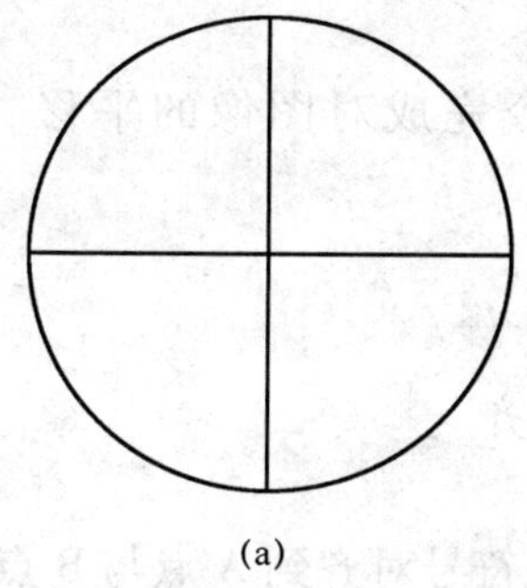
(a)

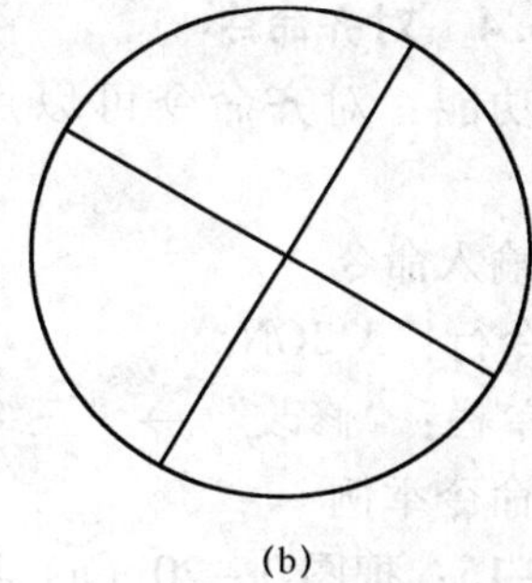
(b)

图 3－18　旋转命令举例

3.2.3.3　缩放命令

在工程制图时，经常需要比例缩放图形中的对象。比如，在讨论设计方案时，通常需要重点确定某一部分，就要将这一部分按比例放大。另外，对于某些复杂的部分，当表达不清楚时，可以用局部放大来表示。

（1）功能：将选定的对象按比例进行放大或缩小。

（2）输入命令

①命令行：SCALE。

②菜单栏：“修改”→“缩放”。

③修改工具条：“修改”→ 。

（3）命令举例

例 3－14：将如图 3－19（a）所示的图形放大 2 倍。

命令：scale

选择对象：指定对角点：找到 2 个（用 crossing 方式选择圆和矩形）

选择对象：↓结束选择

指定基点：（捕捉圆心）

指定比例因子或［参照（R）］：2↓结束命令。效果如图 3－19（b）所示。

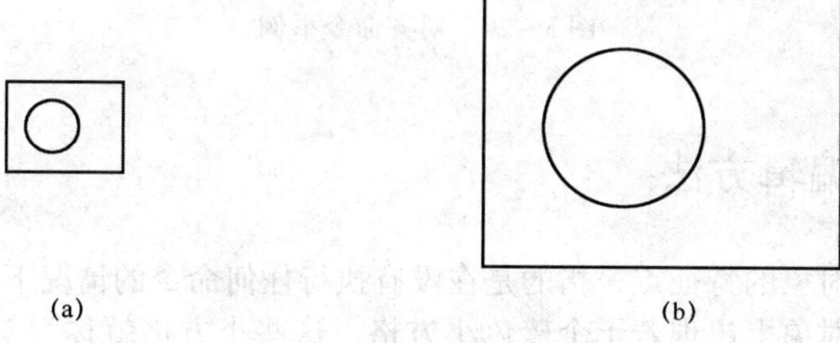
(a)　(b)

图 3－19　缩放命令举例

3.2.3.4 对齐命令

(1) 功能：对齐命令可以用一次操作命令完成对图像的平移、缩放和旋转。

(2) 输入命令

①命令行：ALIGN。

②菜单栏："修改"→"三维操作"→"对齐"。

(3) 命令举例

例 3-15：把图 3-20 (a) 所示的隔离开关符号对齐到 A 点与 B 点之间。

命令：ALIGN

选择对象：指定对角点：找到 4 个（选择隔离开关符号）

选择对象：↓结束选择

指定第一个源点：捕捉点 1

指定第一个目标点：捕捉点 A

指定第二个源点：捕捉点 2

指定第二个目标点：捕捉点 B，如图 3-20 (b) 所示

指定第三个源点或 <继续>：↓

是否基于对齐点缩放对象？[是 (Y)/否 (N)] <是>：Y ↓结束命令。效果如图 3-20 (c) 所示。

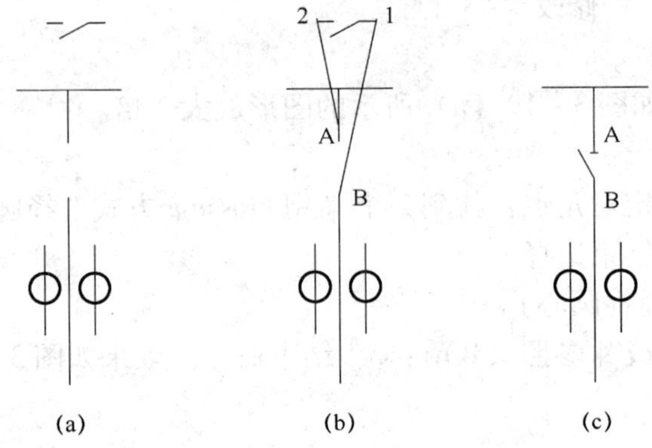

图 3-20 对齐命令举例

3.3 夹点编辑方法

夹点是指对象的特征点，指的是在没有执行任何命令的情况下，用鼠标选择对象后，这些对象上出现若干个蓝色小方格，这些小方格就称为对象的特征点，如图 3-21 所示。

在 AutoCAD 2009 中，夹点是一种集成的编辑模式，提供了一种方便快捷的

编辑操作途径。例如，使用夹点可以对对象进行拉伸、移动、旋转、缩放及镜像等操作。

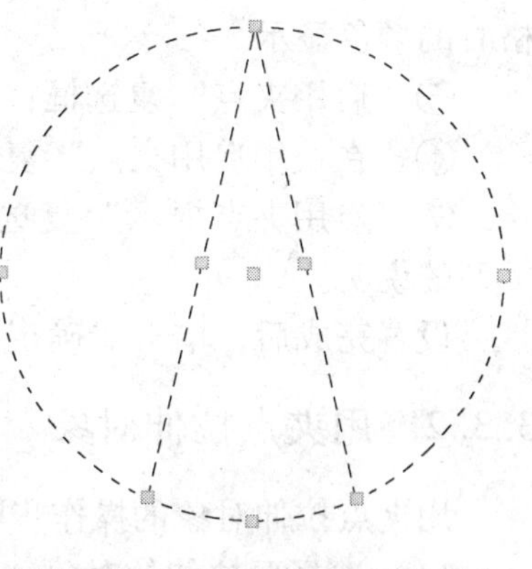
图 3－21 显示对象夹点的示例

3.3.1 夹点功能的设置

（1）输入命令

①菜单栏：“工具”→“选项”→“选项”选项卡。

②命令行：DDGRIPS。

执行此命令后，打开显示“选项”选项卡的“选项”对话框，如图 3－22 所示。

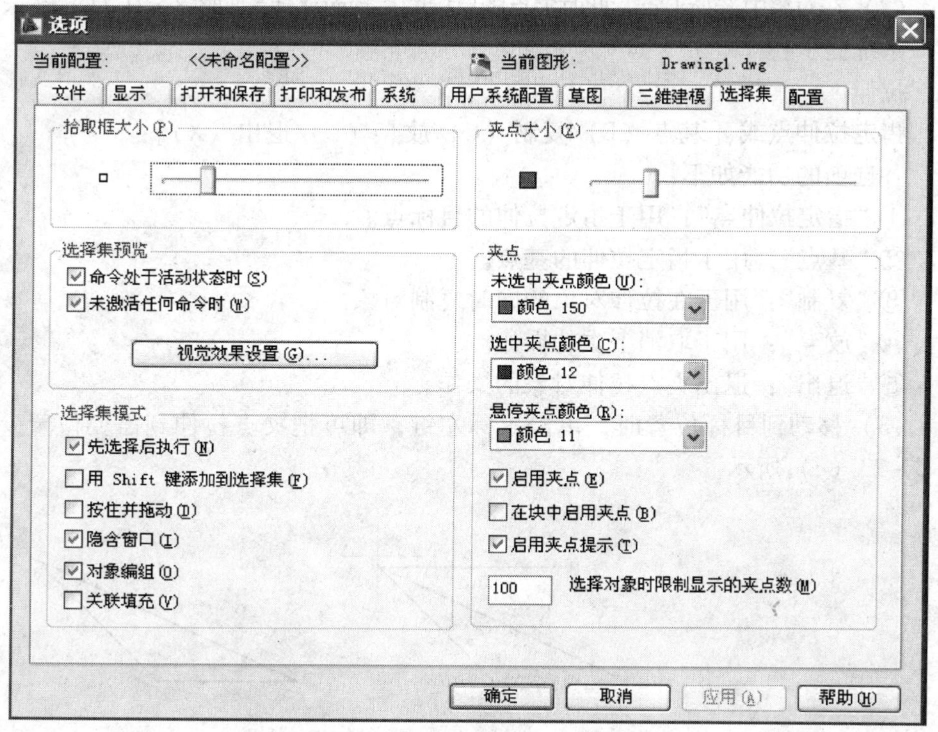

图 3－22 显示“选项”选项卡的“选项”对话框

（2）选项说明

“选择集”选项卡的选项功能如下：

①“夹点大小”栏：用于调整特征点的大小。

②“未选中夹点颜色”下拉列表框：用于设置未选中的特征点方格的颜色。

③“选中夹点颜色”下拉列表框：用于设置选中的特征点方格的颜色。

④“悬停夹点颜色”下拉列表框：用于未选中基点时，鼠标停在特征点方

格时的颜色显示。

⑤“启用夹点”复选框：用于打开夹点功能。

⑥“在块中启用夹点”复选框：用于确定块的特征显示方式。

⑦“启用夹点提示”复选框：用于当光标位于基点时，是否出现提示基点类型的说明。

设置完成后，单击“确定”按钮。

3.3.2 用夹点拉伸对象

用夹点拉伸对象的操作步骤如下：

(1) 选择要拉伸的对象，如图 3-23 (a) 所示。

(2) 在对象中选择夹点，此时夹点随鼠标的移动而移动，如图 3-23 (b) 所示。

系统提示：

拉伸

指定拉伸点或［基点 (B)/复制 (C)/放弃 (U)/退出 (X)］：

各选项的功能如下：

①“指定拉伸点”：用于指定拉伸的目标点。

②“基点”：用于指定拉伸的基点。

③“复制”：用于在拉伸对象的同时复制对象。

④“放弃”：用于取消上次的操作。

⑤“退出”：退出夹点拉伸对象的操作。

(3) 移动到目标位置时，单击鼠标左键，即可把夹点拉伸到需要位置，如图 3-23 (c) 所示。

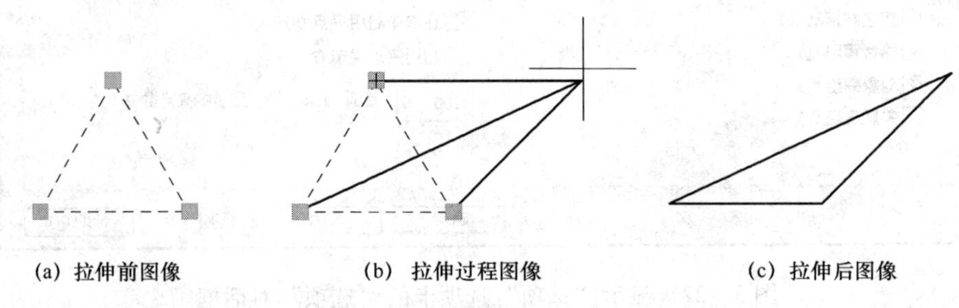

(a) 拉伸前图像　　(b) 拉伸过程图像　　(c) 拉伸后图像

图 3-23　夹点拉伸对象示例

3.3.3 用夹点移动对象

用夹点移动对象的操作步骤如下：

(1) 选取移动对象。

(2) 指定一个夹点作为基点，如图 3-24 (a) 所示。

系统提示：“拉伸”（按 <Enter> 键）

系统提示："移动"

指定移动点或［基点（B)/复制（C)/放弃（U)/退出（X)］:（指定移动点或选项）

（3）指定目标位置后，系统完成夹点移动对象，结果如图 3－24（b）所示。

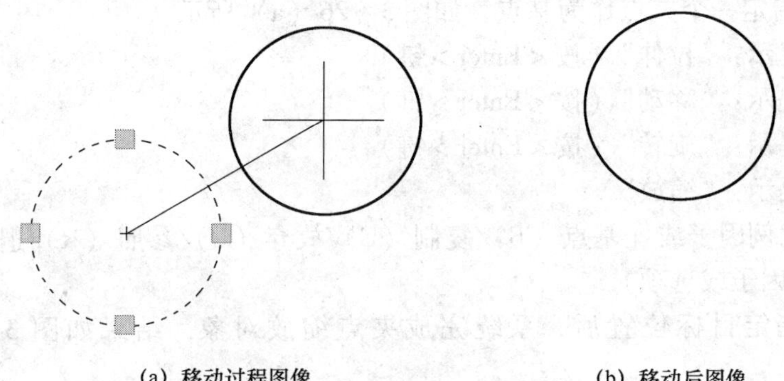

（a）移动过程图像　　（b）移动后图像

图 3－24　夹点移动对象示例

3.3.4　用夹点旋转对象

用夹点旋转对象的操作步骤如下：

（1）选取移动对象。

（2）指定一个夹点作为基点，如图 3－25（a）所示。

系统提示："拉伸"（按 <Enter> 键）

系统提示："移动"（按 <Enter> 键）

系统提示："旋转"

指定旋转角度或［基点（B)/复制（C)/放弃（U)/参照（R)/退出（X)］:（指定旋转角度或选项）

（3）指定目标位置后，系统完成夹点旋转对象，结果如图 3－25（b）所示。

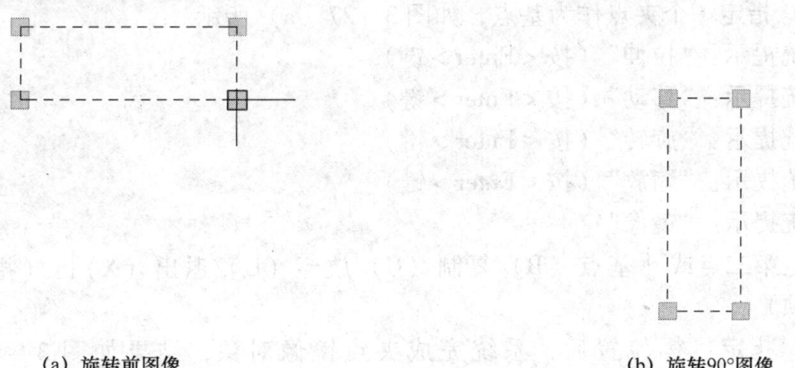

（a）旋转前图像　　（b）旋转90°图像

图 3－25　夹点旋转对象示例

3.3.5 用夹点缩放对象

用夹点缩放对象的操作步骤如下：

（1）选取移动对象。

（2）指定一个夹点作为基点，如图3－26（a）所示。

系统提示：“拉伸”（按<Enter>键）

系统提示：“移动”（按<Enter>键）

系统提示：“旋转”（按<Enter>键）

系统提示：“缩放”

指定比例因子或［基点（B）/复制（C）/放弃（U）/参照（R）/退出（X）］：（指定比例因子或选项）

（3）指定目标位置后，系统完成夹点缩放对象，结果如图3－26（b）所示。

（a）缩放前图像　　（b）缩放后图像（比例因子为0.5）

图3－26　夹点缩放对象示例

3.3.6 用夹点镜像对象

用夹点镜像对象的操作步骤如下：

（1）选取移动对象。

（2）指定一个夹点作为基点，如图3－27（a）所示。

系统提示：“拉伸”（按<Enter>键）

系统提示：“移动”（按<Enter>键）

系统提示：“旋转”（按<Enter>键）

系统提示：“缩放”（按<Enter>键）

系统提示：“镜像”

指定第二点或［基点（B）/复制（C）/放弃（U）/退出（X）］：（指定第二点或选项）

（3）指定目标位置后，系统完成夹点镜像对象，结果如图3－27（b）所示。

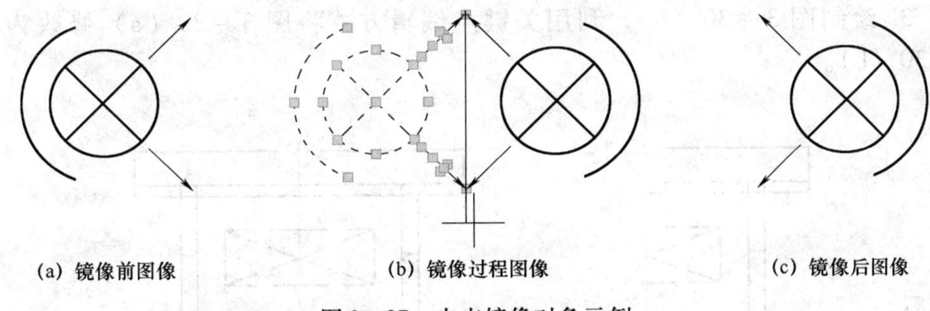

图 3－27　夹点镜像对象示例

3.4　习题练习

1. 绘制图 3－28 所示的图形。

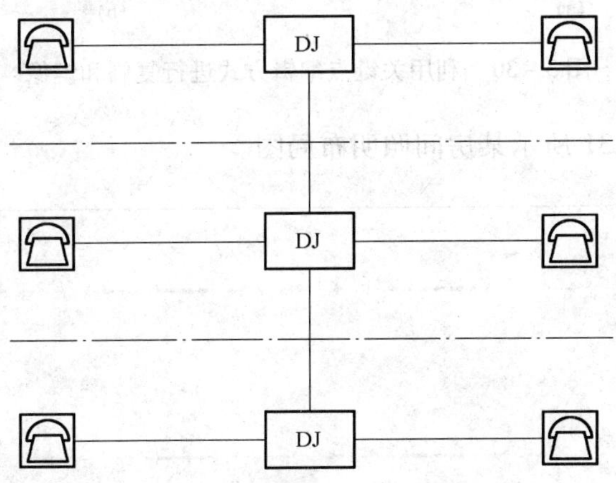

图 3－28　画平面图形

2. 绘制图 3－29（a），用 COPY 命令将图 3－29（a）改为图 3－29（b）。

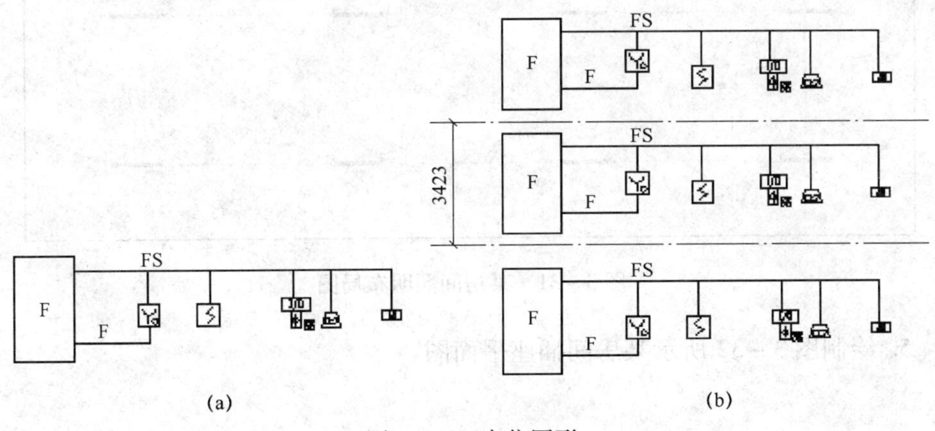

图 3－29　定位图形

3. 绘制图 3－30（a），利用关键点编辑方式将图 3－30（a）修改为图 3－30（b）。

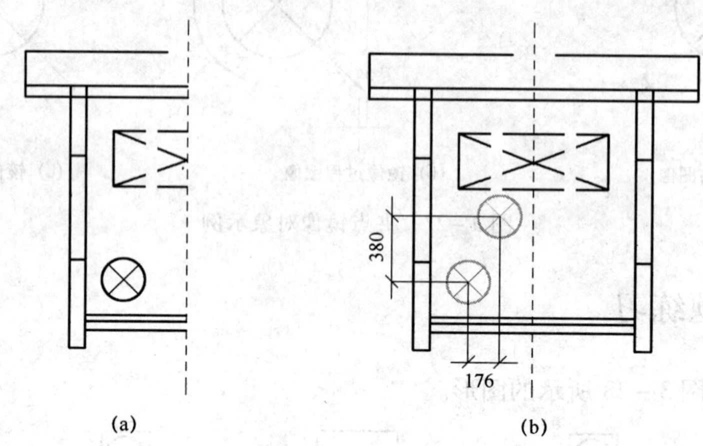

图 3－30　利用关键点编辑方式进行复制和镜像

4. 绘制图 3－31 所示某房间照明布局图。

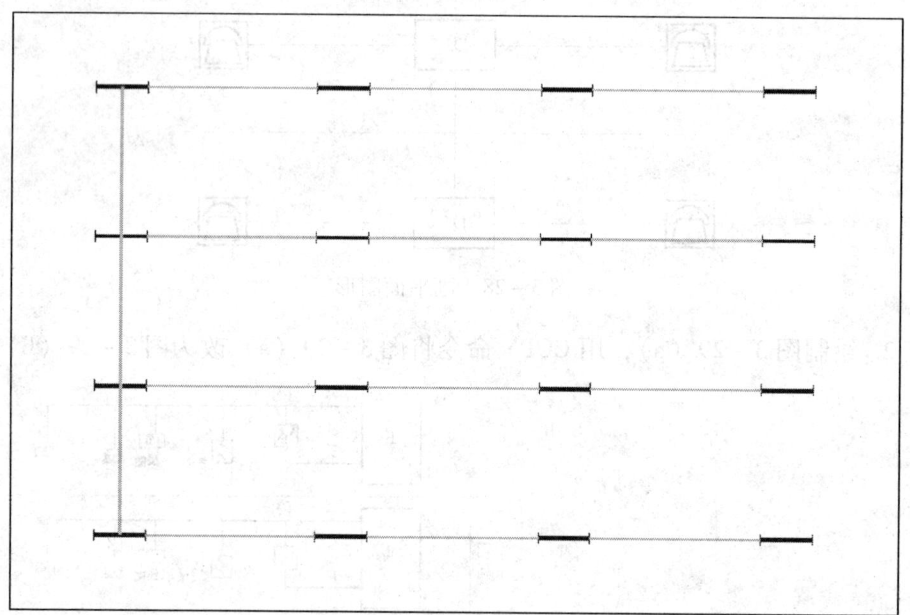

图 3－31　某房间照明布局图

5. 绘制图 3－32 所示某房间插座平面图。

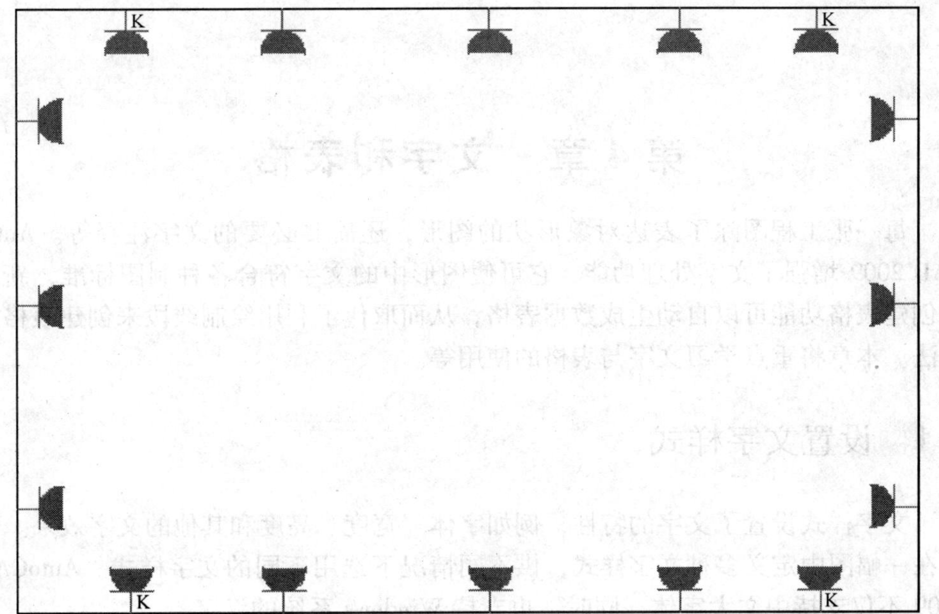

图 3－32　某房间插座平面图

第4章　文字和表格

每一张工程图除了表达对象形状的图形，还需要必要的文字注释等。AutoCAD 2009 增强了文字处理功能，它可使图形中的文字符合各种制图标准，新增的创建表格功能可以自动生成数据表格，从而取代了利用绘制线段来创建表格的方法。本章将重点学习文字与表格的使用等。

4.1　设置文字样式

文字样式设置了文字的特性，例如字体、宽度、高度和其他的文字效果。可以在一幅图中定义多种文字样式，供不同情况下选用不同的文字样式。AutoCAD 2009 不仅支持中文大字体，同时，也支持 Windows 系统的汉字。

4.1.1　创建文字样式

在 AutoCAD 中，文字都具有与之相关联的文字样式。当输入文字时，通常使用当前的文字样式，也可以根据需要创建文字样式，还可以把设计中心创建好的文字样式复制粘贴到其他图形中去，实现文字样式的重复使用，使操作更快捷。

文字样式包括文字的样式名、字体名、字体样式、高度、颠倒、反向、垂直、宽度比例、倾斜角度等属性。在进行设置时，可通过预览区域实时地看到文字的效果。

在"格式"的下拉列表中选择"文字样式"命令，打开"文字样式"对话框，也可以在命令行输入"STYLE"命令打开"文字样式"对话框，如图 4－1 所示。当前的"文字样式"显示在文字样式的对话框中，用户可以使用或修改当前的文字样式，也可以创建新的文字样式。创建新的文字样式就可以修改其属性，或删除不再需要的文字样式。

4.1.2　样式名的设置

"Standard"是默认的文字样式，除此之外，可以创建新的文字样式。在对话框中的"样式名"属性栏中，显示出文字样式的名称、新建文字样式、重新命名文字样式、删除文字样式等选项。

创建新的文字样式的步骤如下：

（1）在"文字样式"对话框中选择"新建"，将出现"新建文字样式"的

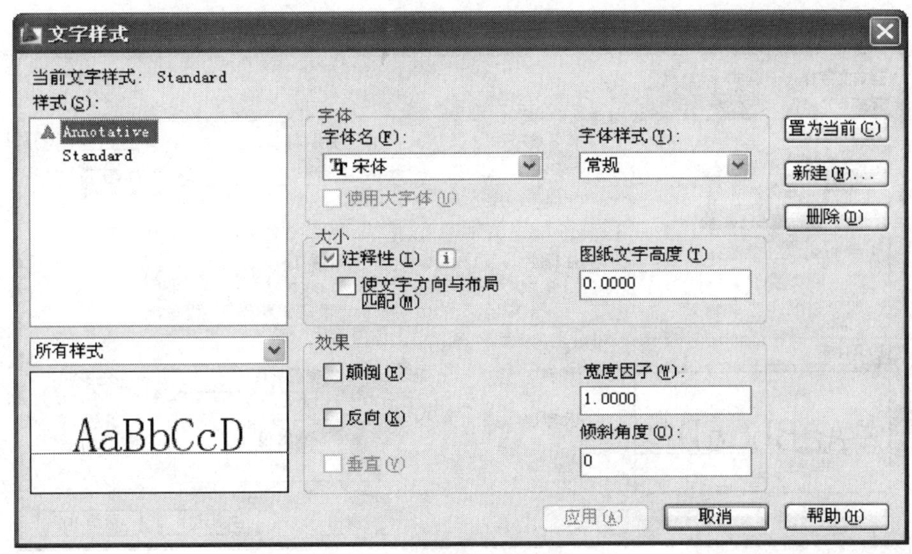

图 4－1 “文字样式”设置对话框

对话框，如图 4－2 所示。

(2) 在“新建文字样式”对话框中输入新的文字样式名。

(3) 单击“确定”按钮，创建完毕，关闭“新建文字样式”对话框。

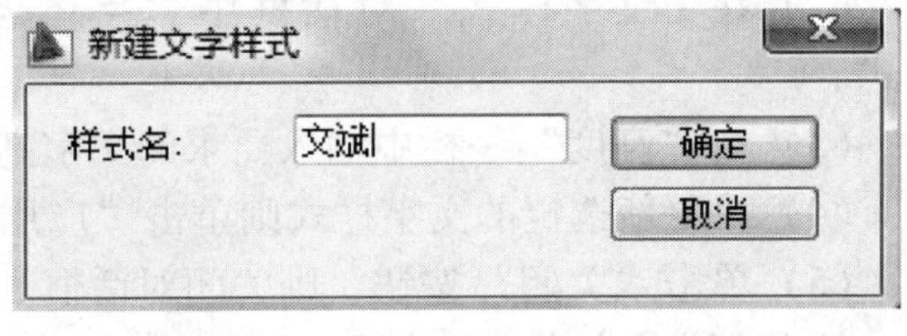

图 4－2 “新建文字样式”对话框

如果修改了文字样式的属性特征，单击“应用”保存，再单击“关闭”则关闭对话框。

在“文字样式”对话框中单击文字样式名，即可对文字样式名进行重新命名，如图 4－3 所示。输入新的样式名，即可对文字样式重新命名，但是不能对默认的 STANDARD 样式进行重新命名。可以单击删除某一个已有的文字样式，但是不能删除默认的 STANDARD 样式和已经被使用了的文字样式。

4.1.3 字体的设置

在“文字样式”对话框的“字体”属性栏中，包括字体名、字体样式、字体高度三个属性，选用它可对字体和字高进行设置。当选用“使用大字体”时，对于有些字体还可以使用“字体样式”来选择字体的样式，如粗体、斜体、常规等。

设置文字高度的步骤如下：

(1) 在“格式”中选择“文字样式”打开“文字样式”对话框。

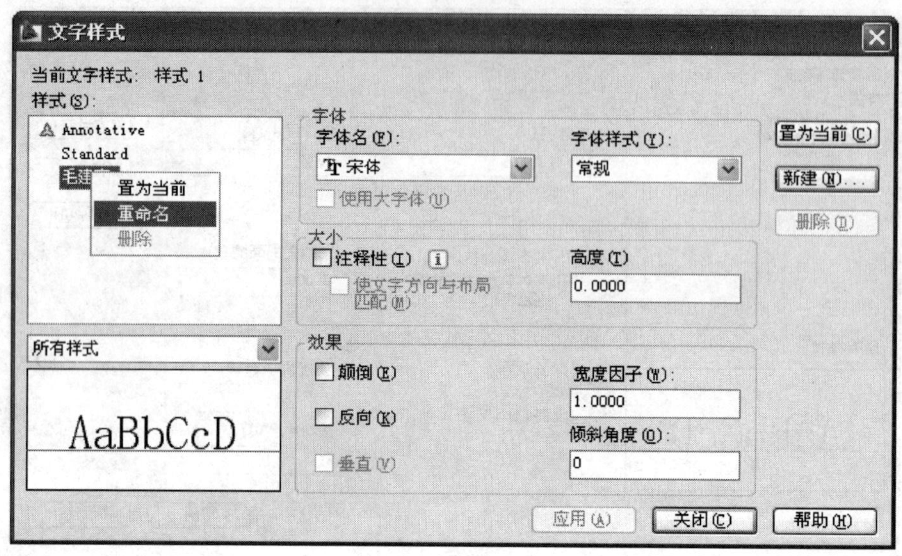

图 4－3 “重新命名文字样式”对话框

（2）在“文字样式”对话框中“字体名”的下拉列表中选择一种文字样式。

（3）在“高度”一栏中输入要求的文字高度。

（4）要更新选定的文字样式则单击“应用”。

（5）单击“关闭”按钮，则关闭对话框。

如果文字的高度设置为 0，那么在每次创建单行文字时都会提示输入高度，在使用 TEXT 命令标注文字时，命令行会有输入“指定高度”的提示，请用户输入指定的文字高度。如果设置的文字高度不为 0，那么在创建单行文字时就会使用此高度，AutoCAD 将不再提示指定高度。

4.1.4 文字效果的设置

在“文字样式”对话框的“效果”属性栏中，包括颠倒、反向、垂直、宽度比例、倾斜共五种效果。选中“颠倒”，可将创建的文字倒过来书写，选中“反向”，可将创建的文字反向书写，选中“垂直”则可将创建的文字垂直书写。

宽度比例决定了文字是变宽还是变窄。当“宽度比例”值设置为 1 时，将按照系统所定义的高度输入文字；当“宽度比例”值大于 1 时，文字会变宽；当“宽度比例”值小于 1 时，文字会变窄。

设置宽度比例的步骤如下：

（1）选择“格式”→“文字样式”打开“文字样式”对话框。

（2）在“文字样式”对话框中“字体名”的下拉列表中选择一种文字样式。

（3）在“宽度比例”一栏中输入所要求的宽度比例值。

（4）要更新选定的文字样式则单击“应用”。

（5）单击“关闭”按钮，则关闭对话框。

倾斜角度决定了文字是向左倾斜还是向右倾斜。倾斜角度的值为0时，文字不倾斜；倾斜角度的值为负时，文字向左倾斜；倾斜角度的值为正时，文字向右倾斜。

设置倾斜角度的步骤如下：

（1）选择“格式”→“文字样式”打开“文字样式”对话框。

（2）在“文字样式”对话框中的“样式名”的下拉列表中选择一种文字样式。

（3）在“倾斜角度”一栏中输入要求的倾斜角度值。

（4）要更新选定的文字样式则单击“应用”。

（5）单击“关闭”按钮，则关闭对话框。

4.2 创建文字

文字是AutoCAD中的一种重要的图形元素，也是建筑电气制图中不可缺少的组成部分。在使用AutoCAD绘制图形时，向图中添加文字注释是制图的重要环节。使用文字给图形加以注释，标注图形的各个部分，这样可以更加清楚地表达设计者的思想。

在建筑电气制图中，经常需要输入很多的文字内容，如在图形中添加材料说明、房间名称、设备线路规格等较少的文字时，可以使用单行文字的输入。在制作设计说明、施工要求时，需要输入的文字较多而且复杂，这时就需要使用多行文字的输入。

4.2.1 单行文字

单行文字用于图形中如施工说明、材料表、设备明细表、注意事项、图例、标签、标题以及修正等文字。在单行文字中，运用控制代码插入直径、角度以及公差符号等特殊字符。对于单行文字来说，每一行都是一个独立的对象，所以可以用来创建文字内容较少的文字对象，可对其进行重定位、调整格式或进行其他的编辑。

4.2.1.1 单行文字命令

（1）菜单栏：“绘图”→“文字”→“单行文字”。

（2）命令行：TEXT或DTEXT。

4.2.1.2 建立单行文字

（1）选择“绘图”→“文字”→“单行文字”（DTEXT）。

（2）指定文字的起点。

（3）指定高度。

（4）指定文字的旋转角度。

（5）输入准备要输入的文字，按（Enter）键换行。

（6）再按（Enter）键，结束此次文字创建。

4.2.1.3　文字对正

用起始点控制文字相应位置。

（1）“绘图”→“文字”→“单行文字”。

（2）在命令行键入J并按回车键。在系统默认情况下，文字是左对正。另外还有14种对正选项可供选择。例如运用中心对正调整文字的插入点。

（3）在命令行键入MC：并按回车键确定中心对正。

（4）单击图形中的点确定文字的中点。

（5）双击回车键，认可文字高度及旋转角度的默认值。

（6）在命令行键入需要输入的文字并按回车键。

（7）按回车键完成命令。

4.2.1.4　设置单行文字样式

通过设置文字样式可以设置文字字体、字号、方向和角度等特征。在“指定文字的起点或［对正（J）/样式（S）］:”的提示信息后输入“S”，便可以对文字的样式进行设置。

设置单行文字样式的步骤如下：

（1）选择“绘图”→“文字”→“单行文字”（DTEXT）。

（2）输入“S”。

（3）输入样式名（要查看已有样式列表，可以输入“?”，系统会显示已有的文字样式）。

4.2.1.5　单行文字的编辑

AutoCAD提供了“DDEDIT”和“PROPERTIES”两种命令对单行文字进行编辑修改。使用“DDEDIT”命令只能对单行文字的内容进行编辑修改，使用“PROPERTIES”命令可以对单行文字的文字样式、方向、对正等一些特征进行编辑修改。

（1）编辑单行文字内容的步骤如下：

①选择“修改”→“对象”→“文字”→“编辑”（命令为“DDEDIT”）。

②单击选择需要编辑的单行文字，出现“编辑文字”的对话框，如图4-4所示。

③在“编辑文字”的对话框内对单行文字的内容进行修改，单击“确定”按钮完成。

另有一种方便快捷的方法：用鼠标左键双击需要编辑的单行文字对象，即会出现“编辑文字”的对话框。因为此种方法方便快捷，所以在绘图过程中经常

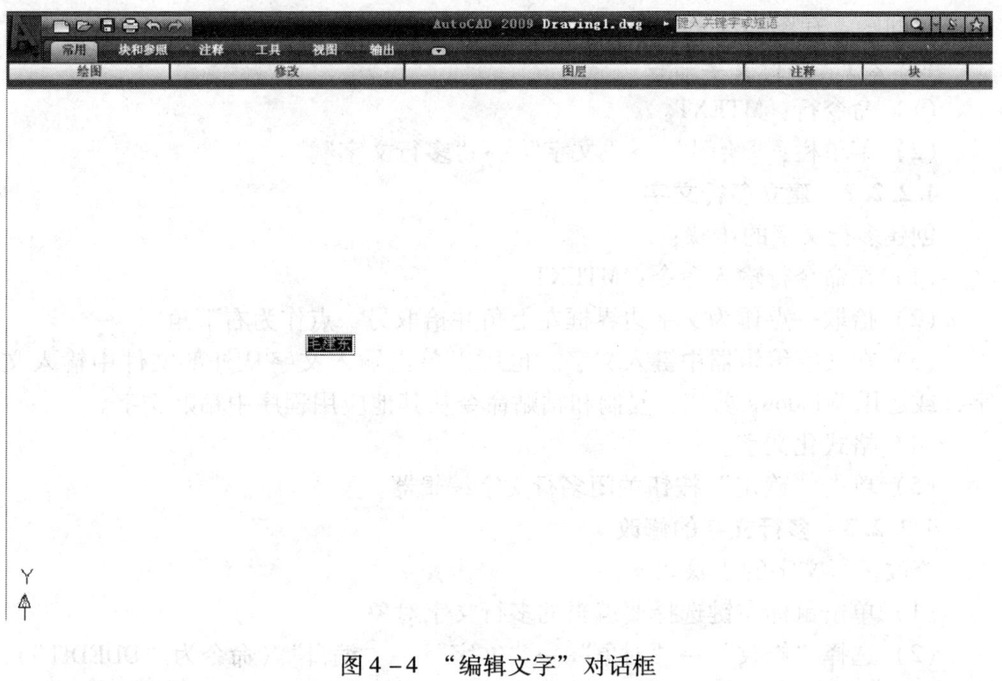

图4－4 “编辑文字”对话框

使用这种方法。

（2）编辑修改单行文字特性的步骤如下：

①单击鼠标左键选择需要编辑的单行文字。

②选择“修改”→“特性”（命令为“PROPERTIES”），即会出现“特性”的对话框，如图4－5所示。

③在“特性”的对话框内修改单行文字的特性，单击“确定”按钮完成。

快捷方法：单击鼠标左键选择需要编辑修改的单行文字对象，再单击鼠标右键，选择“特性”，即会出现“特性”对话框，如图4－5所示。

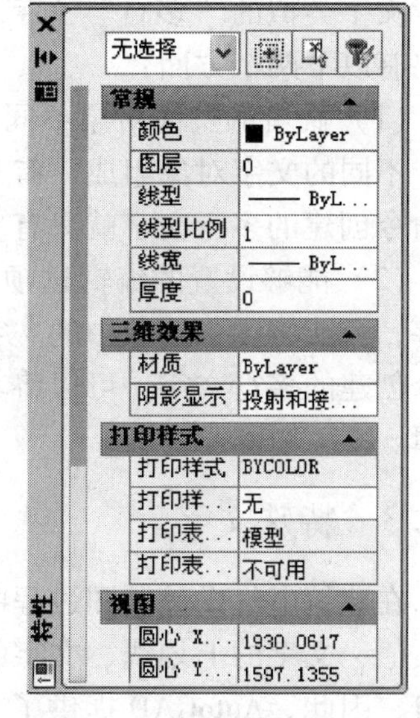

图4－5 单行文字“特性”对话框

4.2.2 多行文字

多行文字由两行以上的文字组成，因此又称为段落文字。对于较长、较复杂的文字内容，可以使用多行文字进行标注。多行文字可以布满指定的宽度，也可以在垂直方向上无限延伸。多行文字是在多行文字对话框中进行设置的，支持复杂的格式，例如改变样式、颜色、行间距。在图形注意事项、图标注释或扩充特征说明中经常运用多行文字。

4.2.2.1 多行文字命令

（1）命令行：MTEXT。

（2）菜单栏："绘图"→"文字"→"多行文字"。

4.2.2.2 建立多行文字

创建多行文字的步骤：

（1）在命令行输入命令：MTEXT。

（2）拾取一点作为文字边界框左上角并拾取另一点作为右下角。

（3）在文字编辑器中键入文字。也可以单击输入文字从外部文件中输入文字，或运用 Windows 剪切、复制和粘贴命令从其他应用程序中粘贴文字。

（4）格式化文字。

（5）单击"确定"按钮关闭多行文字编辑器。

4.2.2.3 多行文字的修改

修改多行文字的步骤如下：

（1）单击鼠标左键选择要编辑的多行文字对象。

（2）选择"修改"→"对象"→"文字"→"编辑"（命令为"DDEDIT"），出现多行文字的"文字格式"对话框（快捷方法：用鼠标左键双击需要编辑的多行文字对象），然后可以参照单行文字的设置方法对多行文字进行修改编辑。

（3）单击"确定"完成。

4.2.2.4 单行文字和多行文字的区别

在创建单行文字时，在适当的时候使用（Enter）键换行，也能得到与创建多行文字类似的"多行"文字。但是用这两种方法创建的多行文字是有区别的，主要有以下两个方面：

（1）两者的实体对象不同：由单行文字创建命令创建的"多行"文字是由几个不同的文字对象组成，有几行单行文字就有几个文字对象。而由多行文字创建命令创建的多行文字就只有一个对象，一段多行文字是一个整体。

（2）能够设置的编辑选项不同：对于由单行文字创建命令创建的"多行"文字，只能将同一对象中的文字设置成相同的文字格式。而对于由多行文字创建命令创建的多行文字，可以将其中的单个字符或词语进行下划线、颜色、字体的编辑。

4.2.3 特殊文字

在建筑电气设计制图过程中，经常要输入一些特殊的字符，如角度、直径、正负值、文字的上划线、文字的下划线等字符。在键盘上不能直接输出这些特殊字符，因此，AutoCAD 提供了一些控制代码，用来输入这些特殊字符。表 4－1 列出了这些特殊字符的控制代码。

表 4－1　　特殊字符的控制代码

控制代码	对应的字符
%%C	圆的直径
%%D	角度
%%P	正负号
%%O	上划线
%%U	下划线

输入单行文字时，如果要输入特殊字符则直接输入控制代码即可。输入多行文字时，除了可以使用控制代码输入特殊字符，还可以在输入多行文字的窗口中单击鼠标右键，从弹出的快捷菜单中选择“符号”，如图 4－6 所示，直接选择“度数”、“正/负”、“直径”等。

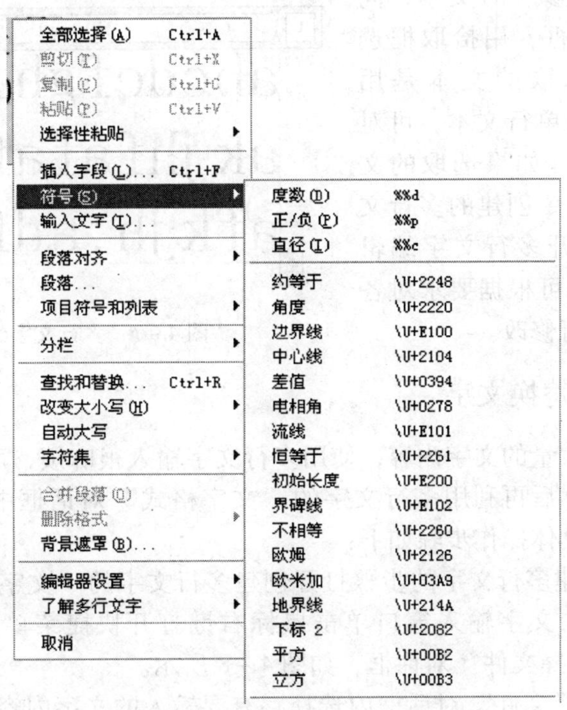

图 4－6　使用快捷菜单输入特殊字符

4.3　编辑文字

在绘图过程中，如果文字标注不符合要求，可以通过编辑文字命令进行修改。

4.3.1 文字的编辑

4.3.1.1 改变文字

该功能可以利用“编辑文字”对话框对已注写的文字进行编辑。

(1) 输入命令

①菜单栏：“修改”→“对象”→“文字”→“编辑”。

②命令行：DDEDIT。

③工具栏：“文字”→编辑 A。

(2) 操作格式

命令：_ddedit

选择注释对象或［放弃（U）]：

要求选择要修改的文本，同时光标变为拾取框，用拾取框选取对象。如果选取的文本是用 TEXT 命令创建的单行文本，可对其直接进行修改。如果选取的文本是用 MTEXT 命令创建的多行文本，选取后则打开多行文字编辑器（见图4－7)，可根据要求对各项设置或内容进行修改。

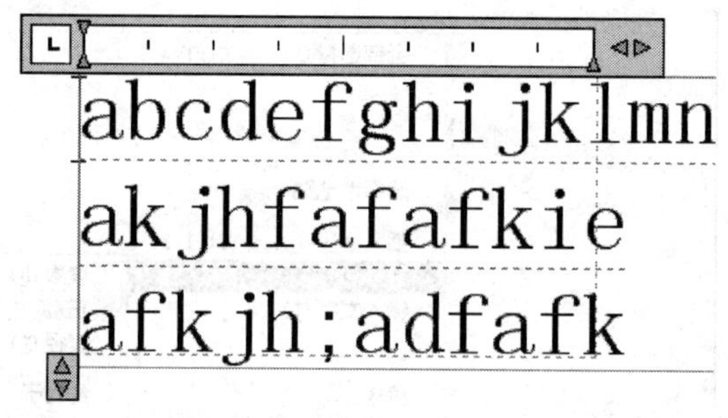

图 4－7 多行文字编辑器

4.3.2 查找与替换文字

如果要输入大量的文字内容，使用多行文字输入很麻烦，可以先在 Word 软件中输入文字，然后再利用多行文字的“文字格式”对话框中的“输入文字”选项进行处理。具体操作步骤如下：

(1) 按照创建多行文字的步骤打开创建多行文字的“文字格式”对话框和文字输入窗口，在文字输入窗口单击鼠标右键打开快捷菜单，选择“输入文字”，即出现“选择文件”对话框，如图 4－8 所示。

(2) 在“选择文件”对话框内选择存有要输入的文字内容的文件，此文件只能是文本文件或者 RTF 文件。单击“打开”，“选择文件”对话框关闭，文字输入窗口就会出现所选择的文件中的文字内容，还可以在此处对文字内容进行修改编辑。

(3) 单击“确定”按钮完成。

4.3.3 拼写检查

完成图形的文字标注后，就要使用系统中定义的拼写字典对图形中的文字进

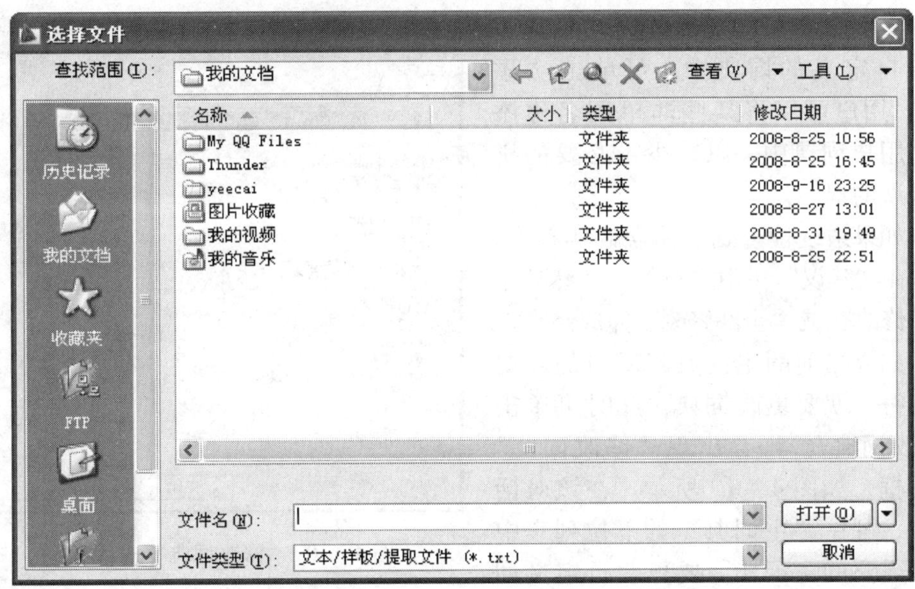

图 4－8 “选择文件”对话框

行拼写检查。AutoCAD 提供了命令“SPELL”用来在图形中进行检查拼写，包括标注文字中的拼写。

在命令行输入“SPELL”或选择“工具”→“拼写检查”使用拼写检查命令，在执行该命令时，系统会弹出“拼写检查”对话框，如图 4－9 所示。在“要进行检查的位置”复选框选择需要检查的文字对象。

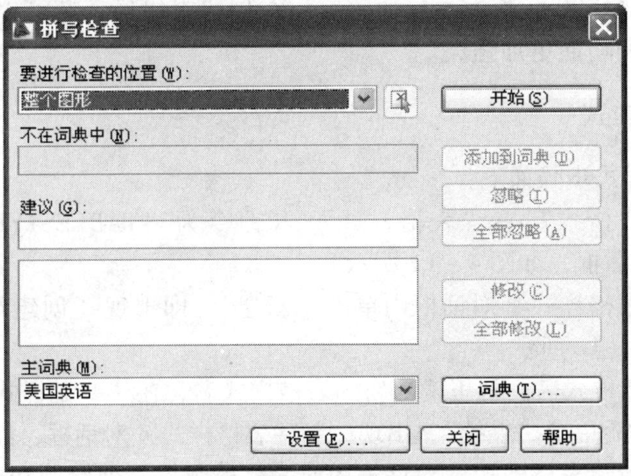

图 4－9 “拼写检查”对话框

如果系统检查到的错误不存在，可以单击“忽略”或“全部忽略”来忽略这个错误。“忽略”表示仅忽略本词的当前实例，“全部忽略”表示忽略本词的所有实例。要保留正确的词并将其添加到自定义的词典中，可单击“添加”。用户可以将某些非单词名称添加到用户词典中，以减少不必要的拼写错误的提示。

如果系统检查到的错误确实存在，可以在“建议”栏中进行修改，然后单击“修改”或“全部修改”完成修改。

如果当前的主词典与用户的需要不相符，就要更改词典，此时可单击“修改词典”，即会出现“修改词典”对话框，如图 4－10 所示。在该对话框内，可在“主词典”的下拉列表中选择需要的主词典。要更改自定义词典，可在“自定义词典词语”的列表中选择。单击“添加”或“删除”可以在自定义词典中添加或删除词语。

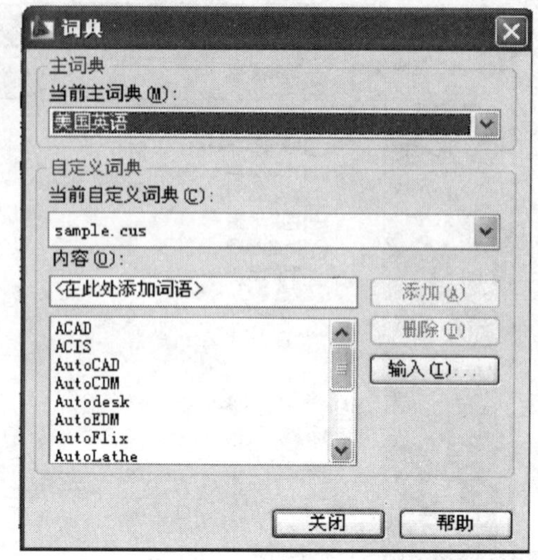

图 4－10 “修改词典”对话框

4.4 表格

创建表格是建筑电气制图中不可缺少的内容，例如，在绘制设计说明、图例等时会经常使用到表格。创建表格样式和表格是从 AutoCAD 2005 开始新增添的功能，在 AutoCAD 2009 版本中更加完善。在创建表格后，还可以填入文字，这使得 AutoCAD 的功能更加强大。

4.4.1 表格样式

新建表格样式步骤如下：

（1）选择“格式”→“表格样式”（命令为“TABLESTYLE”），即出现“表格样式”对话框，如图 4－11 所示。

（2）在“表格样式”对话框内单击“新建”，即出现“创建新的表格样式”对话框，如图 4－12 所示。

（3）在“新样式名”栏里输入新的表格样式名，在“基础样式”栏中选择一种基础样式，然后单击“继续”，出现“新建表格样式”对话框，如图4－13所示。

（4）在“新建表格样式”对话框内对表格的数据、列标题和标题进行设置。单击“确定”完成。

在“新建表格样式”对话框中，可以分别设置表格中的数据、列标题和标题的单元特性、边框特性、基本和单元边距。

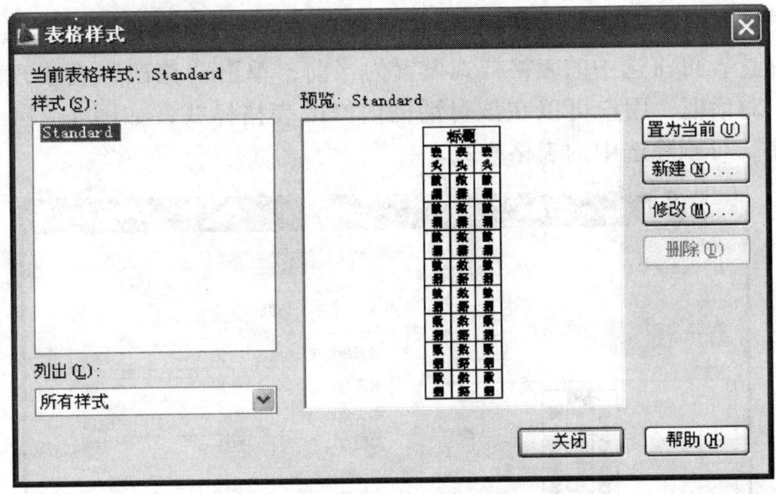

图 4－11 “表格样式”对话框

单元特性可根据需要在“单元特性”栏内设置。在设置边框特性时，单击 5 个边框选项，可以设置表格的边框是否存在，当表格具有边框时，可以设置栅格线宽和栅格颜色。用户可以在“基本”选项中选择表格的方向是向上或向下，在“单元边距”栏内设置表格单元内容距边线的水平和垂直距离。

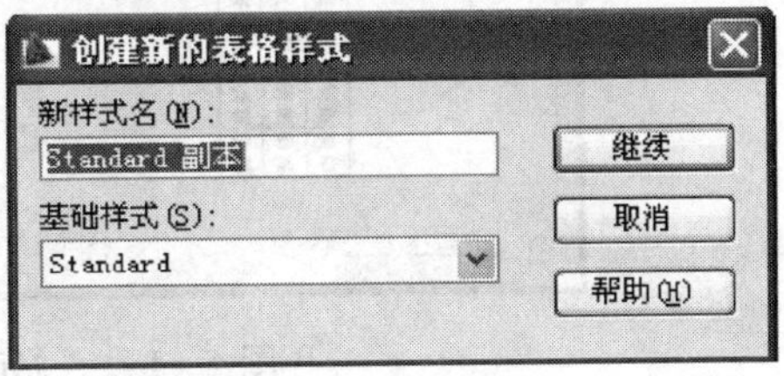

图 4－12 “创建新的表格样式”对话框

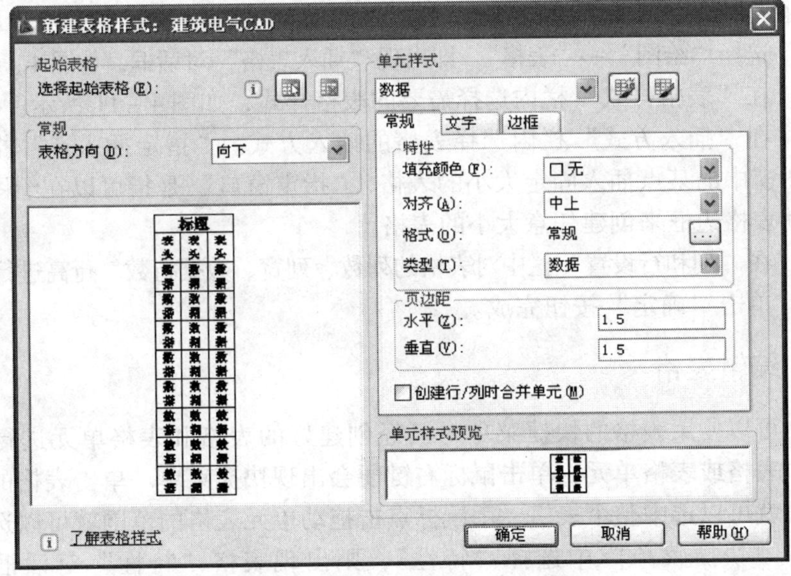

图 4－13 “新建表格样式”对话框

用户可以根据需要对表格样式进行管理。在“表格样式”对话框内，单击“置为当前”，可将选中的表格样式设置为当前；单击“修改”会出现“修改表格样式”对话框，用户可以在该对话框内修改表格样式，如图 4－14 所示；单击“删除”可删除选中的表格样式。

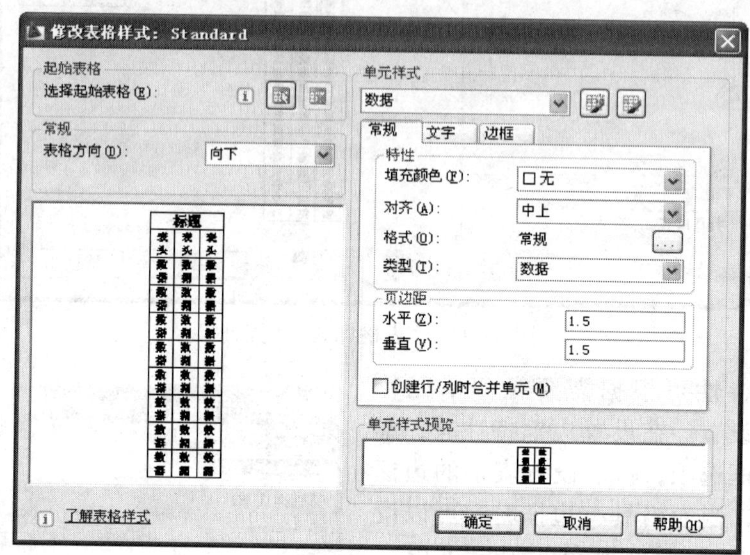

图 4－14 “修改表格样式”对话框

4.4.2 创建表格

创建表格的步骤如下：

（1）选择“绘图”→“表格”，即出现“插入表格”对话框，如图 4－15 所示。

（2）在“表格样式”栏内选择需要的表格样式，如图 4－11 所示。

（3）在“插入方式”栏内选择表格的插入方式。“指定插入点”指的是可以在绘图窗中的某点插入固定大小的表格，“指定窗口”是指可以在绘图窗口中通过拖动表格边框来创建任意大小的表格。

（4）在“列和行设置”栏中对表格的列数、列宽、数据行数、行高进行设置。

（5）单击“确定”按钮完成。

4.4.3 编辑表格

用户可以使用表格的快捷菜单对已经创建好的表格和表格单元进行编辑修改。选中表格或表格单元，单击鼠标右键便会出现快捷菜单。单击表格的任一边框或内框就可以选中整个表格，用鼠标点击拖动单元表格的范围就可以选中单元表格。在“快捷菜单”中选择“特性”，则出现表格“特性”对话框，如图 4－16所示。在“特性”对话框内可以对表格和表格单元进行编辑修改。

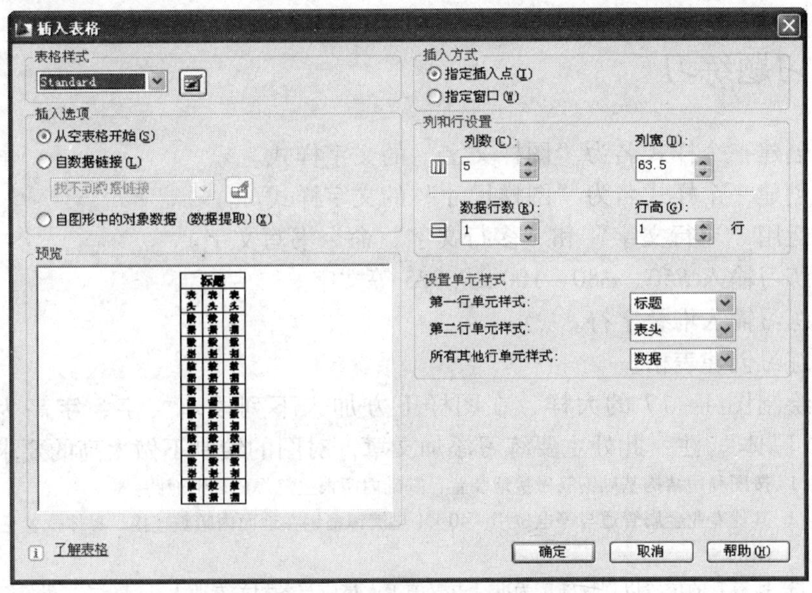

图 4－15 “插入表格”对话框

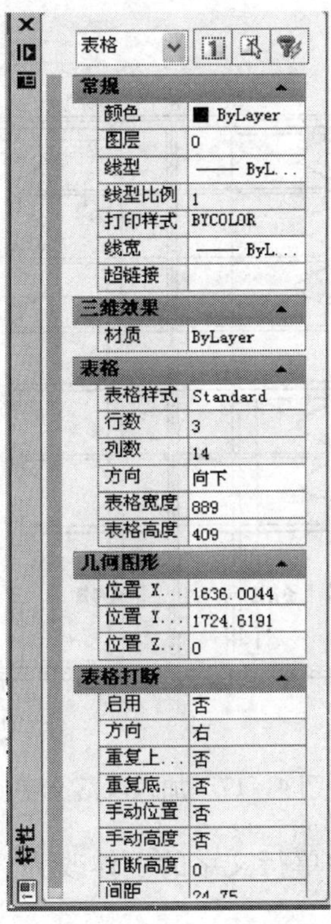

图 4－16 表格的“特性”对话框

4.5 习题练习

1. 创建一个样式名为“图样文字”的文字样式。
2. 创建一个样式名为“图样尺寸”的文字样式。
3. 运用“单行文字”和“多行文字”命令书写文字。
4. 练习输入 $R50$、$\phi80$、100 ±0.025 等文字。
5. 练习输入堆叠字符。
6. 练习创建表格。
7. 绘制图 4－17 的大样，在图样下方加入下列段落文字，字高为 5mm，字体为“黑体”。注：此处主要练习添加文章，对图的绘制不做太高的要求。

说明：1. 按图利用结构基础钢筋做接地装置，基础内两根主筋焊成环形通路。

2. 其他专业金属管道与等电位用 －40 ×4 热镀锌扁钢在地面内暗敷连接，具体位置见其他专业图纸。

3. 所有管的位置以现场施工为准，电气施工人员应与各相关专业人员配合施工做好预埋预留。

4. 等电位联结箱至 PE 母排的等电位联结线采用 BV1 ∗25 －SC25 －FC。

5. MEB 箱与自然接地体联结不少于两点。

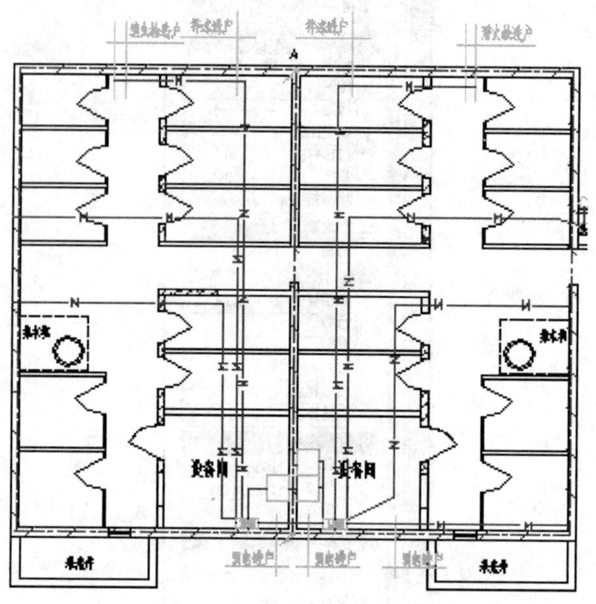

图 4－17　加入段落文字

8. 绘制图 4－18，把图中单行文字的字体改为“楷体”，并将字高改为 5mm 和 3.5mm。

弱电回路	电话预埋管	PVC20	暗敷	T
	电视预埋管	PVC20 PVC25		V V1
	网络预埋管	PVC20		N
	客访对讲预埋管	PVC25		M

图 4－18　修改段落文字的字体和字高

第5章　尺 寸 标 注

尺寸标注是绘图设计中的一项重要内容，图形只能表达物体的形状，而物体的大小和结构间的相对位置必须要有尺寸标注来确定。AutoCAD 提供了一套完整的尺寸标注系统，它不仅使用户可以方便快捷地为图形创建符合标准的尺寸样式，进行多种对象标注，而且能够自动精确地测量标注对象的尺寸大小，并提供了强大的尺寸编辑功能。

5.1　尺寸标注简介

5.1.1　尺寸标注的组成

在建筑电气工程制图中，一套完整的尺寸标注由标注文字、尺寸线、尺寸界限、尺寸起止符号组成。

（1）标注文字：标注文字用于表明图形的实际测量值，可以只反映基本尺寸，也可以带尺寸公差。标注文字应按标准字体来书写，在同一张工程图纸上尺寸数字的字体高度应保持一致，当尺寸数字与图形重叠时，须将图线断开，如图线断开影响图形表达时，必须调整尺寸标注的位置。

（2）尺寸线：尺寸线表明标注的范围。尺寸线的末端通常带有箭头，指出标注的起点和终点。标注文字可以设置在尺寸线上方、下方或中间（尺寸线被分割成两条直线），通常情况下，尺寸线标注文字通常放置在测量区域之间，如空间不足，尺寸线或文字可以移到测量区域之外，具体情况取决于标注样式的放置规则，对于角度标注而言，尺寸线是一条弧线。

（3）尺寸起止符号：箭头显示在尺寸线的末端，用于指出测量的开始和结束位置。AutoCAD 默认使用闭合的填充箭头符号。AutoCAD 还提供了多种符号可供选择，包括建筑标记、小斜线箭、点和斜杠等。机械制图中多使用箭头，建筑电气制图中则使用斜线来代替箭头。

（4）尺寸界线：从标注起点引出的标明标注范围的直线，可以从图形的轮廓线、轴线、对称中心线引出。同时，轮廓线、轴线以及对称中心线也可以作为尺寸界线。尺寸界线一般垂直于尺寸线，但是也可以倾斜放置。

5.1.2　尺寸标注的类型

在 AutoCAD 中，尺寸标注类型有多种，如长度型、角度型、半径和直径以及引线型等。长度型标注和角度标注是使用最多的标注形式，在建筑电气制图中以长度型标注为主，角度标注则很少用到。在 AutoCAD 中，提供了许多标注工具用以标注图形对象，分别位于“标注”菜单或“标注”工具栏中。使用“标注”菜单和工具栏可以进行线性、半径、直径、角度、对齐、连续、圆心及基线等标注。如图 5－1 所示。

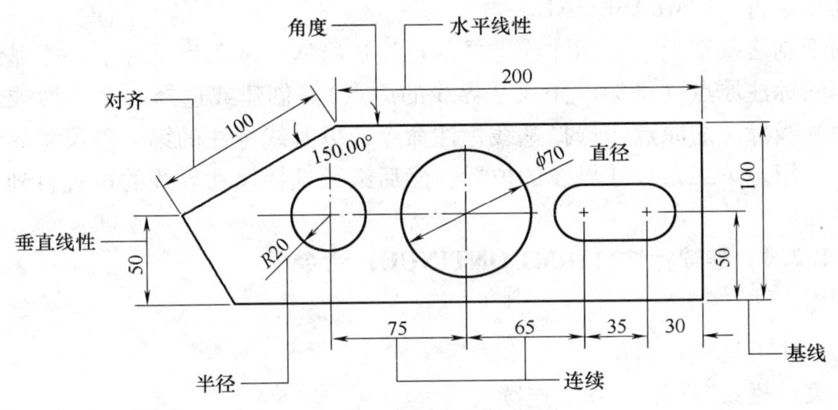

图 5－1　尺寸标注类型

5.1.2.1　线性标注（DIMLINEAR）命令

调用方法：

①标注工具栏：⊢⊣。

②菜单栏：“标注”→“线性”。

③命令行：DIMLINEAR。

线性标注用于表示当前用户坐标系统 *XY* 平面上两点间的直线距离测量值，它标注水平、垂直和指定角度的尺寸。

调用命令后，通过指定第一和第二标注点或按回车键选择标注对象确定标注点。如果需要修改尺寸文字，可以在定位尺寸线之前编辑尺寸文字或旋转文字和标注。然后指定放置尺寸线和文字的位置。

5.1.2.2　对齐标注（DIMALIGNED）命令

调用方法：

①标注工具栏：↘。

②菜单栏：“标注”→“对齐”。

③命令行：DIMALIGNED。

对齐标注用于创建一个与标注点对齐的线性标注。通过指定第一和第二标注点或按回车键选择标注对象确定标注点。如果需要修改尺寸文字，可以在定位尺寸线之前编辑尺寸文字或旋转文字和标注。然后指定放置尺寸线和文字的位置，标注的尺寸线与第一和第二标注点的连线相平行。

5.1.2.3 基线标注（DIMBASELINE）命令

调用方法：

①标注工具栏：。

②菜单栏："标注"→"基线"。

③命令行：DIMBASELINE。

用于创建基于上一个标注或选择的标注进行线性或角度标注。一个基线标注具有相同标注原点（即第一条尺寸界线的原点）。创建或选择一个线性或角度标注作为基线标注的原点。选择基线标注命令，以基线标注的第一条尺寸界线作为原点，再指定第二条尺寸界线的位置，然后继续选择尺寸界线的位置直到完成了基线序列。

5.1.2.4 连续标注（DIMCONTINUE）命令

调用方法：

①标注工具栏：。

②菜单栏："标注"→"连续"。

③命令行：DIMCONTINUE。

用于创建一系列端对端放置的标注，每个标注都从前一个标注的第二条尺寸界线开始。创建或选择一个线性或角度标注作为连续标注的原点。选择"连续标注"命令，以基准标注的第二条尺寸界线作为原点，再指定第二条尺寸界线的位置，然后继续选择尺寸界线的位置，直到完成了连续标注序列。

5.1.2.5 快速标注（QDIM）命令

调用方法：

①标注工具栏：。

②菜单栏："标注"→"快速标注"。

③命令行：QDIM。

此命令用快速标注命令可以一次标注多个对象。可以快速建立成组的基线、连续标注，也可以标注多个圆和圆弧。

5.2.1.6 直径标注（DIMDIAMETER）命令

调用方法：

①标注工具栏：。

②菜单栏："标注"→"直径"。

③命令行：DIMDIAMETER。

此命令用于标注圆的直径尺寸。用户拖动光标指定尺寸线的位置，尺寸值前面自动带有直径标识 Φ，如果圆内放不下尺寸值和箭头，箭头自动移至圆外。

5.2.1.7 半径标注（DIMRADIUS）命令

调用方法：

①标注工具栏：![]。

②菜单栏："标注"→"半径"。

③命令行：DIMRADIUS。

此命令用于标注圆和圆弧的半径尺寸。尺寸线以圆心为一端，由用户拖动光标指定圆弧的尺寸线的位置，系统自动标上半径标识 R 和半径的值。如果圆内放不下尺寸值和箭头，箭头自动移至外侧。

5.2.1.8 角度标注（DIMANGULAR）命令

调用方法：

①标注工具栏：。

②菜单栏："标注"→"角度"。

③命令行：DIMANGULAR。

此命令用于建立圆、圆弧或直线的角度标注。

5.1.2.9 圆心标记命令（DIMCENTER）

调用方法：

①标注工具栏：。

②菜单栏："标注"→"圆心标记"。

③命令行：DIMCENTER。

此功能用于对一个圆或圆弧添加圆心标记或中心线。

5.2 尺寸标注样式

5.2.1 标注样式管理器

创建尺寸标注操作步骤如下：

（1）选择"格式"→"标注样式"命令，打开"标注样式管理器"，如图5-2所示。

（2）单击"新建"按钮，打开"创建新标注样式"对话框，如图5-3所示。

（3）在"新样式名"编辑框中，输入新样式名。

（4）在"基础样式"下拉列表框中，选择起点样式。如果没有创建样式，将以标准样式为基础创建新样式。

（5）在"用于"下拉列表框中指出使用新样式的标注类型，默认设置为

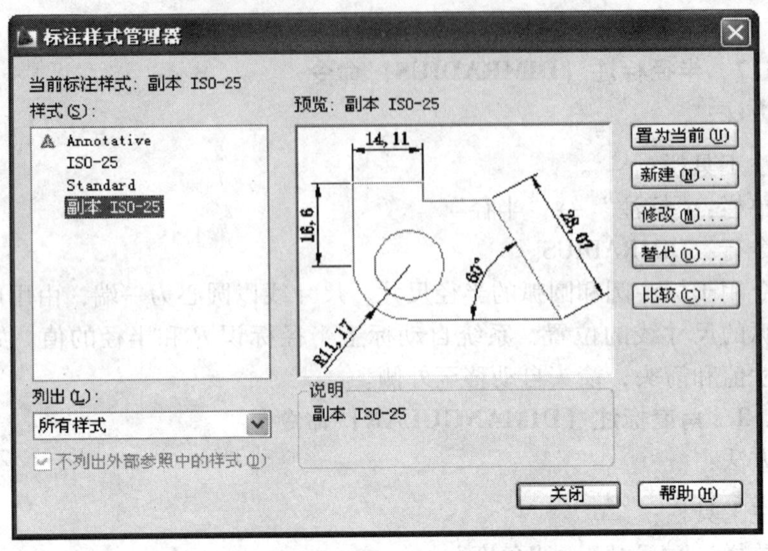

图 5－2 “标注样式管理器”对话框

图 5－3 “创建新标注样式”对话框

“所有标注”。也可以选择特定的标注类型，此时将创建基础样式的子样式。例如，假定 ISO－25 样式的文字颜色是黑色的，但只希望半径标注中的文字颜色为红色，在“基础样式”下选择 ISO－25，在“用于”下选择“半径标注”。由于此时定义的新样式是 ISO－25 样式的样式，所以用户无法为新样式设置新样式名。把文字颜色改成红色后，“半径标注”将作为一个子样式显示在“标注样式管理器”对话框里的 ISO－25 下，如图 5－4 所示。此后使用 ISO－25 标注样式标注半径时，文字将为红色，但标注其他类型时文字将为黑色。

（6）单击图 5－3 中的“继续”按钮，将会打开“新建标注样式”对话框，如图 5－5 所示。

（7）在“新建标注样式”对话框中，选择直线和箭头、文字、调整、主单位、换算单位、公差选项卡之一，输入新样式的标注设置。

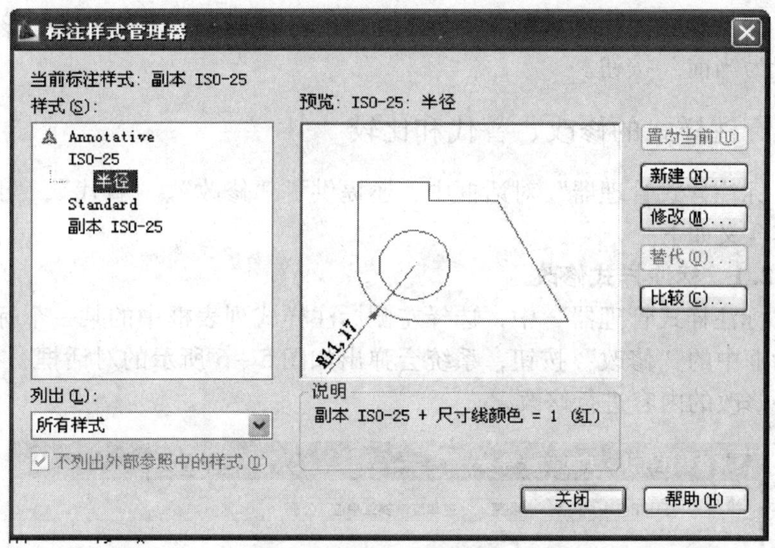

图 5－4 “标注样式管理器”对话框

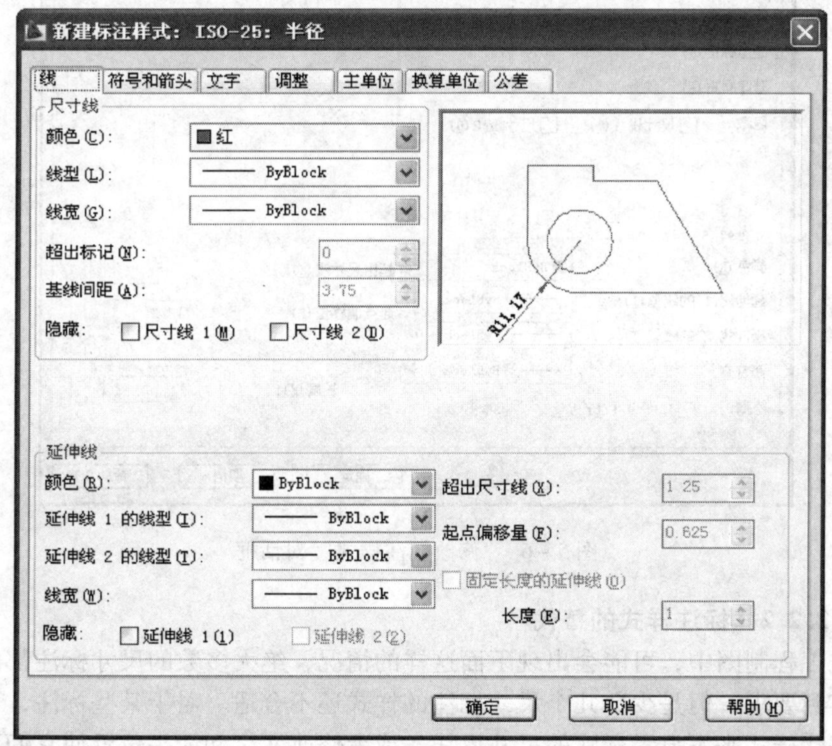

图 5－5 “新建标注样式”对话框

（8）在“新建标注样式”对话框的选项卡中完成修改之后，单击“确定”按钮，返回“标注样式管理器”对话框。

（9）要使新建标注样式成为当前标注样式，则在样式列区选中该样式后，单击“置为当前”按钮。

5.2.2　标注样式的修改、替代和比较

在“标注样式管理器”对话框中，还提供了“修改”、“替代”、“比较”等选项，其含义如下。

5.2.2.1　标注样式修改

在“标注样式管理器”中，选择左侧标注样式列表框中的某一个标注样式，单击对话框中的“修改”按钮，系统会弹出如图5－6所示的对话框，在此框中可对想要修改的内容进行修改。

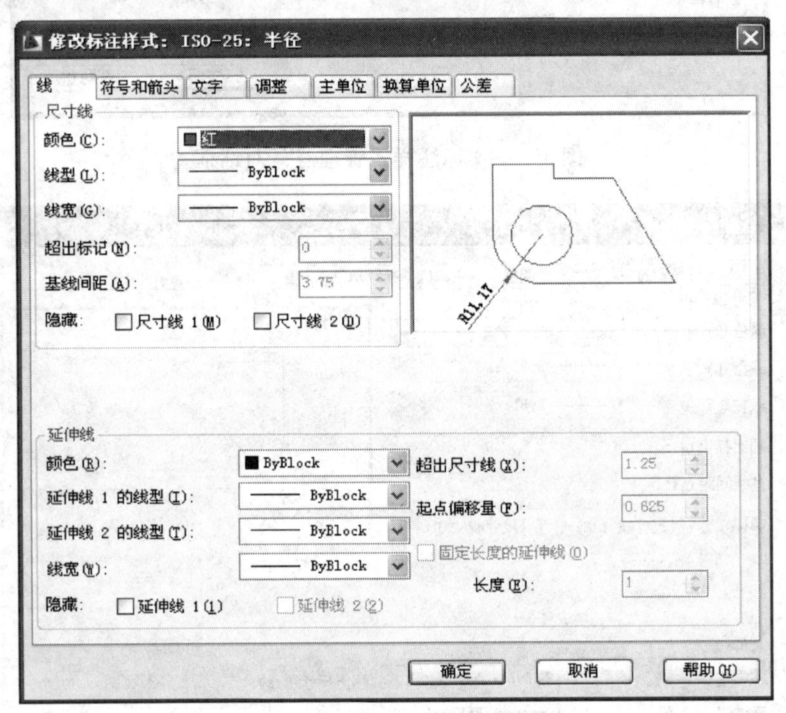

图5－6　“修改标注样式”对话框

5.2.2.2　标注样式的替代

在工程制图中，可能会出现下面这样的情况，绝大多数的尺寸标注都已经符合了实际要求，但是少数几个尺寸标注的样式还不合适。对于某些标注，可能想创建替代样式来不显示标注的尺寸界线，或者修改文字和箭头位置使它们不与图形中的几何元素重叠，但不想创建不同的标注样式。这时可以使用AutoCAD中提供的样式替代功能，为单独的标注或当前的标注样式定义新的标注样式来替代。样式替代实际上是一个临时的尺寸标注样式，它可以使新生成的标注样式修

改为某些特征参数，标注完成后，可以将原来使用的标注设置为当前样式，系统会自动删除临时生成的替代尺寸标注样式。

5.2.2.3 标注样式的比较

AutoCAD 提供了尺寸样式比较功能，用来比较不同标注样式的异同。

标注样式的比较操作如下：

（1）选择“标注”→“样式”菜单项，系统会弹出“标注样式管理器”对话框。

（2）在“标注样式管理器”对话框中单击“比较”按钮，系统会弹出如图 5－7 所示的“比较标注样式”对话框。

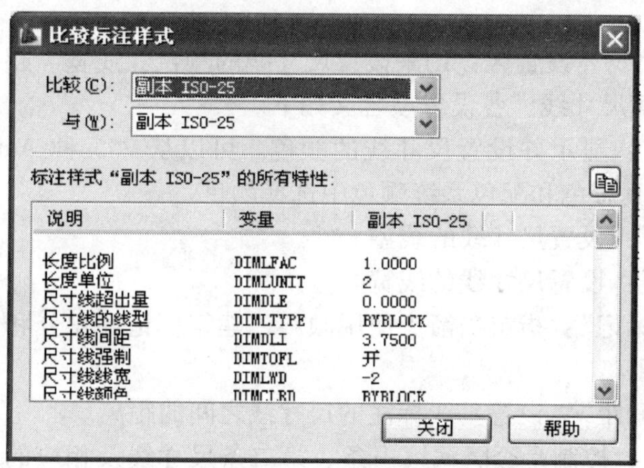

图 5－7 查看尺寸标注样式的属性设置

（3）在“比较标注样式”对话框中，分别在“比较”框和“与”框中输入需要进行比较的标注样式，系统会在下面的输出框中给出两种标注样式的不同之处，如图 5－8 所示。

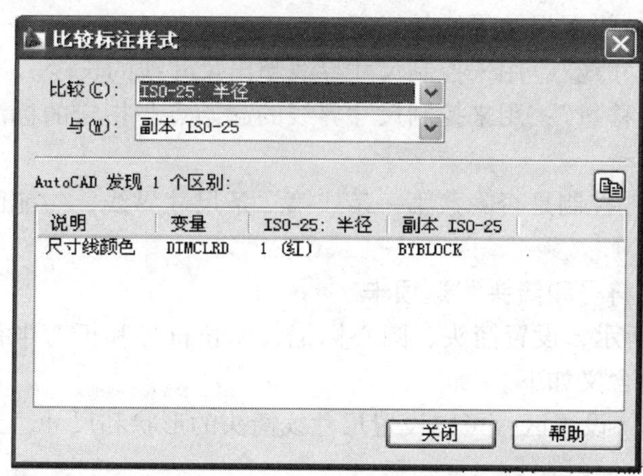

图 5－8 “比较标注样式”对话框

5.2.3 标注样式的设置

如图 5－5 所示，“新建标注样式”对话框中包含了“线”、“符号和箭头”、“文字”、“调整”和“主单位”等众多选项卡，利用这些选项卡可以设置标注样式的各种参数，如尺寸文字的格式、尺寸线和尺寸界线的格式以及尺寸线两侧的箭头标记类型等。下面分别进行介绍。

5.2.3.1 “线”选项卡

设置尺寸线、尺寸界线、箭头和圆心标记的格式和特性。各设置项含义如下。

(1)“尺寸线”设置区：用来设置尺寸线的颜色和线宽、超出标记、基线间距以及是否隐藏尺寸线，各设置项含义如下。

①“颜色”：显示并设置尺寸线的颜色。可以从 255 种 AutoCAD 颜色索引(ACI) 颜色、真彩色和配色系统颜色中选择颜色。

②“线型”：设置尺寸线的线型。

③“线宽”：设置尺寸线的线宽。

④“超出标记”：指定当箭头使用倾斜、建筑标记、积分和无标记时尺寸线超过延伸线的距离。

⑤“基线间距”：设置基线标注的尺寸线之间的距离。

⑥“隐藏”：控制是否隐藏第一条、第二条尺寸线及相应的尺寸箭头。复选框“尺寸线 1”和“尺寸线 2”分别用来控制两侧尺寸线的可见性。

(2)“尺寸界线”设置区：用来设置尺寸界线的颜色、线宽、超出尺寸线的长度和起点偏移量以及是否隐藏尺寸界线，各设置项的含义如下。

①“颜色”：设置尺寸界线的颜色，与上面介绍的尺寸线的颜色设置相同。

②“线宽”：设置尺寸界线的线宽。

③“超出尺寸线”：用来控制尺寸界线超出尺寸线的长度。

④“起点偏移量”：用来控制尺寸界线的起始点与指定的标注定义点之间的距离。

⑤“隐藏”：控制是否隐藏第一条或第二条尺寸界线，与前面的隐藏尺寸线的操作类似。

5.2.3.2 “符号和箭头”选项卡

如图 5－9 所示，设置箭头、圆心标记、弧长符号和折弯半径标注的格式和位置。各设置项含义如下。

(1)“箭头”设置区：可以设置尺寸线箭头的形状和尺寸。系统提供了下面的选项可供设置：

①“第一个”：设置第一个尺寸箭头的形状。通过下拉列表框，可以给当前

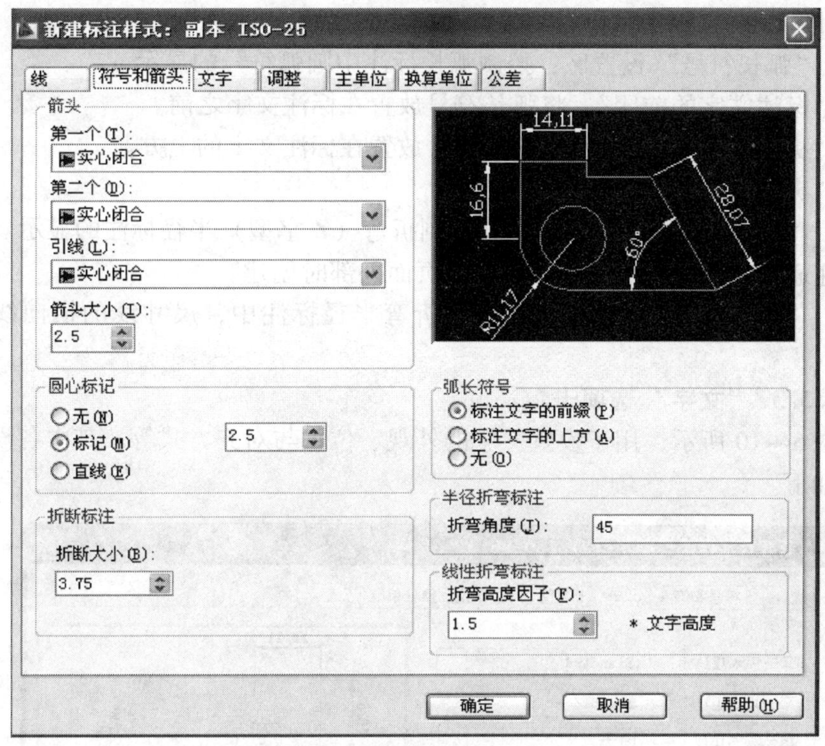

图 5－9　“符号和箭头”选项卡

标注样式指定适当的箭头形式，建筑行业多使用短斜线进行标记。可以自行定义箭头的形状，只需在图形绘制所需要的箭头图案，将其保存为图块。在选择箭头形状的下拉列表中选择“用户箭头”选项，从中可以选择自定义的箭头图块对象。

②“第二个”：设置第二个尺寸箭头的形状。默认状态下，第二个箭头的形状和第一个箭头的形状保持一致，可以通过修改使两者不一致。

③“引线”：设置引线的箭头形状。类似于上面设置第一个尺寸箭头的形状，可以为其指定适当的箭头形状。

④“箭头大小”：设置尺寸箭头的大小，数值可以在 3～4.5 选用。

（2）“圆心标记”设置区：用来设置圆心标记的类型和大小。

①“标记”：只在圆心位置以短十字线标注圆心，该十字线的长度由“大小”编辑框来设定。

②“直线”：表示标注圆心时标注线将延伸到圆外，其后的“大小”编辑框用于设置中间小十字标记和标注线延伸到圆外的尺寸。

③“无”：将关闭圆心标记。

（3）“折断标注”设置区：控制折断标注的间距宽度。

“打断大小”：显示和设置用于折断标注的间距大小。

(4)“弧长符号”设置区：控制弧长标注中圆弧符号的显示。

①“标注文字的前缀”：将弧长符号放置在标注文字之前。

②“标注文字的上方”：将弧长符号放置在标注文字的上方。

③“无”：不显示弧长符号。

(5)“半径折弯标注”设置区：控制折弯（Z 字型）半径标注的显示。折弯半径标注通常在圆或圆弧的中心点位于页面外部时创建。

(6)“折弯角度”设置区：确定折弯半径标注中，尺寸线的横向线段的角度。

5.2.3.3 “文字”选项卡

如图 5-10 所示，用于设置文字的外观、位置与对齐方式等。其中各设置项的含义如下。

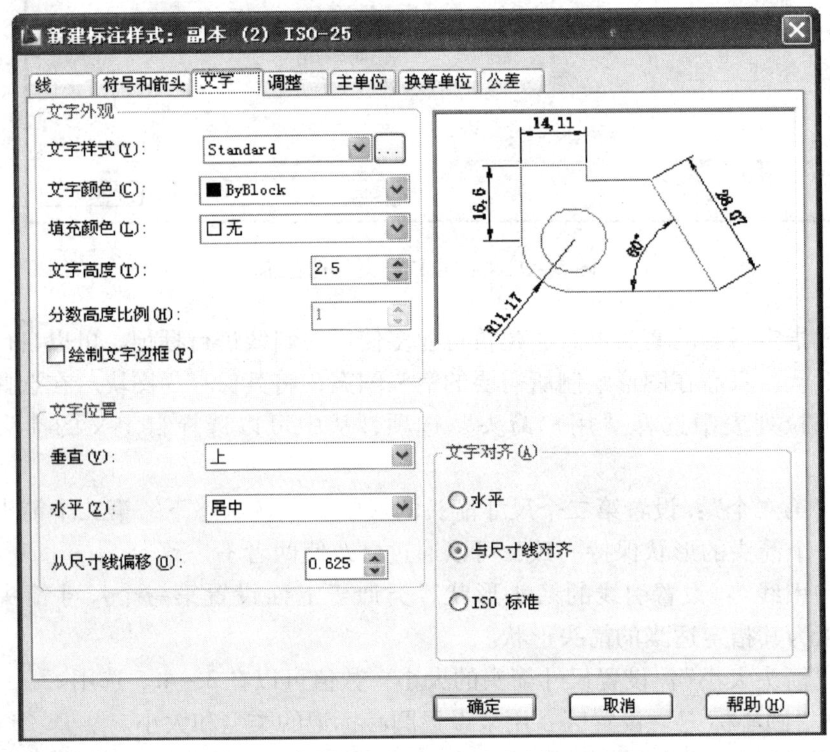

图 5-10 “文字”选项卡

(1)“文字外观”设置区：用于设置文字的样式、颜色、高度和分数高度比例，以及控制是否绘制文字边框。

①“文字样式”：显示和设置尺寸文本的文字样式。在下拉列表框中，可以选择一种已经定义的文字样式作为尺寸文本的字体样式。单击右侧的“文字样

式”按钮，可以打开“文字样式”对话框，设置文字格式的信息。

②“文字颜色”：设置尺寸文本的显示颜色。为方便控制，一般可使用 ByBlock 或 Bylayer 项。

③“填充颜色”：设置填充颜色，一般默认为“无”。

④“文字高度”：用来设置当前标注文字样式的高度。

⑤“分数高度比例”：设置标注分数和公差的文字高度。AutoCAD 把文字高度乘以该比例，用得到的值来设置分数和公差的文字高度。当“主单位”选项卡中“单位格式”选择“分数”时，此选项才可用。

⑥“绘制文字边框”：控制标注文字是否绘制文字边框。

(2)“文字位置”设置区：用于设置文字的垂直、水平位置以及距尺寸线的偏移距离。

①“垂直”下拉列表框：用于设置标注文字相对尺寸线的垂直位置。

②“水平”下拉列表框：用于设置标注文字在尺寸线方向上相对于尺寸界线的水平位置。

③“从尺寸线偏移”：设置一个数值来控制尺寸文本和尺寸线之间的距离。该距离由尺寸文本在垂直方向上的放置方式和从尺寸线的偏移量来共同控制。

(3)“文字对齐”设置区：用户可以设置位于尺寸界线内外的尺寸文本的标注方向。系统提供了下面的选项可供选择：

①“水平”：选择该选项之后，尺寸文字始终保持水平方向。

②“与尺寸线对齐”：选择该选项之后，尺寸文字的方向与尺寸线一致。

③“ISO 标准”：选择该选项之后，位于尺寸界线之间的标注文字将沿尺寸线方向进行标注，而位于尺寸界线外部的标注文字则沿水平方向进行标注。

5.2.3.4 “调整”选项卡

如图 5-11 所示，该选项卡用来设置标注文字、箭头、引线和尺寸线的位置，其各选项含义如下：

(1)“调整选项”设置区：如果尺寸线之间没有足够的空间同时放置标注文字和箭头，可以用该设置区进行设置，操作过程说明如下：

①“文字或箭头（最佳效果）”：这是系统默认的选项，将根据两个尺寸界线之间距离的大小来决定，将文字或箭头从尺寸界线中间移出。

②“箭头”：选择该选项之后，在相同的条件下，箭头被移出的优先级得到提高。

③“文字”：选择该选项之后，在相同的条件下，文字被移出的优先级得到提高。

④“文字和箭头”：选择该选项之后，如果两条尺寸界线之间的距离足够

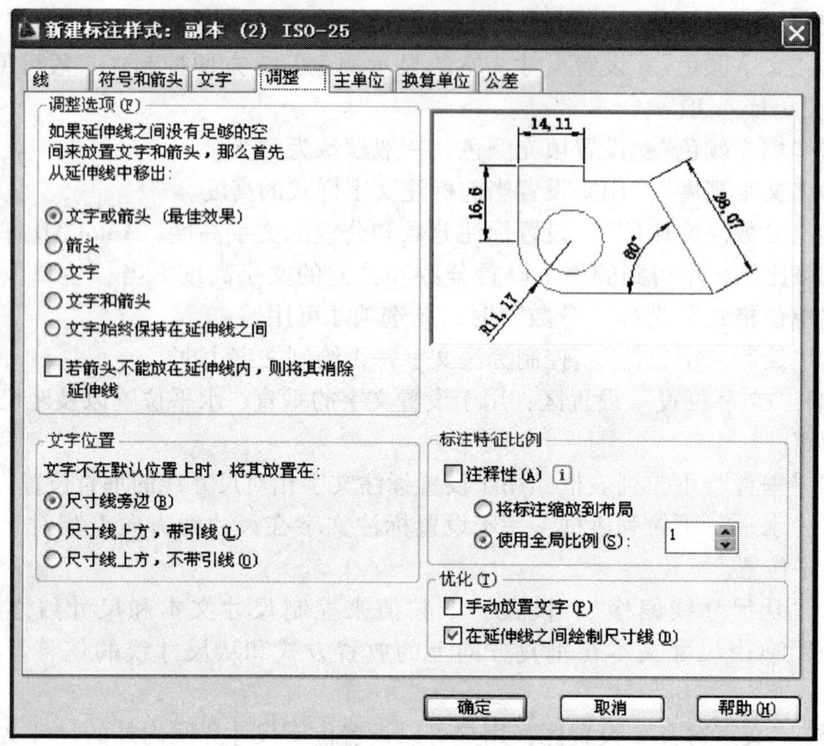

图 5－11 “调整”选项卡

大，尺寸标注文字和箭头都会被放置在尺寸界线之间；如果两条尺寸界线之间的距离不足以同时容纳两者，就将文字和箭头一起放置在尺寸界线之外。

⑤“文字始保持在延伸线之间”：始终将文字放在延伸线之间。

⑥“若箭头不能放在延伸线内，将其消除延伸线”：如果延伸线内没有足够的空间，则不显示箭头。

（2）“文字位置”设置区：用于设置标注文字的位置。默认情况下，标注文字位于两条尺寸界线之间。当文字无法放置在默认位置时，可以通过此处选项设置标注文字的放置位置。

①“尺寸线旁边”：选择该选项之后，需要移动尺寸文本时，系统会将文字自动移动到尺寸线的旁边。

②“尺寸线上方，带引线”：选择该选项之后，如果尺寸线间的距离不足以放置尺寸文本，则用引线标注将其放置在尺寸线的上方。

③“尺寸线上方，不加引线”：选择该选项之后，如果尺寸线间的距离不足以放置尺寸文本，将其放置在尺寸线的上方，在文本和尺寸之间不加引线。

（3）“标注特征比例”设置区：设置全局标注比例或图纸空间比例。

①“注释性”：指定标注为注释性。

②“将标注缩放到布局”：根据当前模型空间视口和图纸空间之间的比例确定比例因子。

③“使用全局比例”：为所有标注样式设置一个比例，这些设置指定了大小、距离或间距，包括文字和箭头大小。该缩放比例并不更改标注的测量值。

(4)“优化”设置区：提供用于放置标注文字的其他选项。

①“手动放置文字 ”：忽略所有水平对正设置并把文字放在“尺寸线位置”提示下指定的位置。

②“在延伸线之间绘制尺寸线”：即使箭头放在测量点之外，也在测量点之间绘制尺寸线。

5.2.3.5 “主单位”选项卡

如图 5-12 所示，利用该选项卡可设置标注单位的格式、单位类型、精度、分数格式和小数格式，以及是否添加前缀和后缀，各选项的含义如下。

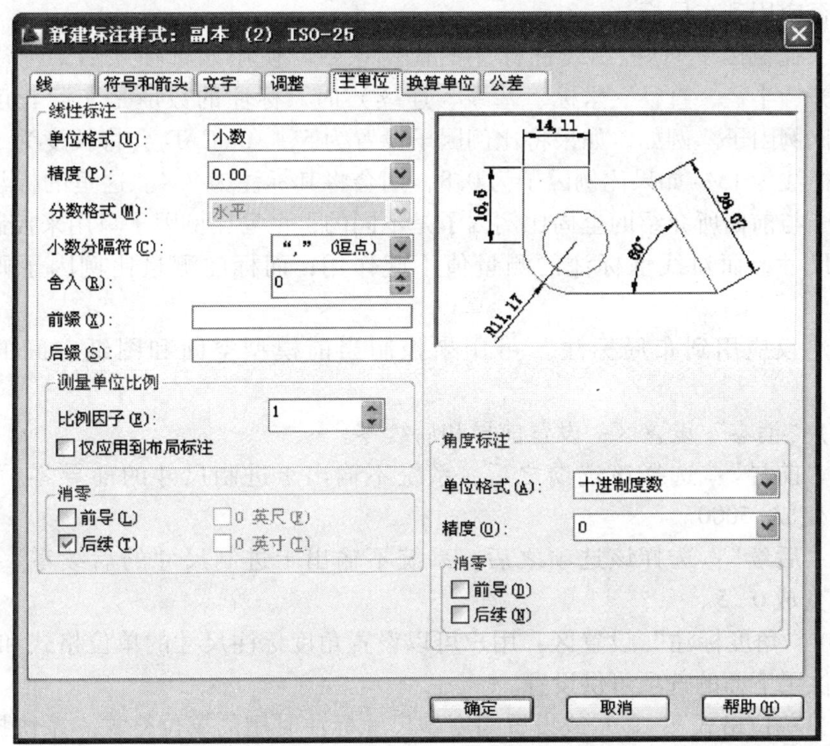

图 5-12 “主单位”选项卡

(1)“线性标注”设置区：用户可以设置线性标注主单位的特征参数。系统提供了下面的选项可供设置：

①“单位格式”：显示或设置基本尺寸的单位格式。系统提供了 6 个选项供

用户选择：科学、小数、工程、建筑、分数和 Windows 桌面。

②“精度”：控制除角度标注以外的尺寸精度。

③“分数格式”：用于设置分数的格式，只有当“单位格式”为“分数”时该设置才可用。可选择的选项包括水平、对角和非堆叠。

④“小数分隔符”：用于设置十进制数的整数部分和小数部分间的分隔符。可供选择的选项包括句点、逗号或空格。

⑤“舍入”数字框：可设置测量值舍入到的位数。例如，如果输入 0.06 作为舍入值，则 0.08 被舍入为 0.10。

⑥“前缀”和“后缀”：用于输入放置标注文字前、后的文本。可以在“前缀”输入框中输入文字或用控制代码显示特殊符号，输入前缀内容将覆盖 AutoCAD 生成的前缀，如直径和半径符号。如果使用的单位不是 mm，则可在“后缀”输入框中设置单位，如 m、km 等。

(2)“测量单位比例”设置区：用于设置测量单位的比例因子以及控制比例因子是否应用到布局标注。

①“比例因子”：控制线性标注的比例系数。使用该选项之后，标注（线性、对齐、半径、直径、坐标、基线、连续）时，标注的数值是实际长度乘以标注的比例因子。例如，如果将比例因子设置为 5，AutoCAD 会将长度为 3 的线段长度标注为 15；如果比例因子为 0.8，则会将其标注为 2.4。这里的标注测量比例因子与前面所介绍的全局比例因子是不同的，全局比例因子只用来控制标注元素的尺寸，而对线性标注的测量值不起作用；而标注测量比例因子则正好相反。

②“仅应用到布局标注”可用来控制当前模型空间和图纸空间的比例系数。

(3)“消零”设置区：设置前导和后续零。

①“前导”：选择该选项之后，系统不输出十进制尺寸的前导零。例如，0.5000 变成 .5000。

②“后续”：选择该选项之后，系统不输出十进制尺寸的后续零。例如，0.5000 变成 0 .5。

(4)“角度标注”设置区：用户可以设置角度标注尺寸的单位格式和精度。系统提供了下面的选项可供设置。

①“单位格式”：显示或设置角度型尺寸标注时用的单位格式。系统提供了 4 个选项供用户选择：十进制度数、度/分/秒、百分度和弧度。

②“精度”：设置角度标注尺寸文本的精度。

5.2.3.6 “换算单位”选项卡

如图 5-13 所示，“换算单位”标注常用于换算单位的格式、精度、舍入、前缀、后缀和消零方法。该设置与设置主单位的方法基本相同，其不同之处有：

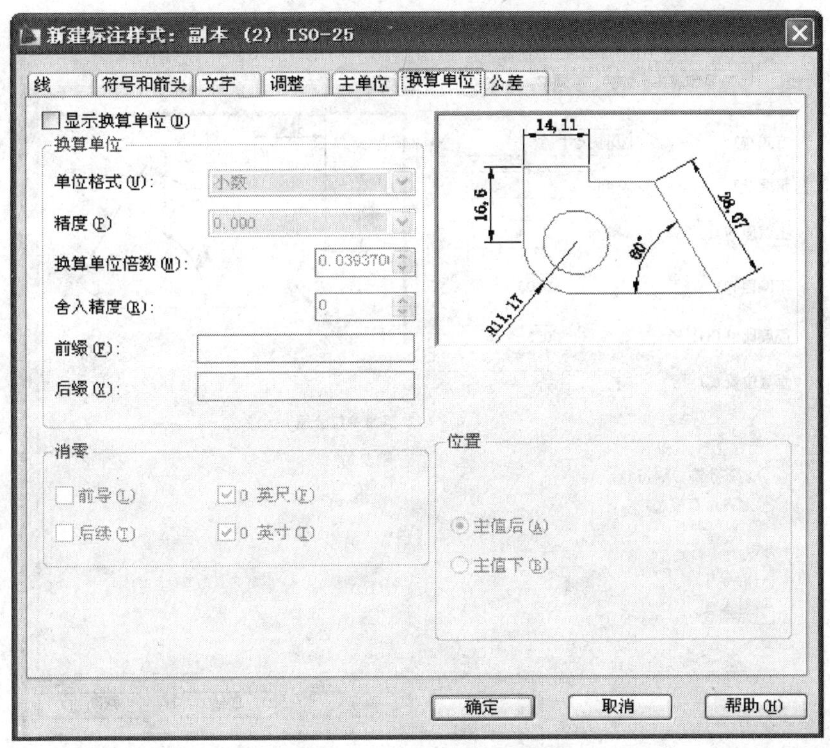

图5－13 “换算单位”选项卡

①“换算单位倍数”用于辅助转换换算单位。默认值是0.039370，倍数器用此值将毫米转换为英尺。如果标注一个1mm的直线，标注显示1.00(0.039370)，对于2mm的直线，标注显示“0.07874”。

②“位置”：设置换算单位的位置，可以在主单位的后方或下方。如果选择了“下方”选项，AutoCAD将主单位放置在尺寸线的上方，将换算单位放置在尺寸线的下方。

5.2.3.7 “公差”选项卡

如图5－13所示，“公差”标注常用于机械制造等行业中，在建筑电气中，一般不需要标注公差。

在“方式”下拉列表框中可选择表达公差的方式。AutoCAD提供了五种选择用来设置公差的格式。

在“精度”下拉列表中选择公差的精度为0.00，在“上偏差”和“下偏差”文本框中分别输入上、下偏差0.04和0.03，在“高度比例”文本框中设置上、下偏差值的高度与主尺寸文字高度的比值为0.5，在“垂直位置”下拉列表中选择公差文字与主尺寸文字的垂直对齐方式。图5－14的预览栏内显示了所有的设置结果。

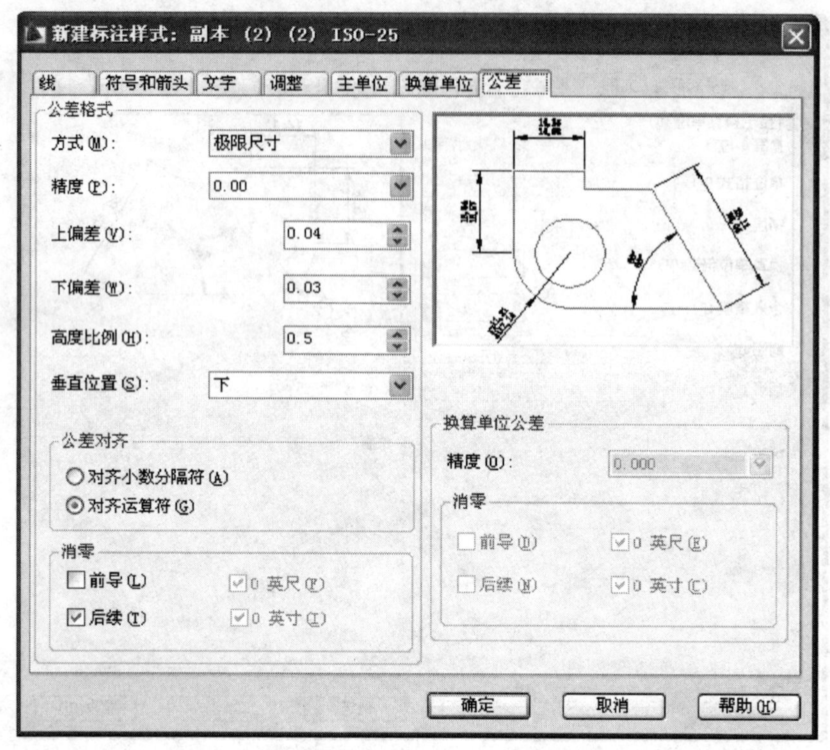

图 5－14 “公差”选项卡

5.3 尺寸标注

5.3.1 线性标注

线性标注用于标注 *XY* 平面中两个点之间的距离。要创建线性标注，可单击“标注”工具栏中的“线性标注”按钮 ⊢⊣，或在命令行中输入 DIMLINEAR 命令，然后指定第一个与第二个标注点。接下来可单击选择放置尺寸线的位置，系统会自动根据该位置决定标注点之间的水平尺寸或垂直尺寸。

例如，对如图 5－15 的矩形标注长和宽，其操作步骤如下：

指定第一条尺寸界线原点或（选择对象）：（捕捉 A 点）

指定第二条尺寸界线原点：（捕捉 B 点）

指定尺寸线位置或［多行文字（M）/文字（T）/角度（A）/水平（H）压直（V）/旋转（R）］（确定尺寸标注的位置）

标注文字＝3.6852

标注效果如图 5 – 15 所示。

单击线性标注命令 ⊢⊣ 标注矩形的长，其操作过程如上述步骤。标注效果如图 5 – 16 所示。

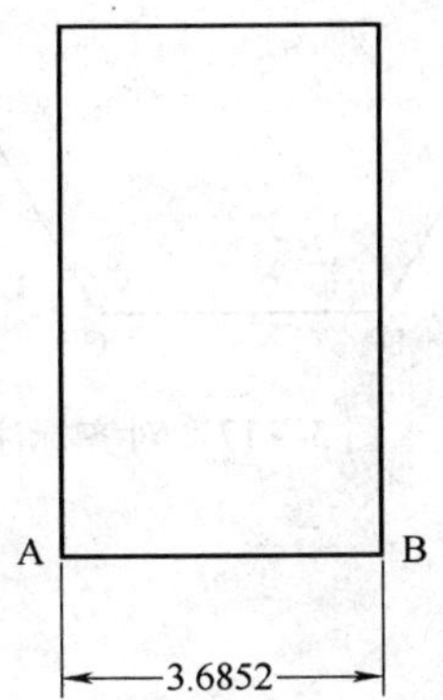

图 5 – 15　矩形的宽尺寸标注

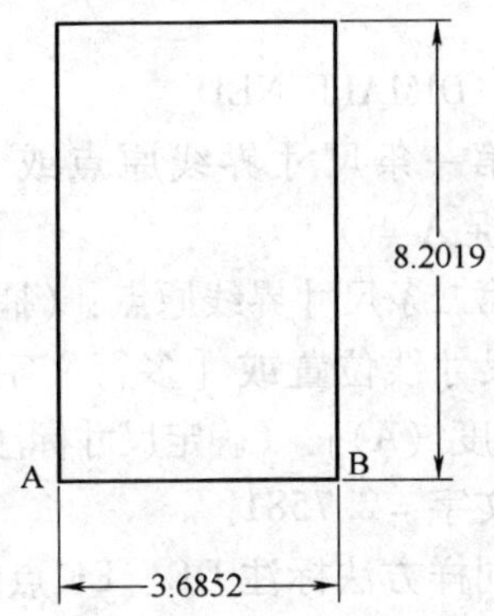

图 5 – 16　矩形的长和宽尺寸标注

通过上例操作可以看出，在“指定尺寸线位置或［多行文字（M）/文字（T）/角度（A）/水平（H）/垂直（V）/旋转（R）］:”提示下，直接指定尺寸线位置，系统自动测量两点间的水平或竖直距离，并完成标注。其他备选项含义如下：

①“多行文字（M）”：编辑多行文字。在命令行中输入 M 后按（Enter）键便可以调用该选项，其他选项与此相同。调用该选项，可打开多行文字编辑器，尖括号（〈〉）表示计算出来的测量值，在尖括号的前面或后面输入文字表示在标注文字的前面或后面添加文字。如果希望替换标注文字，可以先删除尖括号，然后输入新文字。

②“文字（T）:”编辑标注文字。调用该选项后，可以在命令行中输入文字以替换原来的文字，按（Enter）键就能在标注文本中显示新的文字。

③“角度（A）”：旋转标注文字。调用该选项后，AutoCAD 会给出提示：指定标注文字的角度：用户需要指定标注文字的旋转角度。

④“水平（H）”：指定水平标注。系统默认的标注是水平标注或者竖直标注，跟踪光标的位置自动改变。

⑤“垂直（V）”：指定竖直标注。

⑥“旋转（R）”：指定标注测量的旋转角度。用户可以测量某一条线段在任意一方向上的长度。

5.3.2　对齐标注

对齐标注可以让尺寸线始终与被标注对象平行，它可以标注水平或垂直方向的尺寸，完全代替线性标注，但是，线性标注则不能标注倾斜的尺寸。

例如，标注如图 5 - 17 所示多边形，在“标注”工具栏中单击“对齐标注”按钮 执行 DIMALIGNED 命令，按以下提示步骤操作：

命令：DIMALIGNED

指定第一条尺寸界线原点或〈选择对象〉：（捕捉 A 点）

指定第二条尺寸界线原点：（捕捉 B 点）

指定尺寸线位置或［多行文字（M）/文字（T）/角度（A）］：（确定尺寸标注的位置）

标注文字 = 2.7581

可用同样方法标注 DE、EF 点间距离。

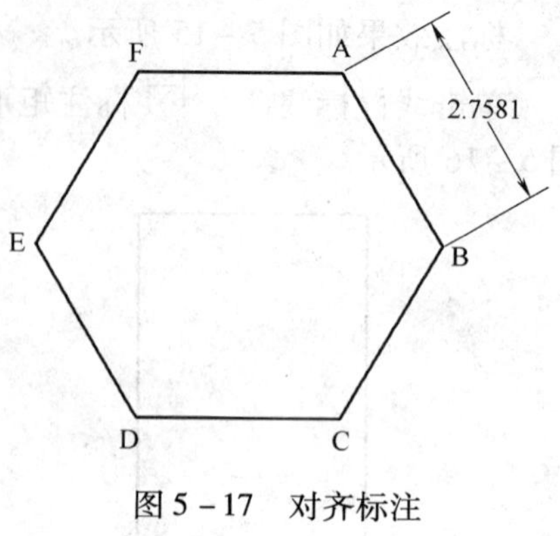

图 5 - 17　对齐标注

5.3.3　基线标注

基线标注是创建自同一基线处测量的多个标注。在创建基线之前，需先创建（或选择）一个线性、对齐或角度标注作为基准标注，然后在“标注”工具栏中单击“基线标注”按钮 执行“DIMBASELINE”命令，AutoCAD 将使用基准标注的第一条尺寸界线作为原点，指定第二条尺寸界线的位置即可创建第一个基线标注，然后继续选择其他尺寸界线的位置完成后面的基线标注，直到完成基线序列，按（Enter）键结束。如果在执行“DIMBASELINE”命令后直接按（Enter）键，用户可将任何现有标注设置为原始标注，然后在此基础上进行基线标注。

例如，标注如图 5 - 18 所示的尺寸，单击“标注”工具栏中的“线性标注”按钮 ，标注 AB 点间距离，创建基准标注，然后在“标注”工具栏中单击“基线标注”按钮 ，按以下提示步骤操作：

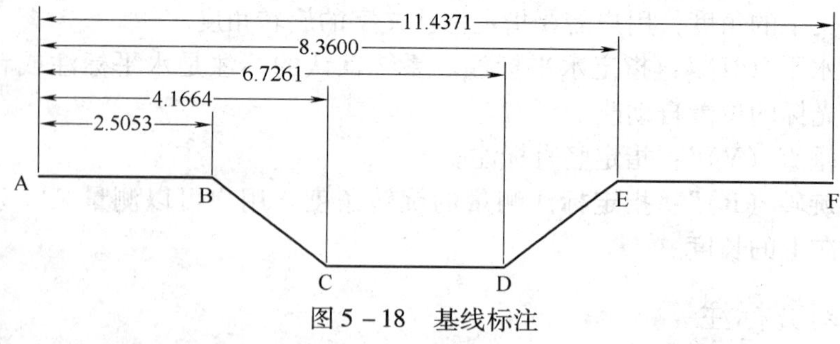

图 5 - 18　基线标注

命令：DIMBASELINE

指定第二条尺寸界线原点或［放弃（U）/选择（S）］〈选择〉：（指定 C 点）

指定第二条尺寸界线原点或［放弃（U)/选择（s)］（选择)：（指定D点）
指定第二条尺寸界线原点或［放弃（U)/选择（s)］（选择)：（指定E点）
指定第二条尺寸界线原点或［放弃（U)/选择（s)］（选择)：（指定F点）
指定第二条尺寸界线原点或［放弃（U)/选择（s)］（选择)：（按Esc键）

5.3.4 连续标注

在标注图形时，还可能使用到连续标注，连续标注用于需要将每一个尺寸测量出来并可以相加得到总测量值的情况。连续标注是首尾相连的多个标注。每个连续标注都从前一个标注的第二个尺寸界线处开始。

例如，标注图5－19中的尺寸，操作步骤如下：

（1）单击线性尺寸标注命令，标注AB之间的距离，结果如图5－19所示。

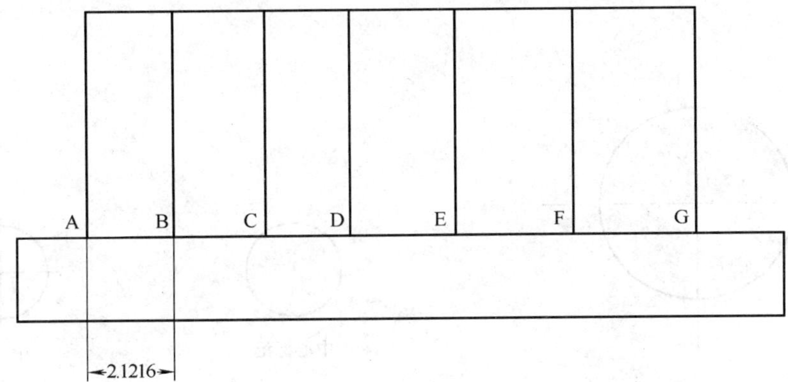

图5－19 第一个标注

（2）然后单击连续标注命令，出现随光标牵移的尺寸标注，然后连续捕捉要标注的对象，完成标注，结果如图5－20所示。

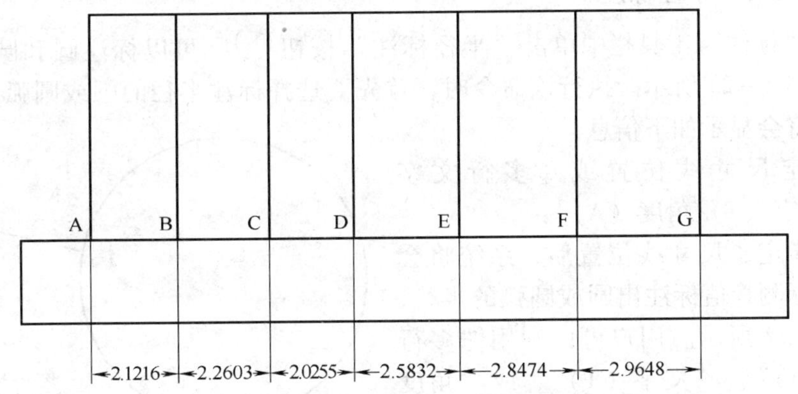

图5－20 完成连续标注

5.3.5　圆心标注

调用方法：

①标注工具栏：。

②菜单栏："标注"→"圆心标注"。

③命令行：DIMCRNTER。

选择圆弧或圆：使用对象选择方法可以通过标注样式管理器"符号和箭头"选项卡和"圆心标记"（DIMCEN 系统变量）设置圆心标记组件的默认大小，如图 5－21 所示。

可以选择圆心标记或中心线，并在设置标注样式时指定它们的大小，如图 5－22所示。请参见 DIMSTYLE，还可以使用 DIMCEN 系统变量修改圆心标记的设置。

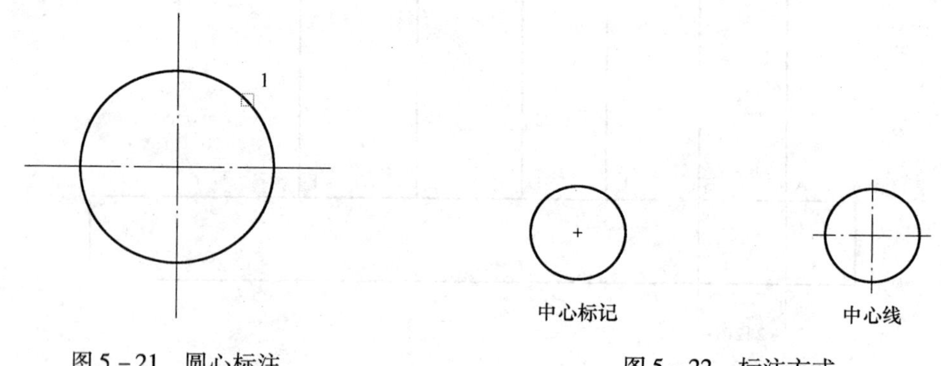

图 5－21　圆心标注　　　　图 5－22　标注方式

5.3.6　半径、直径及角度标注

5.3.6.1　半径标注

在"标注"工具栏中单击"半径标注"按钮，可以标注圆和圆弧的半径，如图 5－23 所示。执行该命令时，首先要选择标注半径的圆或圆弧，此时，命令行将会显示如下信息：

指定尺寸线位置或［多行文字（M）/文字（T）/角度（A）］：

当指定了尺寸线位置后，系统将会按照实际测量值标注出圆或圆弧的半径，如图 5－22 所示。用户可以利用"多行文字（M）"、"文字（T）"、或"角度（A）"选项，确定尺寸文字或尺寸文字

R7.2251

图 5－23　半径标注

的旋转角度。其中，当通过“多行文字（M）”和“文字（T）”选项重新确定尺寸文字时，只有在输入的尺寸文字加前缀“*R*”，才能使标出的半径尺寸有半径符号 *R*，否则没有该符号。

5.3.6.2 直径标注

在“标注”工具栏中单击“直径标注”按钮，可以标注圆和圆弧的直径，如图 5-24 所示。直径标注的方法与半径标注方法类似，在执行该命令时，选择了标注直径的圆或圆弧后，直接确定尺寸线的位置，系统会按照实际测量值标注出圆或圆弧的直径。并且，当通过“多行文字（M）”和“文字（T）”选项重新确定尺寸文字时，需要在尺寸文字前加前缀“%%c”，才能使标出的直径尺寸有直径符号。

5.3.6.3 角度标注

在“标注”工具栏中单击“角度标注”按钮，可以测量圆或圆弧角度、两条直线间的角度，或者三点间的角度，如图 5-25 所示。在执行角度标注时，命令行将会显示如下信息：

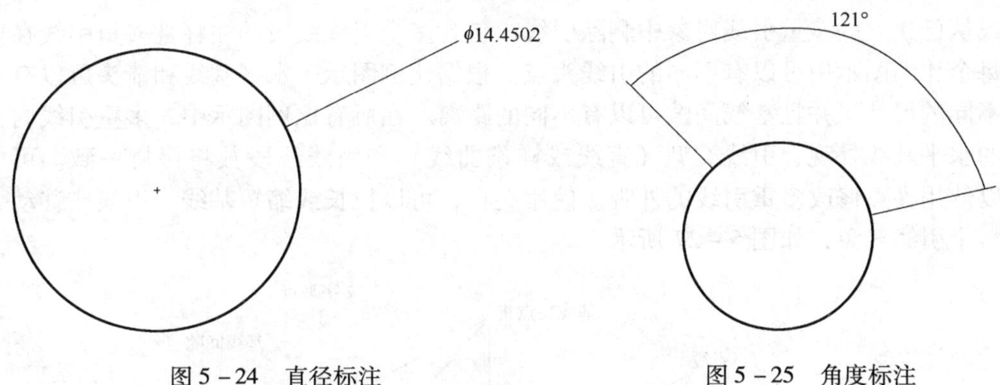

图 5-24 直径标注　　　　图 5-25 角度标注

选择圆弧、圆、直线或（指定顶点）:

在该提示下，可以选择需要标注的对象，其各项功能如下：

（1）标注圆弧角度：当选择圆弧时，命令行将显示“指定标注弧线位置或[多行文字（M）/角度（A）]:”提示。此时，如果直线确定标注弧线的位置，AutoCAD 会按实际测量值标注出角度。用户也可以使用“多行文字（M）”、“文字（T）”及“角度（A）”选项，设置尺寸文字和它的旋转角度。

（2）标注圆角度：当选择圆时，命令行将显示“指定角的第二个端点:”提示，要求用户确定另一点作为角的第二个端点。该点可以不在圆上，然后再定标注弧线的位置。这时，标注的角度将以圆心为角度的顶点，以通过所选择两点为尺寸界线。

（3）两直线之间的夹角：选择这两条直线，然后确定标注弧线的位置，

AutoCAD将自动标注出这两条直线之间的夹角。

（4）根据三个点标注角度：这时首先要确定角的顶点，然后分别指定角的两个端点，最后指定标注弧线的位置。

5.3.7 多重引线标注

引线对象通常包含箭头、可选的水平基线、引线或曲线和多行文字对象或块。

可以从图形中的任意点或部件创建引线并在绘制时控制其外观。引线可以是直线段或平滑的样条曲线，如图 5 - 26 所示。

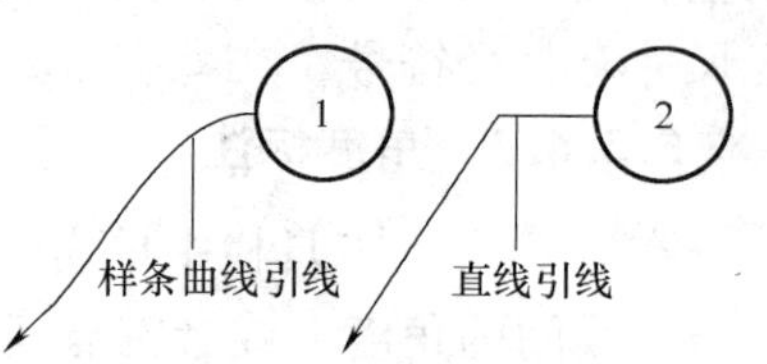

图 5 - 26 外观控制

多重引线对象或多重引线可先创建箭头，也可先创建尾部或内容。如果已使用多重引线样式，则可以从该样式创建多重引线。多重引线对象可包含多条引线，因此一个注解可以指向图形中的多个对象。使用 MLEADEREDIT 命令，可以向已建立的多重引线对象添加引线，或从已建立的多重引线对象中删除引线。包含多个引线线段的注释性多重引线在每个比例图示中可以有不同的引线头点。根据比例图示，水平基线和箭头可以有不同的尺寸，并且基线间隙可以有不同的距离。在所有比例图示中，多重引线内的水平基线外观、引线类型（直线或样条曲线）和引线线段数将保持一致。可以使用夹点修改多重引线的外观。使用夹点，可以拉长或缩短基线、引线或移动整个引线对象，如图 5 - 27 所示。

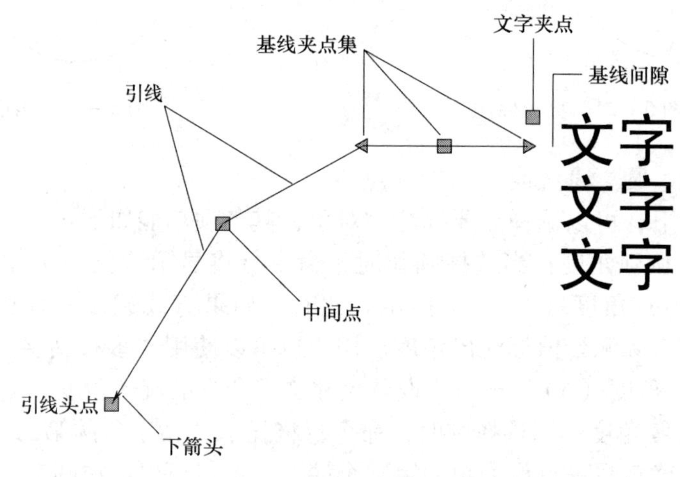

图 5 - 27 多重引线创建实例

排列多重引线可将次序和一致性添加到图形，可以收集内容为块的多重引线对象并将其附着到一个基线。使用 MLEADERCOLLECT 命令，可以根据图形需要水平、垂直或在指定区域内收集多重引线，如图 5－28 所示。

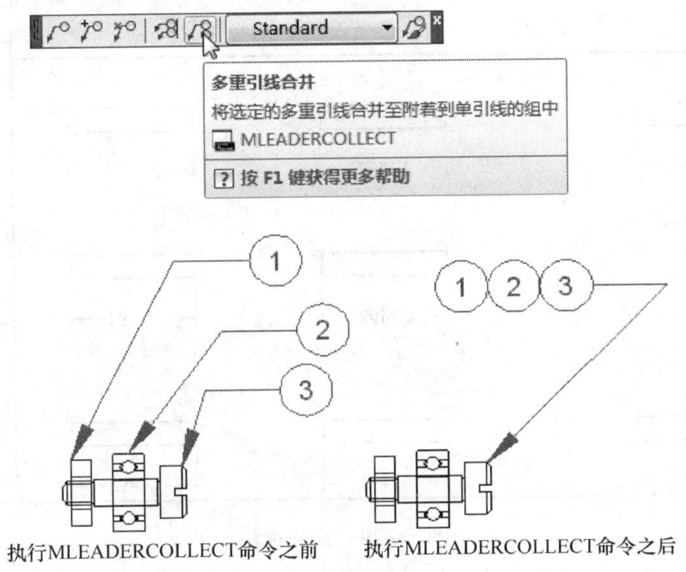

图 5－28　收集多重引线

多重引线对象可以沿指定的直线均匀排序。使用 MLEADERALIGN 命令，可按指定对选定的多重引线进行对齐和均匀排序。

打开关联标注时，使用对象捕捉可将引线箭头与对象上的位置相关联。如果重定位该对象，箭头保持附着于对象上，并且引线拉伸，但多行文字保持原位。

5.3.8　快速标注

AutoCAD 将常用标注综合成了一个方便的快速标注命令，执行该命令时，不再需要确定尺寸界线的起点和终点，只需要选择标注的对象，如直线、圆、圆弧等，就可以快速标注这些对象的尺寸。

例如，标注图 5－29 中的尺寸，操作步骤如下：

（1）单击快速标注命令，然后选择要标注的几何图形。

（2）选择完毕之后按下（Enter）键，系统给出如下的提示：

指定尺寸线位置或［连续（C）/并列（S）/基线（B）/坐标（O）/半径（R）/直径（D）/基准点（P）/编辑（E）/设置（T）/（连续）］：

在命令栏中输入“C”，然后按下（Enter）键，最后确定标注位置，如图 5－29所示。

在应用快速标注时，正确地选取需要标注的实体对象是很重要的，对于不同的标注，需要选择的标注对象是不同的。当遇到的图形较为复杂时，适当地选择

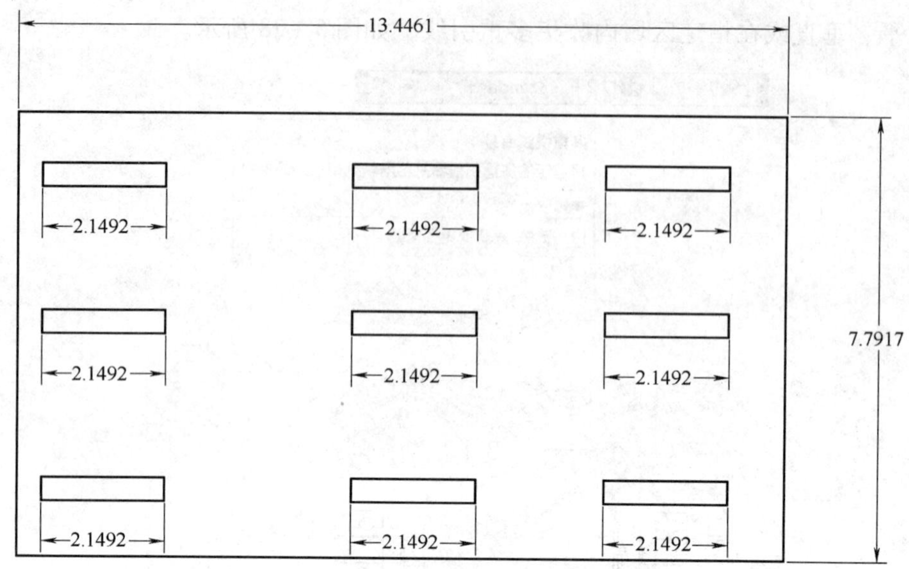

图 5-29　快速标注

标注实体能够节约操作时间。

5.4　编辑尺寸标注

尺寸标注之后，如果要改变尺寸线的位置、尺寸数字的大小等，就需要使用尺寸编辑命令。尺寸编辑包括样式的修改和单个尺寸对象的修改。通过修改尺寸样式，可以全部修改该样式标注的尺寸，还可以用一种样式更新另外一种样式标注的尺寸，即标注更新。单个尺寸对象的修改主要用到编辑标注命令和编辑标注文字命令。

5.4.1　编辑标注

创建标注后，可根据需要使用“编辑标注”命令（DIMEDIT）调整文字到默认位置、修改标注文字、旋转文字和倾斜尺寸界线。此外，使用“编辑标注文字”命令（DIMEDIT）也可以调整标注文字的位置和旋转角度。

（1）在“标往”工具栏中单击“编辑标注”按钮，此时系统将给出如下提示：

输入标注编辑类型［默认（H)/新建（N)/旋转（R)/倾斜（O)］<默认>：

（2）各选项的含义如下：

①“默认（H)”选项：选择该选项并选择尺寸对象，可以按默认位置和方向放置尺寸文字。

②“新建（N)”选项：选择该选项可以修改尺寸文字，此时系统将显示“文字格式”工具栏文字输入窗口。

③“旋转（R)”选项：选择该选项可以将尺寸数字旋转指定的角度。

④“倾斜（O)”选项：选择该选项可以指定尺寸界线的旋转角度。

5.4.2 编辑标注文字

（1）输入命令：

①标注工具栏：“编辑标注文字”按钮。

②菜单栏：“标注”→“对齐文字”。

③命令行：DIMTEDIT。

（2）操作格式：

命令：DIMTEDIT

选择标注：

指定标注文字的新位置或［左（L)/右（R)/中心（C)/默认（H)/角度（A)］：

（3）选项说明命令中的各项功能如下：

①“指定标注文字的新位置”：用于指定标注文字的位置。

②“左”：用于将尺寸数字沿尺寸线左对齐。

③“右”：用于将尺寸数字沿尺寸线右对齐。

④“中心”：用于将尺寸数字放在尺寸线中间。

⑤“默认”：用于返回尺寸标注的默认位置。

⑥“角度”：用于将尺寸旋转一个角度。

5.4.3 更新尺寸标注

该功能更新尺寸标注样式使其采用当前的标注样式。该命令必须在修改当前注释样式之后才起作用。

（1）输入命令：

①功能区：“常用标签”→“注释面板”→ →“标注样式” 。

②工具栏：“样式” 。

③菜单栏：“格式”→“标注样式”。

④命令行：DIMSTYLE。

（2）操作格式：

命令：DIMSTYLE

弹出如图5－30所示“标注样式管理器”对话框，按要求在相应位置更新尺寸标注。

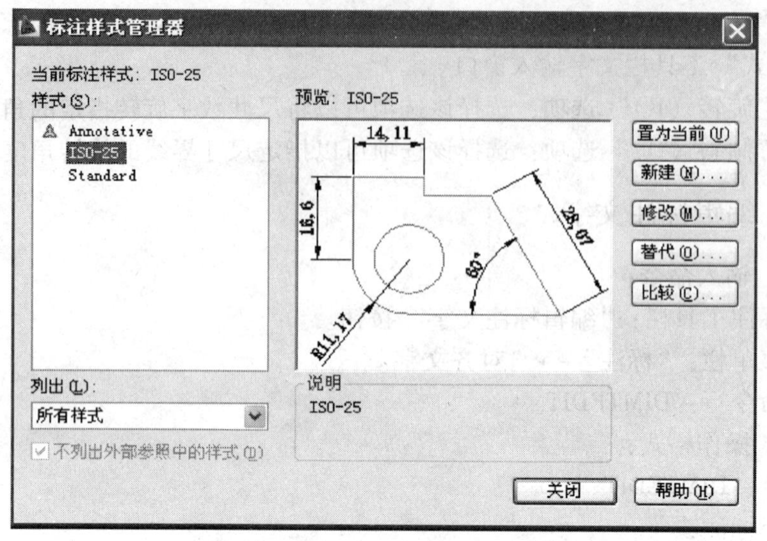

图 5－30 “标注样式管理器”对话框

5.5 习题练习

1. 掌握“标注样式管理器”的设置，根据需要设置尺寸线、尺寸界线、箭头、尺寸文字等参数。设置以下标注样式：

①“直线”标注样式。

②“圆与圆弧引出”标注样式。

③“小尺寸”、“小尺寸2”、“小尺寸3”等标注样式。

2. 进行各种类型的尺寸标注练习，包括直线、圆、圆弧、角度、基线、连续、公差、形位公差等内容。

3. 绘制图5－31，将标注文本的字体改为“italic. shx”，字高改为3mm。

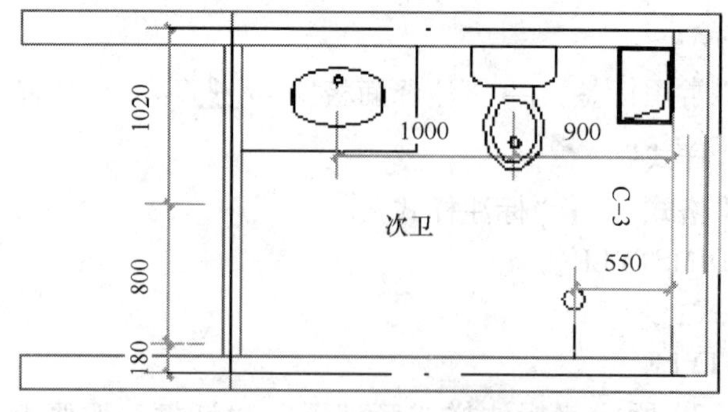

图 5－31 改变标注文字的字体和字高

下篇　建筑电气工程图实例精解

第6章　天正电气工程制图的基本知识

天正电气（TElec）是北京天正公司基于 AutoCAD 的二次开发接口——ObjectARX，开发出的一款针对电气 CAD 制图的智能化软件。它运行于 AutoCAD 平台之上，充分利用了 AutoCAD 作为通用 CAD 平台的优势；同时又结合天正公司多年从事电气软件开发的经验，推出了大量与电气制图有关的自动绘制功能。使用 TElec 可以提高电气 CAD 工程图的绘制效率和准确性。

TElec 目前已发布的版本有：TElec6（2003 年）、TElec8（2009 年）等，各版本功能不尽相同，针对的 AutoCAD 版本也不同。本书采用 TElec8 + AutoCAD2009 描述电气工程制图过程。

6.1　TElec 概述

6.1.1　基本功能

6.1.1.1　建筑图绘制

TElec 包含天正公司最新建筑软件 TArch 的部分功能，可绘制具有天正自定义对象的建筑平面图。本软件在电气平面图绘制中既支持天正建筑绘制的建筑条件图，也兼容天正建筑的建筑图。

6.1.1.2　平面图绘制

提供多种平面设备和导线布置方法，灵活的右键菜单编辑功能，可方便地绘制动力、照明、弱电、变配电室布置和防雷接地平面图。所有图元采用参数化布置，一次性信息录入，标注与材料表统计自动完成。所绘制平面图可进行自动生成配电箱系统图，并导入负荷计算。

6.1.1.3　系统图绘制

TElec 提高了电气系统图绘制的智能化水平。可自动生成照明系统图、动力系统图、低压单线系统图，还可方便绘制各种弱电系统图及二次接线图。其中自动生成的配电箱系统图同时还完成负荷计算功能。此外，系统还提供了数百种常用高、低压开关柜回路方案以及50种原理图集供用户选择。

6.1.1.4 电气计算

天正电气提供全面的电气计算功能，适用于建筑电气设计。包括：负荷计算、无功功率补偿、照度计算、断路电流计算、电压损失计算、避雷计算等。所有计算结果均可导入 Word 或 Excel 进行保存。

6.1.1.5 文字表格

用天正可方便地书写和修改中西文混合文字，可使组成天正文字样式的中西文字体有各自的宽高比例，方便地输入和变换文字的上下标，输入特殊字符。表格命令的人机交互界面也使用了类似 Excel 电子表格的编辑对话框界面（可与 Excel 进行导入导出），用户可以控制表格的外观表现，制作出具有个性化的表格。除了表格绘制，表格对象还应用于材料表自动统计等处。

6.1.1.6 全新图库

天正的图库管理程序界面是使用 MFC 面向对象技术编制的全新对话框界面，图块检索使用分类明晰的树状目录结构。类别区、名称区和图块预览区之间也可随意调整最佳可视大小及相对位置，采用了平面化工具栏，支持拖动技术，符合 Windows 新版本的外观风格与使用习惯。

6.1.1.7 菜单与工具条

具有图标与文字菜单项的屏幕菜单，菜单具有反映鼠标当前位置的实时提示，对象的夹点设计了功能提示，用户在操作中可以及时得到功能提示和图形对象的丰富信息。特有智能化右键快捷菜单，以及自定义的工具条，体现了人性化设计给用户带来的方便与快捷。

6.1.1.8 在线帮助

提供电气常用规范查询手册，边绘图边查阅，甩掉图板的同时甩掉设计手册。TElec 在线帮助及多媒体教学软件令上手更容易。

6.1.2 用户界面

TElec 在 AutoCAD 2009 的界面基础上，增加了自己的菜单系统（包括屏幕菜单和快捷菜单）和快捷工具条，而对 AutoCAD 的所有下拉菜单和图标菜单完全保留，见图 6－1。天正的菜单系统源文件是 tch. tmn，编译后的文件是 tch. tmc。

6.1.2.1 屏幕菜单

天正的所有功能调用都可以在天正的屏幕菜单上找到，以树状结构调用多级子菜单。菜单分支以 ▶ 示意，当前菜单的标题以 ▼ 示意，当前菜单标题上面

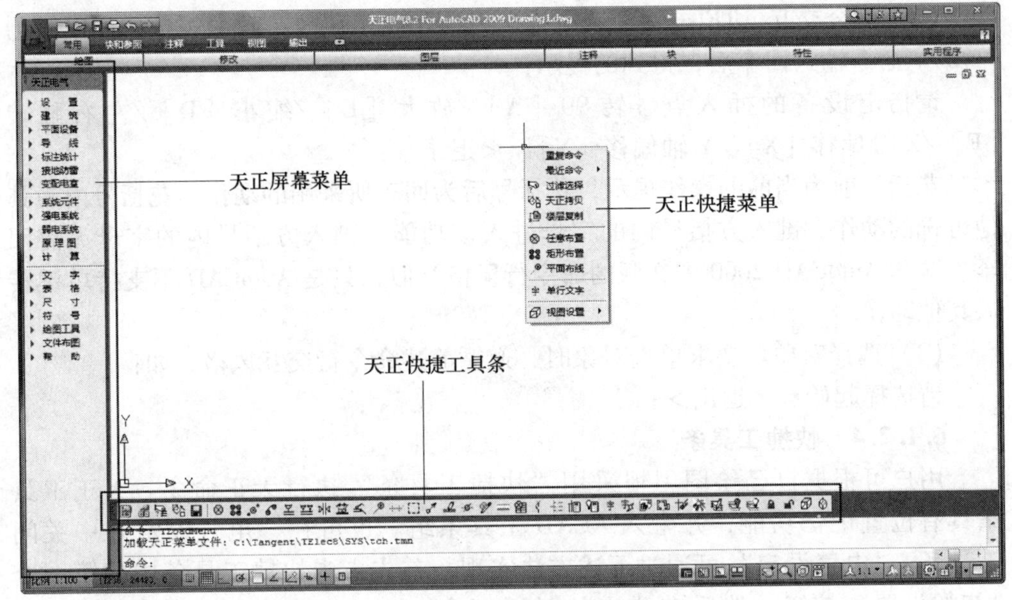

图 6－1　TElec 用户界面

的菜单标题是上级菜单，以 ▽ 示意。所有的分支子菜单都可以左键点取进入变为当前菜单，也可以右键点取弹出菜单，从而维持当前菜单不变。大部分菜单项都有图标，以方便用户更快地确定菜单项的位置。当光标移到菜单项上时，在 AutoCAD 的状态行中就会出现该菜单项功能的简短提示。

6.1.2.2　快捷菜单

快捷菜单又称右键菜单，在 AutoCAD 绘图区，单击鼠标右键（简称右击）弹出。

快捷菜单根据当前预选对象确定菜单内容，当没有任何预选对象时，弹出的菜单中仅有通用功能，否则根据所选的对象列出相关的命令。当光标在菜单项上移动时，AutoCAD 状态行给出当前菜单项的简短使用说明。天正的有些命令利用预选对象，有些则不利用预选对象。对于单选对象，当命令与点取位置无关，则利用预选对象（如对象编辑），否则还要提示选择对象（如轴网标注）。

6.1.2.3　命令行

（1）键盘命令。TElec 除少数功能只能菜单点取不能从命令行键入外，大部分功能都可以用命令行输入，屏幕菜单、右键快捷菜单和键盘命令三种形式调用命令的效果是相同的。对于命令行命令，以简化命令的方式提供，例如“任意布置”命令对应的键盘简化命令是 RYBZ，采用汉字拼音的第一个字母组成。例如：

命令：rybz

（2）命令交互。TElec 对命令行提示风格作出了比较一致的规范。如以下为"rybz"命令输入回车后，得到的提示：

请指定设备的插入点｛转 90［A］/放大［E］/缩小［D］/左右翻转［F］/X 轴偏移［X］/Y 轴偏移［Y］｝ <退出>：

花括号前为当前的操作提示，花括号后为回车所采用的动作，花括号内为其他可选的动作，键入方括号内的字母进入该功能，键入方括号内的字母无需回车。这和 AutoCAD 2000 中文版的命令行风格类似，只是 AutoCAD 不支持单键转入其他动作。

（3）选择对象。要求单选对象时，遵循前述命令行交互风格，如：

请选择起始点 <退出>：

6.1.2.4 快捷工具条

用户可根据自己绘图习惯采用"快捷工具条"执行天正命令。天正工具条具有位置记忆功能，并融入 ACAD 工具条组。也可在"电气设定"中关闭工具条。"电气设定"可通过下述方法实现：首先点击快捷工具条中的第一个"初始设置"按钮，然后在弹出的对话框中，选"电气设定"Tab 栏，如图 6－2所示。

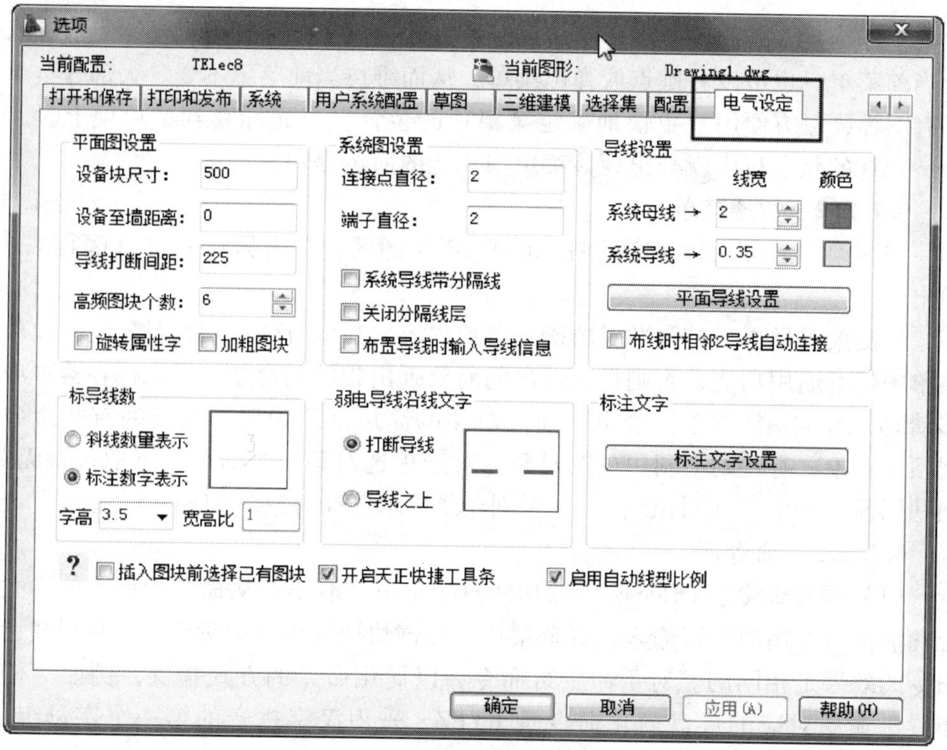

图 6－2 "电气设定"对话框

使用“工具条”命令，可以使用户自由定制自己的图标菜单命令工具条（前7个不可调整，第3第4分别是ACAD“绘图”、“修改”下拉工具条），即用户可以将自己经常使用的一些命令组合起来做成工具条放置于桌面上的习惯位置。天正提供的自制工具条菜单可以将天正电气的所有命令放置到自制的工具条中。

6.2 主要功能

6.2.1 平面图

在平面图中布置设备是建筑电气设计中的一个重要步骤。用TElec在平面图布置电气设备就是将一些事先制作好的设备图块插入到建筑平面图中。在新版的TElec中更加增强了自动化的功能，使用户能够在执行命令时从预演图中看到插入后的效果从而最终确定结果。而且TElec有一套存取方便，很容易操作的图库管理系统。系统提供和用户自己制作的每一个图块都可以方便地通过对话框中的幻灯片查到和取出，然后绘制到图中。图块插入前可通过调整“初始设置”的“平面设备尺寸”值来控制插入图块的尺寸。设备插入有多种方法，设备插入后还可以用“设备缩放”、“设备旋转”、“设备移动”等设备编辑命令来调整和改变设备以达到要求。“沿墙插入”的命令可自动确定设备靠墙绘制时的绘制方向；辅助网格线可以帮助用户有规则地排列布置设备。利用TElec提供的造块命令还可以方便地自己制作所需各种设备图块。

6.2.1.1 设备布置

在电气平面图中布置设备图块有许多方法：包括设备图块尺寸的设定与修改、任意布置（RYBZ）、矩形布置（JXBZ）、两点均布（LDJB）、弧线均布（HXJB）、沿线均布（YXJB）、沿线单布（YXDB）、沿墙布置（YQBZ）、沿墙均布（YQJB）、穿墙布置（CQBZ）、门侧布置（MCBZ）等。如图6－3，在TElec中通过点击屏幕菜单（左图）中的“平面设备”下拉按钮，得到各设备布置方法的菜单项（右图）。

在TElec中，将以前的强电和弱电设备置于一个库中，由“设备图块选择”对话框中的下拉菜单进行选择，减少了用户点击鼠标的次数增快了速度，同时方便了查找。在TElec中只要在设计图中单击鼠标右键在弹出的右键菜单中选择“任意布置”命令，就可弹出“设备图块选择”对话框（见图6－4）。另外，在菜单中选择“平面设备”中的任一命令也可弹出此对话框。在选设备的对话框中，利用选择框可选定待绘制的设备块。设备块插入图中后，其大小、方向也许不尽如人意，可能需要随设计的改动更换或擦除一些已插入的设备块。为此TElec提供了丰富灵活的设备编辑功能，通过这些设备块编辑命令可帮助用户完成这方面的工作。

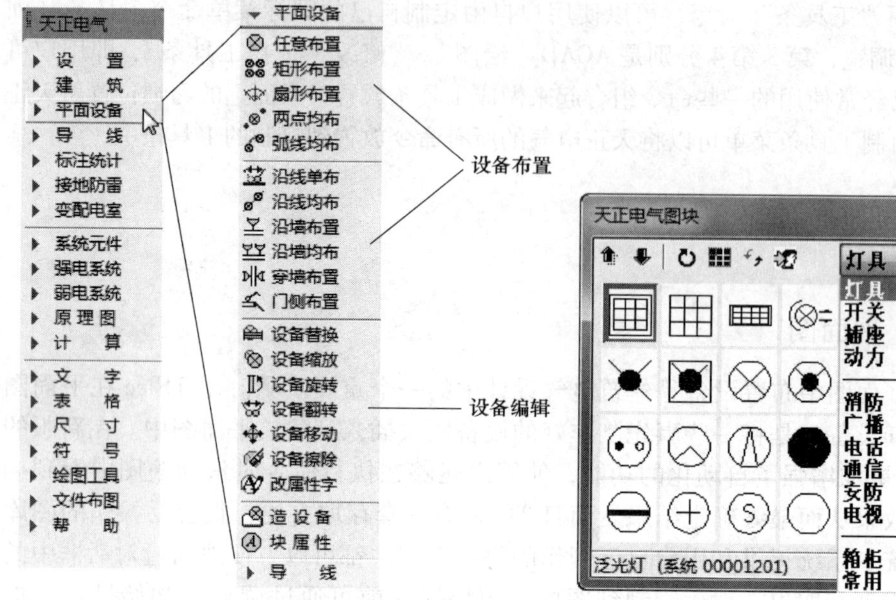

图 6－3 设备布置和设备编辑菜单项

图 6－4 设备图块选择对话框

6.2.1.2 设备编辑

对已插入图中的设备块进行编辑，如图 6－3 所示，包括替换、缩放、移动、旋转及属性字修改等。

6.2.1.3 导线

提供布置导线和编辑导线的各种方法，如图 6－5。

对导线进行编辑，如打断、连接、改颜色、改线型等，如图 6－6。

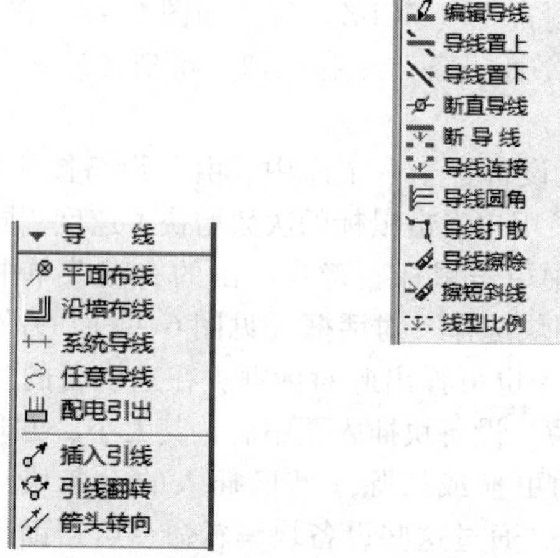

图 6－5 布置导线

图 6－6 编辑导线

6.2.1.4 标注与平面统计

在平面中对导线、设备的标注和标注信息的录入及材料表统计，如图 6－7，图 6－8 所示。

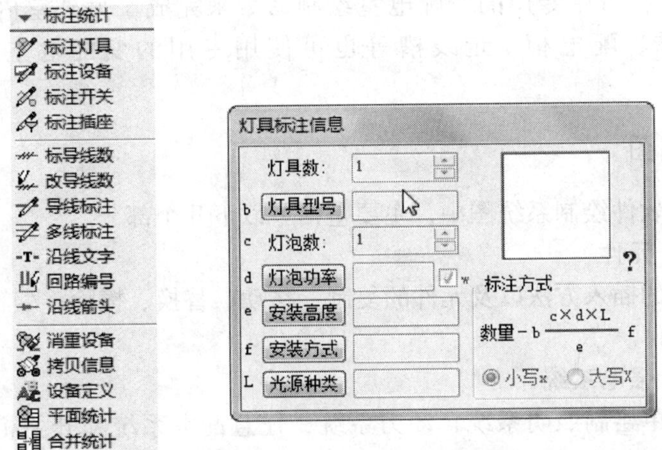

图 6－7　设备标注对话框

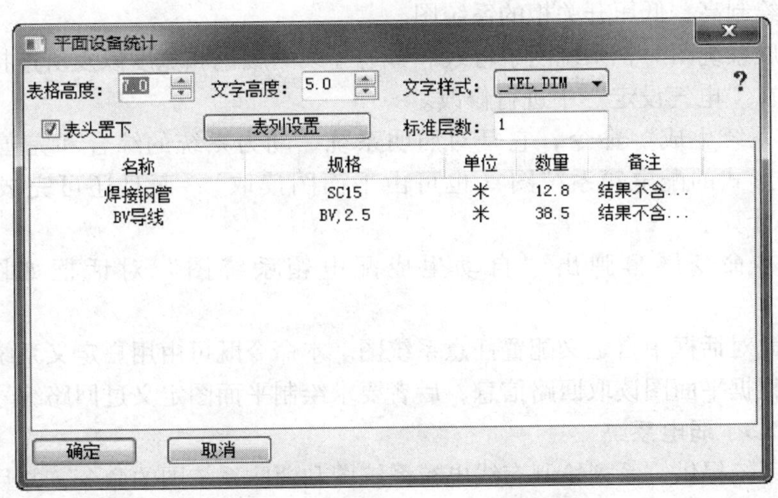

图 6－8　平面设备统计对话框

6.2.1.5 接地防雷

在平面中绘制接地线、防雷线、接地极，并对其进行编辑。避雷线的绘制过程与一般导线的绘制过程基本相同。为避免在制作材料表自动搜索导线时将避雷线也误认为导线，绘制避雷线时应使用专用的命令，而不要用一般的画导线命令。

6.2.1.6 变配电室

提供在平面中绘制变配电室的各种工具。变配电室的绘制工作大致可以分为三部分：①房屋建筑；②室内变配电设备；③尺寸标注。房屋建筑部分和尺寸标注的大部分绘制工作可用建筑图绘制命令和尺寸标注命令完成，一些特殊的工作，可用专用的变配电室绘制命令来完成。另外室内的变配电设备，如变压器、配电柜、走线槽等也可使用专用的变配电室绘制命令来完成。

6.2.2 系统图

天正电气软件绘制系统图中，主要包括了以下几个部分。

6.2.2.1 元件

介绍元件的插入方法以及元件的复制、移动、替换、擦除、翻转等命令，及自定义用户元件。

6.2.2.2 强电系统

提供了简单绘制照明系统、动力系统、任意配电系统和开关柜系统图的方法，也可根据一张绘制好的平面图自动生成系统图。

强电系统提供了自动绘制照明系统、动力系统及任意定制的配电箱系统图的命令以及绘制高、低压开关柜的系统图。

在生成系统图时，系统图中母线和普通导线的颜色和宽度以及所连接元件的线宽可以在“电气设定”中进行修改。

如“系统生成”命令，它是对照明系统、动力系统的综合和完善。适于绘制任何形式的配电箱系统图（也可由平面图读取），而且还可完成三相平衡电流的计算。

点取本命令屏幕弹出“自动生成配电箱系统图”对话框如图 6－9 所示：

可在此对话框中自定义配置任意系统图。本命令既可由用户定义系统回路信息，也可根据平面图读取回路信息，后者要求绘制平面图定义过回路编号。

6.2.2.3 弱电系统

弱电系统提供一系列绘制有线电视系统图和消防系统图的命令，并且提供了天线绘制的命令以及插、换分支器的方法。

6.2.2.4 原理图

提供二次接线的原理图绘制命令。如点击：【原理图】→【原理图库】，可从原理图库选取标准图插入。

在 TElec 的原理图库中包含了华北标办原理图集，用户可以从原理图库中直接调用标准图集插入图中。

在菜单上点取本命令，弹出如图 6－10 所示的“天正图集”对话框。

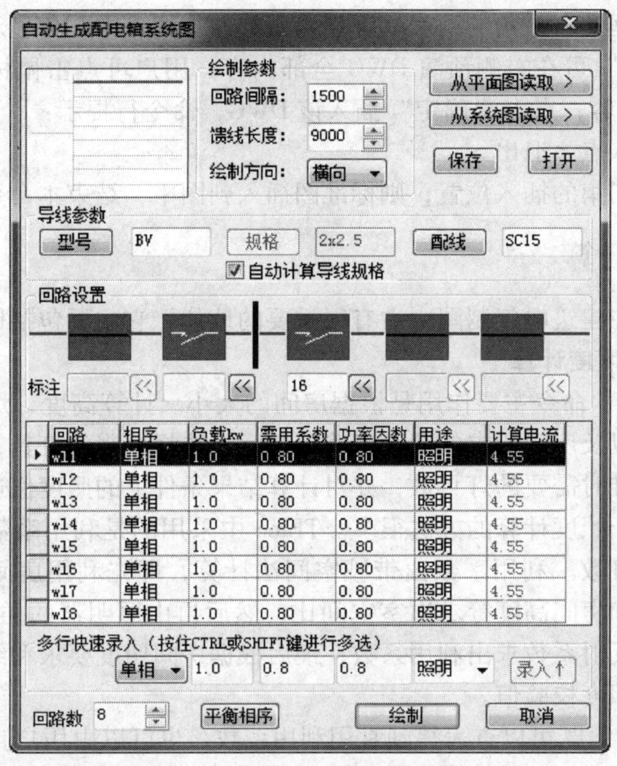

图 6－9 “自动生成配电箱系统图” 对话框

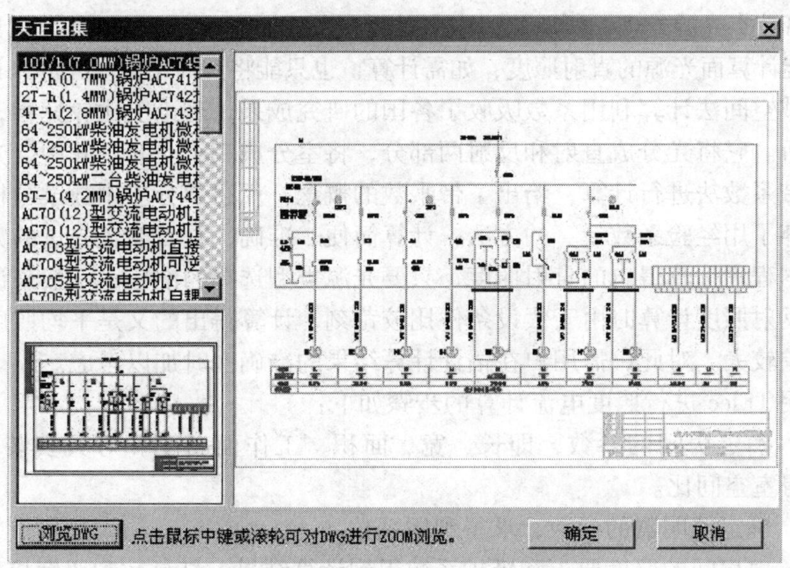

图 6－10 “天正图集” 对话框

在本对话框的左上角的列表框中列出所有原理图，左下角显示其幻灯片。点击“浏览 DWG”可在右侧预演 DWG 全部内容，用户可点击鼠标中箭或滚轮详细查看 DWG 内容，点击“确定”插入该 DWG，命令行提示：

请点选插入点 <退出>：

点取标准图集的插入位置，则标准图插入到图中，结束本命令。

6.2.3 电气计算

电气计算在建筑电气制图中占有很重要的地位，它主要包括以下几个部分。

6.2.3.1 照度计算

“照度计算”命令主要作用是根据房间的大小、计算高度、灯具类型、反射率、维护系数以及房间要求的照度值确定之后，选择恰当的灯具，然后计算该工作面上达到标准时需要的灯具数，并对计算结果条件下的照度值进行校验。

工程上用于照度计算的方法很多。TElec 中采用的是利用系数计算法，计算平均照度与配灯数。利用系数由带域空间法计算，即先利用房间的形状、工作面、安装高度和房间高度等求出室空间比；然后再由照明器的类型参数、天棚、墙壁、地面的反射系数求出利用系数，最后根据房间照度要求和维护系数就可以求出灯具数和照度校验值。

在 TElec 中，既可以查表得到常用利用系数，也可以由用户自定义输入参数求得特殊灯具的利用系数。

点光源（如白炽灯）与线光源（如荧光灯）的计算公式本是不同的，但这里把荧光灯按点光源处理，所以此程序中对所有光源都按点光源的计算公式计算。本程序不能计算面光源的直射照度，如需计算，也只能将其简化为点光源来计算。

带域空间法计算利用系数吸收了各国的研究成果，理论上比较完善，适用于各种场所。它将光分成直射和反射两部分，将室分成三个空间。其中，光的直射部分用带系数法进行计算，给出了带乘数的概念；反射部分应用数学分析法解方程，抛弃了用经验系数计算的方法，计算简便、准确，是目前较先进的方法。

用本程序计算得出的直射照度，只要光源类型选择的准确，一般来说误差很小；而反射照度计算时由于假设条件比较苛刻，计算得出的又是平均照度，因此可能误差较大。对此，需用户在估计计算结果的准确性时加以考虑。

使用 TElec 进行照度电流计算的步骤如下：

（1）确定房间的参数，即长、宽、面积、工作面高度和灯具安装高度等，由此可得室空间比。

（2）确定照明器的参数，求得利用系数。

（3）由房间的照度要求和维护系数得到计算结果：灯具数和照度校验值。

点击天正屏幕菜单的“计算”按钮，其下拉菜单中选“照度计算”，弹出如图 6－11对话框。在要求照度下，采用利用系数法计算房间需要的灯具数并进行校验。

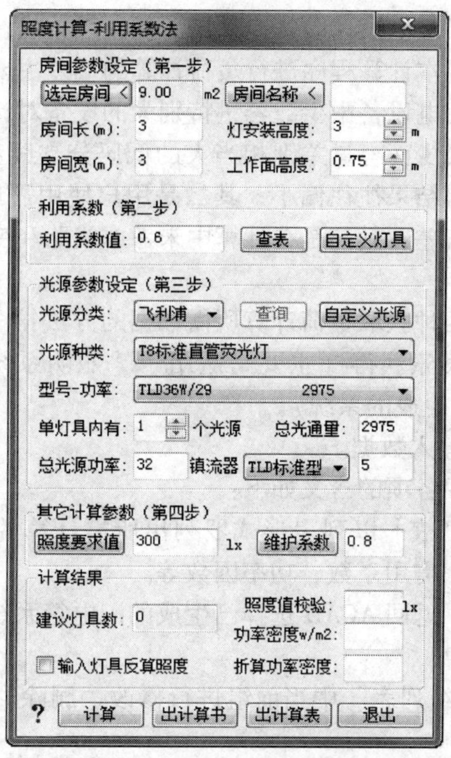

图 6－11　照度计算对话框

6.2.3.2　负荷计算

点击天正屏幕菜单的“计算”按钮，其下拉菜单中选“负荷计算”，弹出如图 6－12 对话框，计算供电系统的线路负荷。

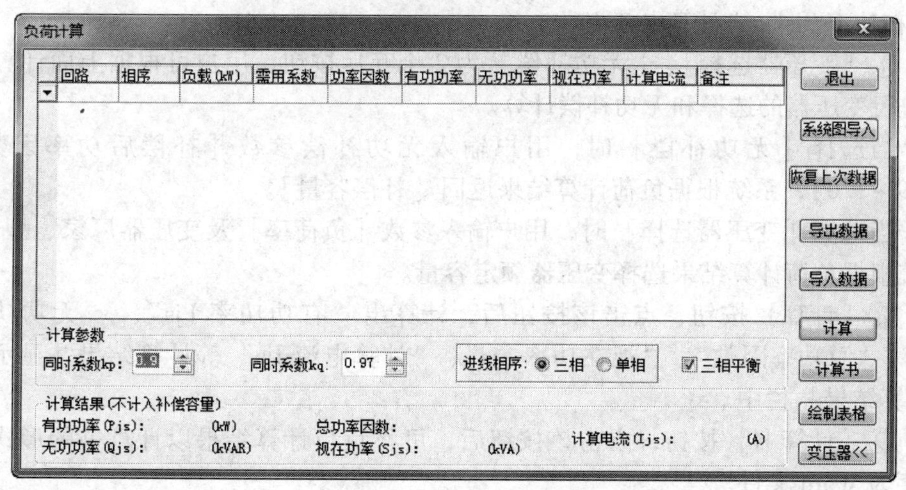

图 6－12　负荷计算对话框

本计算程序采用了供电设计中普遍采用的需用系数法。需用系数法的优点是计算简便，使用普遍。本计算程序进行负荷计算的偏差主要来自三个方面：其一是需用系数法未考虑用电设备中少数容量特别大的设备对计算负荷的影响，因而在确定用电设备台数较少而容量差别相当大的低压分支线和干线的计算负荷时，按需用系数法计算所得结果往往偏小；其二是用户使用需用系数与实际有偏差，从而造成计算结果有偏差；其三是在计算中未考虑线路和变压器损耗，从而使计算结果偏小。

负荷计算命令有两种获取负荷计算所需数据的方法：

（1）在系统图中搜索获得（主要是适用于“照明系统”、“动力系统”和“配电系统”命令自动生成的系统）；

（2）利用对话框输入数据。

图 6－12 对话框中各项的含义如下：

①［用电设备组列表］以列表形式罗列出所需计算的各组数据，包括：名称、相序、负载容量、需用系数、功率因数等。

②［系统图导入］返回 ACAD 选择已生成的配电箱系统图母线，系统自动搜索获得各回路数据信息。

③ 对“用电设备组列表”中当前组进行修改、删除、编辑，及增加一新设备组。

④［同时系数］、［进线相序］用户可输入整个系统进线参数。

⑤［三相平衡］如果用户详细输入每条回路相序（按 L1、L2、L3），系统可以采用“三相平衡”法根据单项最大电流值计算总的计算电流。（附加要求：需用系数、功率因数各组必须一致）

⑥［计算结果］包含“有功功率 Pjs”、“无功功率 Qjs”、“总功率因数”、“视在功率 Sjs”、“计算电流 Ijs”。

⑦［变压器选择］、［无功补偿］为 2 个互斥按钮，用户可根据上面计算结果进行变压器的选择和无功补偿计算。

当选择［无功补偿］时，用户输入无功补偿参数［补偿后功率因数］（0.9～1.0），系统根据负荷计算结果返回［补偿容量］。

当选择［变压器选择］时，用户输入参数［负荷率］及变压器厂家、型号，系统根据负荷计算结果选择变压器额定容量。

⑧［计算］按钮，点击该按钮后，计算出“有功功率 Pjs”、“无功功率 Qjs”、“总功率因数”、“视在功率 Sjs”、“计算电流 Ijs”等计算结果并显示到［计算结果］栏中。

⑨［计算书］按钮，点击该按钮后，可将负荷计算结果以计算书的形式直接存为 Word 文件。

⑩［绘制表格］按钮，点击该按钮后，可把刚才计算的结果绘制成 ACAD

表格插入图中。此表为天正表格，点击右键菜单可导出 Excel 文件进行备份。

⑪［退出］按钮，点击该按钮后，结束本次命令并退出对话框。

6.2.3.3　线路电压损失计算

计算线路的电压损失，可同时计算多负载点。

TElec 用于三相平衡、单相及接于相电压的两相－零线平衡的集中或均匀分布负荷的计算。本计算方法近似地将电压降纵向分量看作电压损失。其计算结果的误差主要产生于两个方面：一方面是计算中将电压降的纵向分量当作电压损失，但由于线路电压降相对于线路电压来说很小，故其误差也很小；另一方面用户输入的导线参数、负荷参数、环境工作参数与实际存在误差导致计算结果产生误差，总的来看，第二方面的因素是主要的，其计算结果的误差大小主要取决于用户输入计算参数与实际参数的误差大小。如图 6－13 所示电压损失对话框。

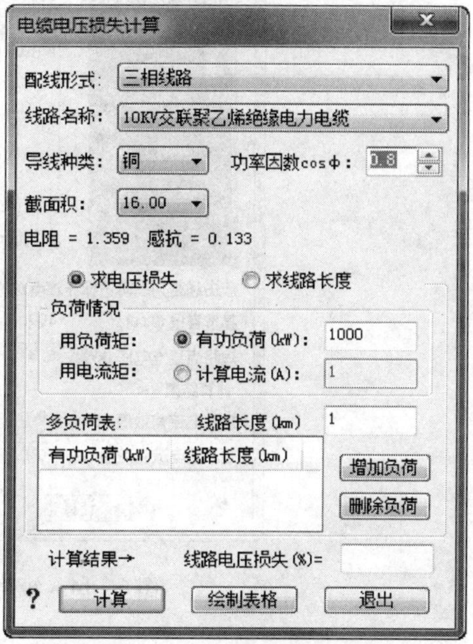

图 6－13　计算电压损失对话框

6.2.3.4　短路电流计算

用于计算供电系统的短路电流。

短路电流的计算采用从系统元件的阻抗标么值来求短路电流的方法。这种计算方法是以由无限大容量电力系统供电作为前提条件来进行计算的。因为电力系统供电的工业企业内部发生短路时，由于工业企业内所装置的元件，其容量远比系统容量小，而阻抗较系统阻抗大得多，因此当这些元件（变压器、线路等）遇到短路时，系统母线上电压变动很小，可认为电压维持不变，即系统容量为无限大。在计算中忽略了各元件的电阻值，并且只考虑对短路电流值有重大影响的电路元件。由于一般系统中已采取措施，使单项短路电流值不超过三相短路电流值，而二相短路电流值通常也小于三相短路电流值，因而在短路电流计算中以三相短路电流作为基本计算以及作为校验高压电器设备的主要指标。由于本计算方法假设系统容量为无限大，并且忽略了系统中对短路电流值影响不大的因素。因此计算值与实际是存在一定误差的。这种误差随着假设条件与实际情况的差异增大而增大，但对一般系统这种计算值的精确度是足够了。

点击“计算”→“短路电流”，如图 6－14 所示，按图中所给定数据，计算系统中某点的短路电流并进行设备校验。

进行短路电流计算时采用图中的方法输入系统和导线的数据；设备校验时所

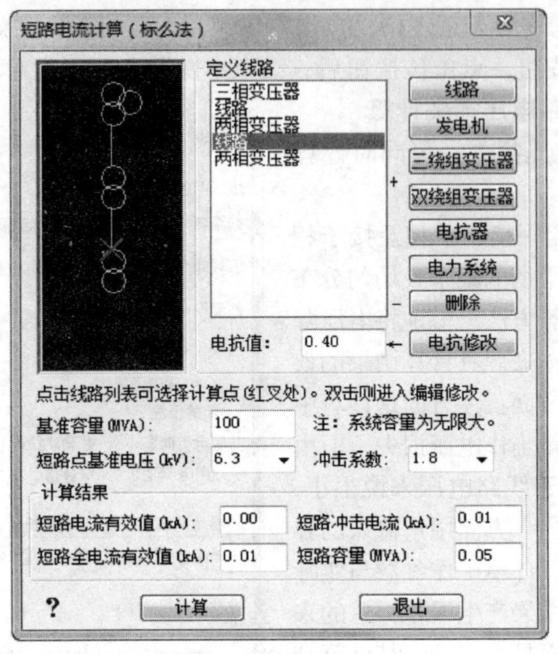

图 6－14　短路电流计算对话框

需的数据也存放在此图中。进行短路电流计算的步骤如下:

(1)用“定义线路”在对话框中造计算用的示意图。

(2)在造计算用的示意图的同时对图中设备和导线的数据进行输入和修改。

(3)点图中对话框中的“计算”按钮命令,计算短路电流和进行设备校验。设备校验时对各种设备数据进行的修改可以自动存入图中。

计算短路电流所用的这张示意图中包含了所有计算时所需的数据,因此也相当于是一份计算数据文件,最好在计算之后将其保存起来。下一次计算时,如果再调入这张图,图中的数据就可以直接被利用。

6.2.3.5　无功补偿计算

计算指定功率因数下的无功功率补偿所需的电容器容量。

“无功补偿”命令用于计算工业企业中的平均功率因数及补偿电容容量并计算补偿电容器的数量。点击“计算”→“无功补偿”,如图 6－15 所示,根据已

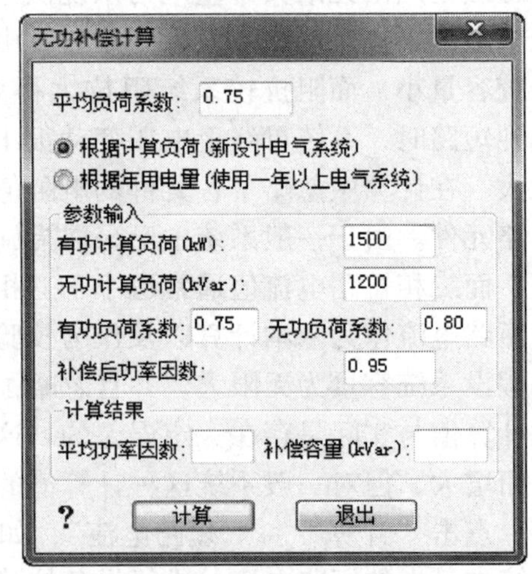

图 6－15　无功功率补偿计算对话框

知的负荷数据和所期望的功率因数计算系统的平均功率因数和无功补偿所需的补偿容量，同时计算补偿电容器的数量和实际补偿容量。

6.2.3.6　年雷击数计算

计算建筑物的年预计雷击次数。

年雷击数计算的命令用来计算建筑物的年预计雷击次数。该计算的计算参数主要有建筑物的等效面积、校正系数和年平均雷击密度等。点击“计算”→“年雷击数”，如图6－16所示，计算建筑物的年预计雷击次数。

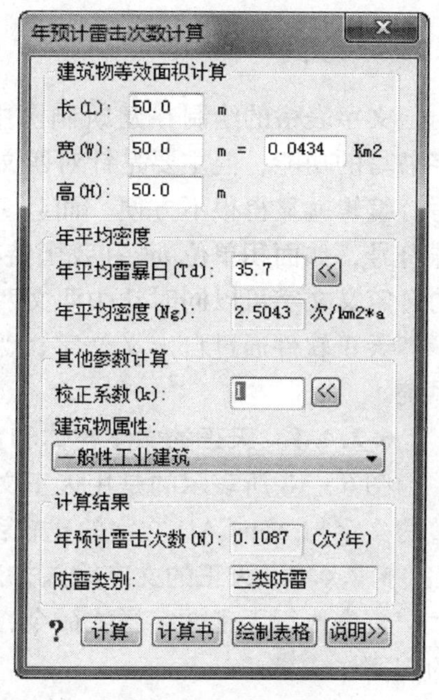

图6－16　年预计雷击次数计算对话框

6.2.3.7　低压短路电流计算

低压短路电流计算用于民用建筑电气设计中的低压短路电流，主要包括220/380V低压网络电路元件的计算，三相短路、单相短路（包括单相接地故障）电流的计算和柴油发电机供电系统短路电流的计算。点击“计算”→“低压短路”，如图6－17所示，计算配电线路中某点的短路电流。

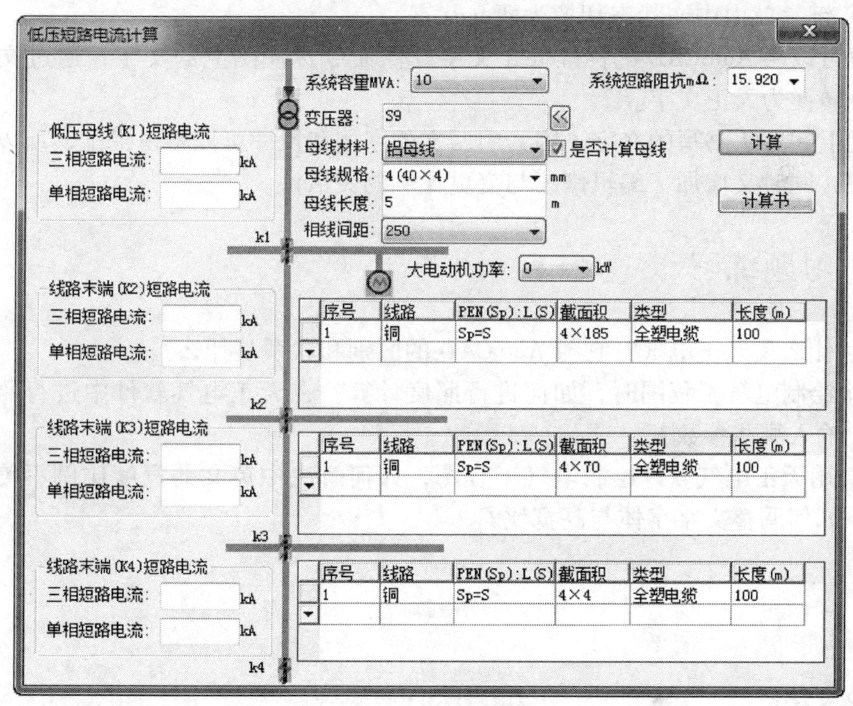

图6－17　低压短路电流计算对话框

6.2.4 文字

文字表格的绘制在建筑制图中占有很重要的地位。AutoCAD 提供了一些文字书写的功能，但主要是针对西文的，对于中文字，尤其是中西文混合文字的书写，编辑就显得很不方便。而且 AutoCAD 不支持建筑图中常常出现的上标与特殊符号，如面积单位 m^2 和我国特有的钢筋符号等。基于这两方面的考虑，天正的自定义文字可以同时让中西文两种字体设置各自不同的宽高比例。

天正软件通过自定义文字，为 AutoCAD 提供了一个相当完整的中文字处理系统。

6.2.4.1 天正的文字字体和宽高比

图 6－18 所表示的是用天正文字编辑调整的文字与 AutoCAD 文字的比较：

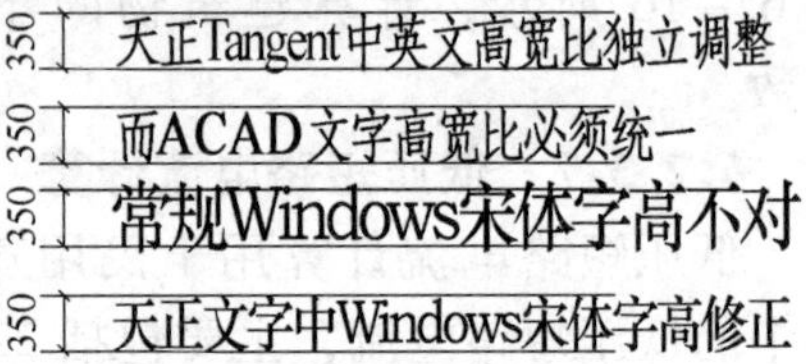

图 6－18 天正文字与 AutoCAD 文字

6.2.4.2 天正的文字输入方法

首先执行天正文字样式命令，定义本图的文字样式。

使用天正提供的单行文字或多行文字命令往图形中标注文字。按下〈Ctrl＋Space〉键，由西文状态切换为中文状态，用 Windows 提供汉字输入方法用键盘进行文字输入；输入完毕后，按下〈Ctrl＋Space〉键，就由中文状态切换为西文状态。

也可以用 AutoCAD 的标准 text 文字标注命令标注图上的文字，通过文字转化命令转换为天正文字。

用上述方法书写的文字，因为中西文的字体和尺寸可以自由搭配，所以显得很美观，同时又增加了编辑修改与变更比例的灵活性。

6.3 习题练习

1. 什么是天正电气？它与 AutoCAD 的区别和联系是什么？

2. 绘制电气工程图时，如何进行照度计算？在天正电气软件中进行照度计算时应输入哪些参数？

3. 用天正电气软件绘制电气工程图，如何解决中英文的宽度比例不美观的问题？如何调整文字字体与高宽比？

第7章　建筑电气工程图的基本知识

7.1　概述

建筑电气工程图是工程师表达其设计意图的工程语言，用于阐述建筑电气系统的工作原理、描述建筑电气产品的构成和功能、指导各种电器设备、电气线路的安置、电气线路的安装，是指导施工的重要依据。它是沟通电气设计人员、安装人员、操作人员的工程语言，是进行技术交流不可缺少的重要手段。所以建筑电气专业技术人员必须熟悉建筑电气工程图，掌握建筑电气工程图的基本知识，了解各种建筑电气图形符号，了解建筑电气图的构造、种类、特点。

7.1.1　使用标准

电气制图及其电器图形符号国家标准主要包括如下4个方面。

7.1.1.1　电气制图

电气技术用文件和文件编制管理

IEC 61355：1997	成套设备、系统和设备文件的分类和代号
IEC 62023：2000	技术信息与文件的构成
GB/T 7356－1987	电气系统说明书用简图的编制
GB/T 6988.1－2008	电气技术用文件的编制 第1部分：规则
GB/T 6988.2－2008	电气技术用文件的编制 第2部分：功能性简图
GB/T 6988.3－2008	电气技术用文件的编制 第3部分：接线图和接线表
GB/T 6988.4－2008	电气技术用文件的编制 第4部分：位置文件与安装文件
GB/T 6988.5－2006	电气技术用文件的编制 第5部分：索引
GB/T 6988.5－2006	电气技术用文件的编制 第6部分：控制系统功能表图的绘制
IEC 62027－2000	零部件表的编制
GB/T 18135－2008	电气工程CAD制图规则

7.1.1.2　电气简图用图形符号

电气简图用图形符号国家标准

GB/T－4728.1－2005	电气简图用图形符号 第1部分：总则
GB/T－4728.2－2005	电气简图用图形符号 第2部分：符号要素、限定

符号和其他常用符号

GB/T－4728.3－2005　电气简图用图形符号 第3部分：导体和连接体

GB/T－4728.4－2005　电气简图用图形符号 第4部分：基本无源元件

GB/T－4728.5－2005　电气简图用图形符号 第5部分：半导体管和电子管

GB/T－4728.6－2008　电气简图用图形符号 第6部分：电能的发生与转换

GB/T－4728.7－2008　电气简图用图形符号 第7部分：开关、控制和保护器件

GB/T－4728.8－2008　电气简图用图形符号 第8部分：测仪表、灯和信号器件

GB/T－4728.9－2008　电气简图用图形符号 第9部分：电信、交换和外围设备

GB/T－4728.10－2008　电气简图用图形符号 第10部分：电信、传输

GB/T－4728.11－2008　电气简图用图形符号 第11部分：建筑安装平面布置图

GB/T－4728.12－2008　电气简图用图形符号 第12部分：二进制逻辑元件

GB/T－4728.13－2008　电气简图用图形符号 第13部分：模拟元件

7.1.1.3 电气设备用图形符号

电气设备用图形符号国家标准汇编

GB/T 5465.1－2007　电气设备用图形符号基本规则 第1部分：原形符号的生成

GB/T 5465.2－2008　电气设备用图形符号基本规则 第2部分：图形符号

7.1.1.4 主要的相关国家标准

电气制图相关国家标准汇编

GB/T 10609.1－2008　技术制图 标题栏

GB/T 10609.2－2009　技术制图明细栏

GB/T 14689－2008　技术制图 图纸幅面和格式

GB/T 14691－1993　技术制图字体

GB/T 5489－1985　印制板制图

GB/T 7159－1987　电气技术中的文字符号制订通则

GB/T 18135－2000　电气工程 CAD 制图规则

GB/T 4884－1985　绝缘导线的标记

GB/T 16679－2009　信号与连接线的代号

GB 7947－2006　人机界面标志标识的基本安全规则 导体的颜色或数字标识

GB/T 18656－2002　工业系统、装置与设备以及工业产品 系统内端子的标识

GB/T 5094.1－2002	工业系统、装置与设备以及工业产品结构原则与参照代号　第1部分：基本规则
GB/T 5094.2－2003	工业系统、装置与设备以及工业产品结构原则与参照代号　第2部分：项目的分类与分类码
GB/T 5094.3－2005	工业系统、装置与设备以及工业产品结构原则与参照代号　第3部分：应用指南
GB/T 5094.4－2005	工业系统、装置与设备以及工业产品结构原则与参照代号　第4部分：概念的说明
GB/T 4026－2004	人机界面标志标识的基本方法和安全规则 设备端子和特定导体终端标识及字母数字系统的应用通则

7.1.2　电气图组成

电气工程图是一类应用十分广泛的电气图，用来阐述电气工程的构成和功能，描述电气装置的工作原理，提供安装接线和维护使用信息。一般而言，一项工程的电气图通常由以下几部分组成。

7.1.2.1　目录和前言

目录包括序号、名称、编号、张数等。

前言包括设计说明、图例、设备材料明细表、工程经费概算等。

7.1.2.2　电气系统图和框图

电气系统图和框图主要表示整个工程或其中某一项目的供电方式和电能输送的关系，亦可表示某一装置主要组成部分的关系。如电气一次主接线图、建筑供配电系统图等。

7.1.2.3　电路图

电路图主要表示系统或装置的工作原理。如电动机控制回路图、继电保护原理图等。

7.1.2.4　接线图

接线图主要表示电气装置内部各元件之间及其他装置之间的连接关系，便于接线及维护。

7.1.2.5　电气平面图

电气平面图主要表示某一电气工程中电气设备、装置和线路的平面布置。在建筑平面的基础上绘制出来的，常见的电气工程平面图有线路平面图、变电所、照明平面图、弱电系统平面图、防雷与接地平面图等。

7.1.2.6　设备元件和材料表

设备元件和材料表是把某一电气工程所需的主要设备、元件、材料通过表格统计出来，其中包括了设备材料的名称、符号、型号、规格、数量等情况。

7.1.2.7 设备布置图

设备布置图主要表示各种电气设备的布置形式、安装方式及相互间的尺寸，通常由平面图、立面图、断面图、剖面图等组成。

7.1.2.8 大样图

大样图主要表示电气工程某一部件、构件的结构，用于指导加工与安装，其中的分大样图为国家标准图。

7.1.2.9 产品使用说明书用电气图

电气工程中选用的设备和装置，其生产厂家往往随产品使用说明书附上电气图，也是电气工程图的组成部分。

7.1.2.10 其他电气图

在电气工程图中，电气系统图、电路图、接线图、平面图是最主要的图。在复杂的电气工程中，为了补充和详细说明某一方面，还需要有一些特殊的电气图、功能图、逻辑图、曲线图、表格、印制电路板图等。

同时，建筑电气设备安装工程是建筑工程的有机组成部分，根据建筑物功能的不同，电气工程图的设计内容也不尽相同。通常可以分为内线工程和外线工程两大部分。

内线工程包括照明系统图、动力系统图、电话工程系统图、空调系统图、变配电系统图、广播电系统图、消防系统图、防雷系统图、防盗保安系统图和共用天线电视系统图。

外线工程包括架空线路图、电缆线路图和室外电源配电线路图。

7.1.3 建筑电气 CAD 制图一般规则

7.1.3.1 图纸格式

电气图图幅是指图纸短边和长边所确定的尺寸。电气图的基本图幅包括边框线、图框线、标题栏、标签栏等。统一的图纸幅面便于图纸的使用和管理。

图纸的优选实际幅面如表 7 - 1 所示。

表 7 - 1　　图纸的优选实际幅面

代　　号	尺寸（$B \times L$）
A3 × 3	420 × 891
A3 × 4	420 × 1189
A4 × 3	297 × 630
A4 × 4	297 × 630
A4 × 5	297 × 1051

当需要较长的图纸时，应采用表 7 - 2 所规定的幅面。

表 7－2　　较长图纸的实际幅面

代　号	尺寸（$B \times L$）
A0	841×1189
A1	594×841
A2	420×594
A3	297×420
A4	210×297

（1）电气图图幅格式。电气图的基本图幅包括边框线、图框线、标题栏、会签栏等内容。电气图的图幅格式按照 GB/T 6988 中规定，图框和标题栏的方位均遵循 GB 4457 的规定。图 7－1 给出了电气图图幅的基本组成。图中字母代表的含义为：a、e、C 为周边尺寸，分别表示左边距、右边距、上下边距，L 表示图幅长，B 表示图幅宽。

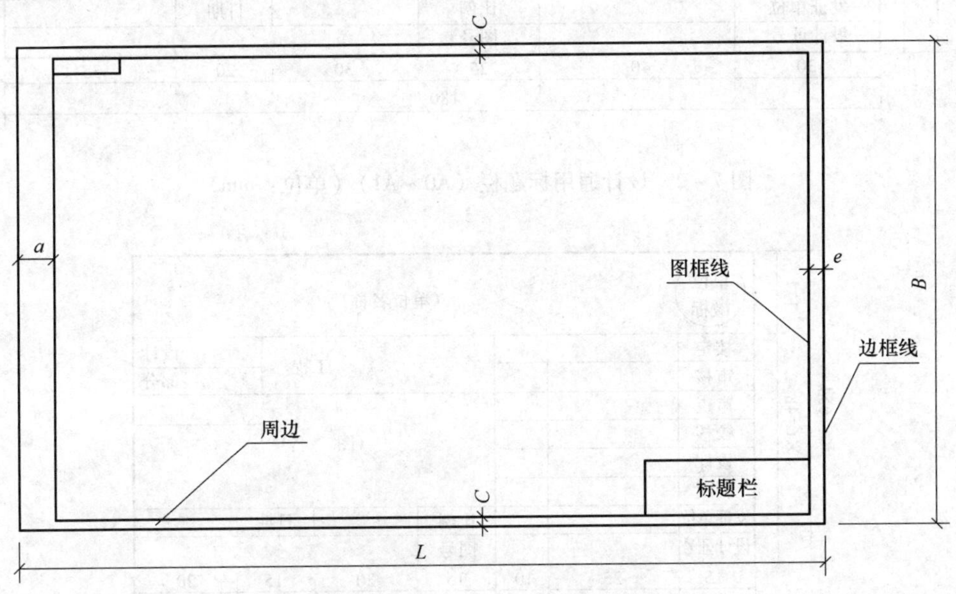

图 7－1　电气图图幅的基本组成

（2）图框。图框的尺寸是根据图纸是否需要装订和图纸幅面的大小来确定的。

如需要装订，则装订的一边要留出装订边，如图 7－1 所示。各边尺寸大小按照表 7－1 选取。当不需要装订时，图纸的四个周边尺寸相同。对 A0、A1 两种幅面，周边尺寸取 20mm；对 A2、A3、A4 三种幅面，则周边尺寸之 e 取 10mm。不留装订边和装订边图纸的绘图面积基本相等。随着微缩技术的发展，留装订边的图纸将会逐步减少以至淘汰。

（3）标题栏

①标题栏位置。无论对 X 型水平放置的图纸，还是 Y 型垂直放置的图纸，标题栏都应放在图面的右下角。标题栏的观看方向一般应与图的观看方向相一致。

②国内工程通用标题栏的基本信息及尺寸，见图 7－2 和图 7－3。

单位
徽标
（单位名称）
标准
核定
审核
审查
校核
设计
制图
发证单位
设计证号
工程
设计
部分
45
（图　名）
比例
日期
图号
17
71
9×6=54
30
40
25
30
20
35
180

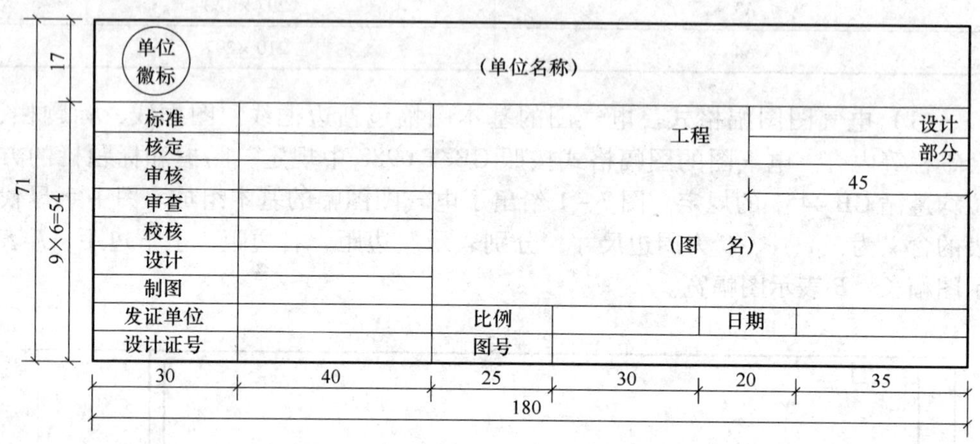

图 7－2　设计通用标题栏（A0～A1）（单位：mm）

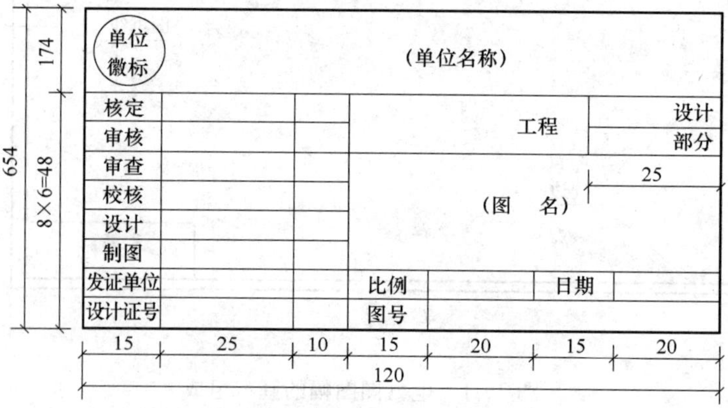

单位
徽标
（单位名称）
核定
审核
审查
校核
设计
制图
发证单位
设计证号
工程
设计
部分
25
（图　名）
比例
日期
图号
174
654
8×6=48
15
25
10
15
20
15
20
120

图 7－3　设计通用标题栏（A2～A4）（单位：mm）

③标题栏线宽。标题栏外框线为 0.5mm 的实线，内分格线为 0.25mm 的实线。

（4）会签栏。与多个专业相关的图纸应有会签栏，会签栏的格式见图 7－4。其外框线宽为 0.5mm，内框线宽为 0.25mm。

（5）图幅分区。为确定图上内容的位置及其他用途，一些幅面较大、内容复杂的电气图要对图幅进行分区。分格数应是偶数，并应按图的复杂性选取。建

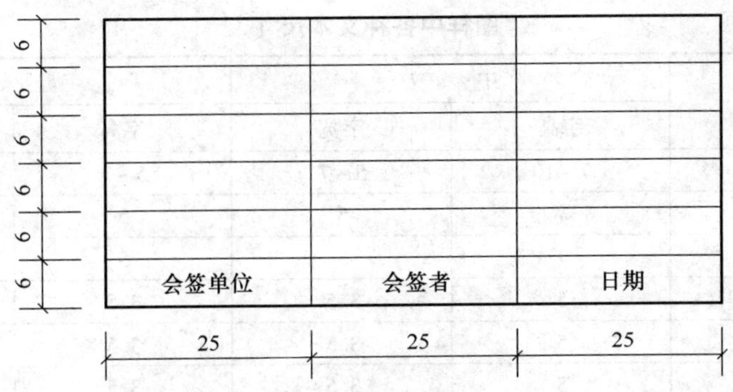

图 7－4　会签栏（单位：mm）

议组成分区的长方形的任何边长都应不小于 25mm，不大于 75mm。

分区按垂直方向用大写字母、水平方向用数字做标记。标记的顺序可以从标题栏相对的一角开始，见图 7－5。

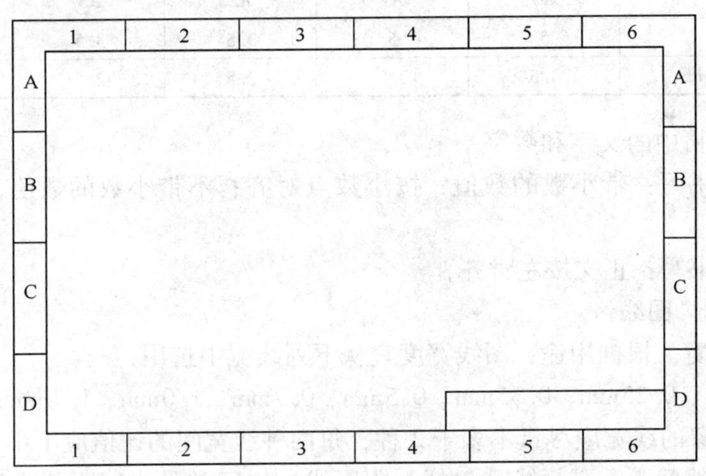

图 7－5　图幅分区

(6) 字体。电气技术图样和简图中的字体，所选汉字应为长仿宋体。

在 AutoCAD 环境中，汉字字体可采用 Windows 系统所带的 TrueType 字体“仿宋_GB2312”；也可采用 AutoCAD 中文版提供的符合国标的形编译字体。

(7) 文本尺寸高度

①常用的文本尺寸宜在下列尺寸中选择：

2.5mm、3.5mm、5mm、7mm、10mm、14mm、20mm。

②字符的宽高比约为 0.7。

③各行文字间的行距不应小于 1.5 倍的字高。

④图样中采用的各种文本尺寸见表 7－3。

表 7-3 图样中各种文本尺寸 单位：mm

文本类型	中文		字母及数字	
	字高	字宽	字高	字宽
标题栏图名	7~10	5~7	5~7	3.5~5
图形图名	7	5	5	3.5
说明抬头	7	5	5	3.5
说明条文	5	3.5	3.5	2.5
图形文字标注	5	3.5	3.5	2.5
图号和日期	5	3.5	3.5	2.5

⑤最小字符高度见表 7-4。

表 7-4 最小字符高度 单位：mm

字符高度	图幅				
	A0	A1	A2	A3	A4
汉字	5	5	3.5	3.5	3.5
数字和字母	3.5	3.5	2.5	2.5	2.5

（8）表格中的文字和数字

①数字书写：带小数的数值，按小数点对齐；不带小数的数值，按个位数对齐。

②文本书写：正文按左对齐。

7.1.3.2 图线

（1）线宽。根据用途，图线宽度宜从下列线宽中选用：

0.18mm、0.25mm、0.35mm、0.5mm、0.7mm、1.0mm、1.4mm、2.0mm。

图形对象的线宽应尽量不多于 2 种，每两种线宽间的比值应不小于 2。

（2）图线间距。平行线（包括画阴影线）之间的最小间距不小于粗线宽度的两倍，建议不小于 0.7mm。

（3）图线型式。根据不同的结构含义，采用不同的线型，见表 7-5。

表 7-5 导线的部分图形符号

线型编号	图线名称	线型	线宽/mm	颜色	一般用途
1	实线 1		1.0 0.7	蓝 红	（1）外轮廓线及建筑轮廓线 （2）钢筋 （3）小型断层线 （4）结构分缝线 （5）材料断层线 （6）标题母线 （7）母线
2	实线 2		0.5	黄	

续表

线型编号	图线名称	线　型	线宽/mm	颜色	一般用途
3	实线 3		0.35	绿	(1) 剖面线 (2) 重合剖面轮廓线 (3) 粗地形线 (4) 风化界限、浸润线 (5) 示坡线 (6) 钢筋图结构轮廓线 (7) 表格中的分格线 (8) 曲面上的素线 (9) 边界线 (10) 引出线 (11) 细地形线 (12) 尺寸线、尺寸界面 (13) 设备和元件的可见轮廓线 (14) 电缆、电线、导体回路
4	实线 4		0.25	白	
5	实线 5		0.18	青	
6	虚线 1		0.7	红	(1) 单线管路图和三线管路图不可见管线 (2) 推测地层界限 (3) 不可见轮廓线 (4) 不可见结构分缝线 (5) 原轮廓线 (6) 设备和元件的不可见轮廓线 (7) 不可见电缆、电线、母线、导体回路
7	虚线 2		0.5	黄	
8	虚线 3		0.35	绿	
9	虚线 4		0.25	白	
10	点划画		0.25 0.18	白 青	(1) 中心线 (2) 轴线 (3) 对称线
11	双点划线		0.25	白	(1) 原轮廓线 (2) 假想投影轮廓线 (3) 运动构建在极限或中间位置的轮廓线 (4) 相配线（两剖面对接线）
12	点线		0.5	黄	(1) 牵引线 (2) 岩性分界线

若在特殊领域（如电气或管网图）使用其他形式图线，或者表 7－5 中所规定的图线不是用于表最右边一栏所述的范围，按惯例必须在其他国家标准中规定，或在有关的图上用注释加以说明。

(4) 线型比例，线型比例 k 与印制比例宜保持适当关系，当印制比例为 1∶n 时，在确定线型库文件后，线型比例可取 $k \times n$。

7.1.3.3　比例

推荐采用的比例规定见表 7－6。

表 7-6　　推荐采用的比例规定

类　别	推荐的比例		
放大比例	50:1 5:1		
原尺寸	1:1		
缩小比例	1:2 1:20 1:200 1:2000	1:5 1:50 1:500 1:5000	1:10 1:100 1:1000 1:10000

如果因为特殊需要对表中所列比例再加以放大或缩小，推荐的比例可以在纵横两个方向加以扩展，但需要比例应是推荐比例的 10 整数倍。由于功能原因不能应用推荐比例的情况下，可选用对两个比例平均取中后的比例。

7.2　建筑电气工程图常用符号

电气符号是用于电气图或其他文件中表示项目或概念的一种图形、记号或符号，是电气技术领域中最基本的工程语言。电气图形符号包括电气图用图形符号和电气设备用图形符号。

7.2.1　图形符号

电气图的图形符号包括符号要素、限定符号、一般符号、方框符号和组合符号。一般来说，电气图形符号有形状不同或详细程度不同的几种形式。要尽可能的选用优选形式，还要根据绘图所要表达的详细程度来决定选用图形符号的形式，在满足要求的情况下，尽量选用最简单的形式。

表 7-7 中是 12 种电气设备的具体图形、代号及意义，包括表示导线走向的引线符号。

表 7-7　　电气设备的图形符号、代号及意义

图　形	代　号	意　义
	A	明装插座
	B	暗装插座
	C	白炽灯
	D	单极开关
	E	荧光灯管
	F	智能开关

续表

图　形	代　号	意　义
	G	引线
	H	壁灯灯座
	I	配电箱
	J	双极开关
	K	报警铃
	L	排风扇

7.2.1.1　绘制各种开关的符号

如表 7－7 中的代号为 D、F、J 的符号分别表示单极开关、智能开关、双极开关。

（1）绘制单极开关符号

①将“元件符号”层置为当前层。

②画一个半径为 75 的圆。

③用“SOLID”图案填充该圆。

④设置极轴捕捉方式；捕捉角为 45°，设置极轴角测量单位为“绝对”，选中“用所有极轴角设置追踪”单选按钮，并启用极轴追踪。

⑤执行画直线命令，直线的第一点为捕捉圆的上象限点，第二点为沿 45°方向 440 个图形单位。

⑥在“指定下一点:”提示符下，重新设置极轴捕捉模式：捕捉角为 90°，设置极轴角测量单位为“相对上一段”。

⑦向右下方移动鼠标，在出现 270°追踪线后，输入 140↓。

⑧结束画直线命令。见图 7－6（a）。

（2）绘制双极开关符号

①复制单极开关符号。

②复制出表示另一极的短斜线：基点为原短斜线与 45°方向直线的交点，位移的第二点可捕捉 45°方向直线上的合适的最近点。见图 7－6（b）。

（3）绘制智能开关符号

①复制单极开关符号。

②用单行文字（Dtext）命令输入文字“t”，字高为 100。见图 7－6（c）。

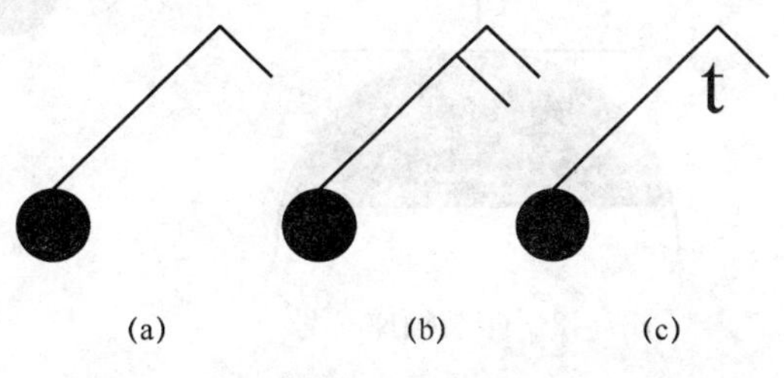

图 7－6　单极、双极、智能开关符号

7.2.1.2　绘制插座符号

如表 7－7 所示中的代号为 A、B 的符号分别表示明装及暗装插座。

（1）绘制明装插座符号

①画一个半径为 175 的圆。

②画出圆的水平方向的直径。

③把上述直径向上偏移复制 40 个图形单位，见图 7－7（a）。

④执行修剪及删除命令，得到图 7－7（b）。

⑤打开“正交”模式，在空白处画一条长度为 245 的水平直线，见图 7－7（c）。

⑥移动直线：以直线的中点为基点，位移的第二点为半圆的上象限点。

⑦以半圆的上象限点为第一点，向上画一条长度为 75 的垂直线，见图 7－7（d）。

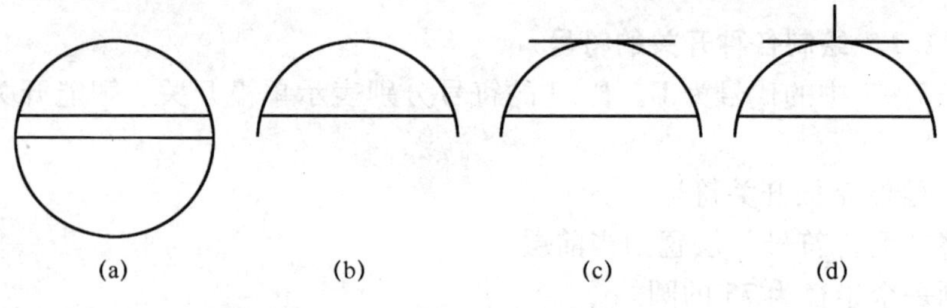

图 7－7　明装插座符号

（2）绘制暗装插座符号

①复制明装插座符号。

②用“SOLID”图案填充封闭区域，见图 7－8。

7.2.1.3　绘制表示电源干线走向的引线符号

如表 7－7 所示中的代号 G 表示引线。

①画一个半径为 95 的圆。

②用“SOLID”图案填充该圆，见图 7－9（a）。

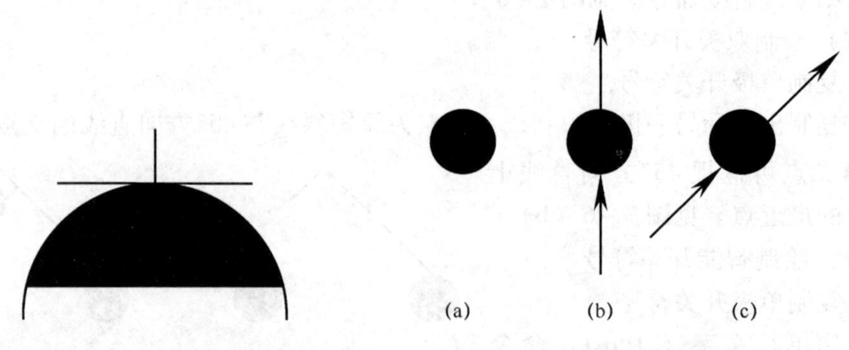

图 7－8　暗装插座符号　　　　图 7－9　绘制导线引线的步骤

③执行画多段线命令画出表示“引上”的箭头。然后复制出表示“引上”

的箭头，最后将全部四个图形旋转 -45°，见图 7-9（b）和图 7-9（c）。

由于图形块众多，篇幅有限，而很多图形块的绘制过程类似，所以仅介绍上面的几个典型的图形块，对于相似的图形可以参照以上图形块的绘制过程，希望读者能够举一反三，掌握其绘制方法执行绘制。

7.2.2 导线

表 7-8 给出了部分导线的图形符号。这些图形符号都是国标规定的符号，对于每一种符号，表 7-8 中都给出了图形符号、说明和注释。

表 7-8　　部分导线的图形符号

图形符号	说　明	注　释
	导线、导线组、电线、电缆、电路、传输通路（如微波技术）、线路、母线（总线）一般符号	导线特性标注在符号上方；导线材料特性标注在符号下方
	三根导线	斜线成 60°
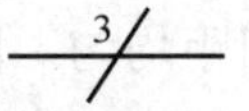 3	三根导线	
-110V 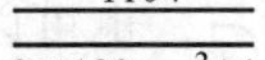 2×120mm²A1	直流回路	
3N×50Hz 380V  3×120+1×50	三相交流电路	
	柔软导线	
	屏蔽导线	
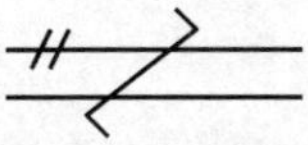	绞和导线（两股绞和）	斜线成 45°
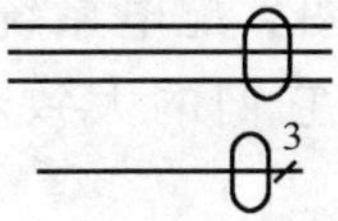 3	电缆中的导线（三股）	
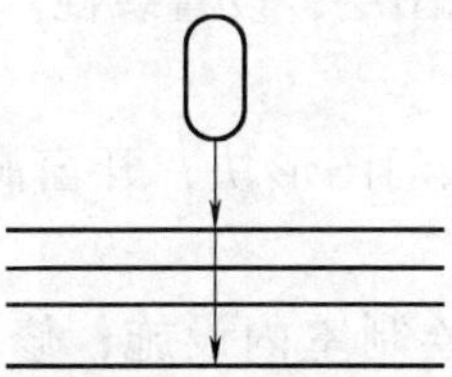	五条导线中箭头所指的两根导线在同一条电缆中	符号左边为同轴线

续表

图形符号	说明	注释
	同轴对、同轴电缆	符号左边为同轴线
	同轴对连接到端子	
	屏蔽同轴电缆、屏蔽同轴对	
	未连接的导线和电缆	
	未连接的特殊绝缘体的导线或电缆	

7.2.3 文字符号

电气图中的字体包括汉字、字母和数字，它们是图的重要组成部分。图样中的字体必须符合标准，做到字体端正、笔画清楚、排列整齐、间距均匀。国标规定汉字采用长仿宋体，字母可以用直体，也可以用斜体，同一张纸内应只用其中的一种；斜体字的字头向右倾斜，与水平线约成75°；可以用大写，也可以用小写。数字可以用直体，也可以用斜体。字体的号数及字体的高度（单位为mm），按$\sqrt{2}$公比分为20、14、10、7、5、3.5、2.5共7种。字体的宽度约等于字体高度的三分之二，而数字和字母的笔画宽度约为字体的十分之一。因汉字的笔画较多，不宜采用2.5号字。

为适应微缩复制的要求，各种基本幅面图纸的最小字号是有规定的，A0幅面为5号，A1幅面为3.5号，A2级以下幅面为2.5号。

7.3 建筑电气CAD制图

建筑电气工程图包括建筑照明平面图、建筑弱电平面图、配电系统图、计量控制图、电话系统图、公用电视天线系统图等。绘制它们的大致步骤如下：

（1）绘图准备。建立新文件；设置图形工作界限；设置图层；设置线性。

（2）绘制轴线。绘制轴线；绘制轴线编号。

（3）绘制墙体和门窗。绘制墙线；开门洞，绘制或插入门图形块；开窗洞，绘制或插入窗图形块。

（4）绘制阳台、楼梯及室内设施。绘制阳台、楼梯；绘制室内设施；修改轴线。

(5) 绘制照明图形。设置图层；绘制照明灯具；绘制照明配电设施；绘制特殊灯具；绘制插座；绘制开关；连接各个图块。

(6) 标注。设定标注参数；标注尺寸；标注文字。

(7) 图形整理。

(8) 绘制图签。

7.3.1 图层设置

AutoCAD 中的各图层具有相同的坐标系、绘图界限和实时的缩放倍数。我们可以对位于不同图层上的对象同时进行编辑操作。每个图层都有一定的属性和状态，包括：图层名、开关状态、冻结状态、锁定状态、颜色、线性、线宽、打印样式和是否打印等。

选择“格式”→“图层”命令，或在命令行中执行 LAYER 命令，或单击“图层”面板中的“图层特性管理器”按钮，都会弹出如图 7-10 所示的“图层特性管理器”对话框，我们可以在此对话框中进行图层的基本操作，包括：新建图层、图层的打开与关闭、图层的冻结与解冻、图层的锁定与解锁、打印的打开与关闭、图层颜色设置、图层的线性设置，也可进行图层的管理和过滤。由于图层设置过多，而这些操作在图层管理器中可一一浏览，因此读者可自行操作。

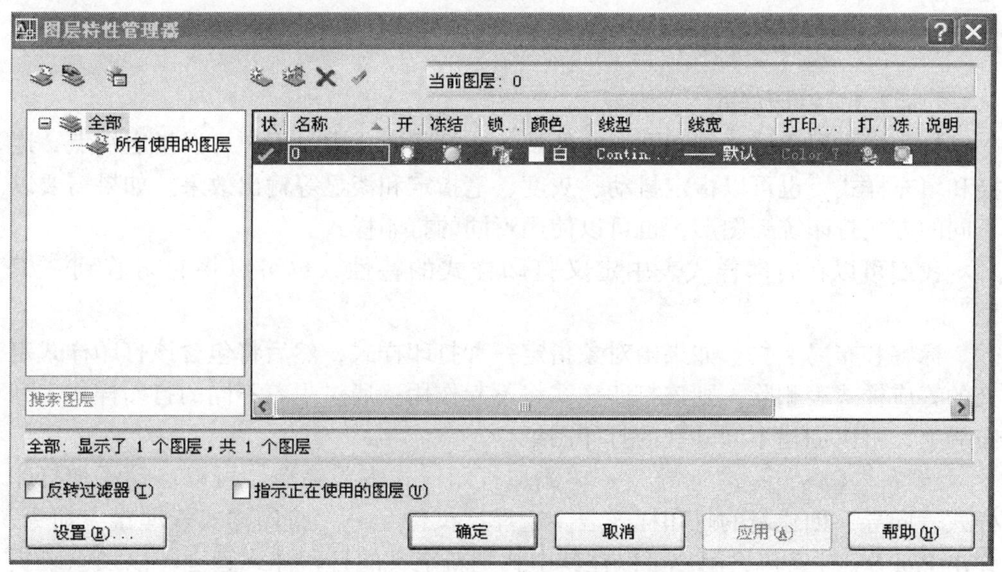

图 7-10 “图层特性管理器”对话框

在绘制图形符号前，首先应建立适合建筑电气图用的图层：“元件符号”层及“导线”层，见图 7-11。

图 7－11　设置图层

7.3.2　CAD 图的打印和输出

7.3.2.1　打印样式

打印样式用于修改打印图形的外观。在打印样式中，用户可以指定端点、连接和填充样式，也可以指定抖动、灰度、笔指定和淡显等输出效果。如果需要以不同的方式打印统一图形，也可以使用不同的打印样式。

我们可以在打印样式表中定义打印样式的特性，也可以将它附着到“模型”。

标签和布局上去。如果给对象指定一种打印样式，然后将包含该打印样式定义的答应样式表删除，则该打印样式将不起作用。通过附着不同的打印样式表到布局上，可以创建不同外观的打印图纸。

选择“工具”→“向导”→“添加打印样式表”命令，可以启动添加打印样式表向导，创建新的打印样式表。选择“文件”→“打印样式管理器”命令，弹出 Plot Styles 窗口，用户可以在其中找到新定义的打印样式管理器以及系统提供的打印样式管理器。

7.3.2.2　打印输出图形

选择“文件”→“打印”命令，弹出如图 7－12 所示的“打印”对话框，在该对话框中可以对打印的一些参数进行设置。

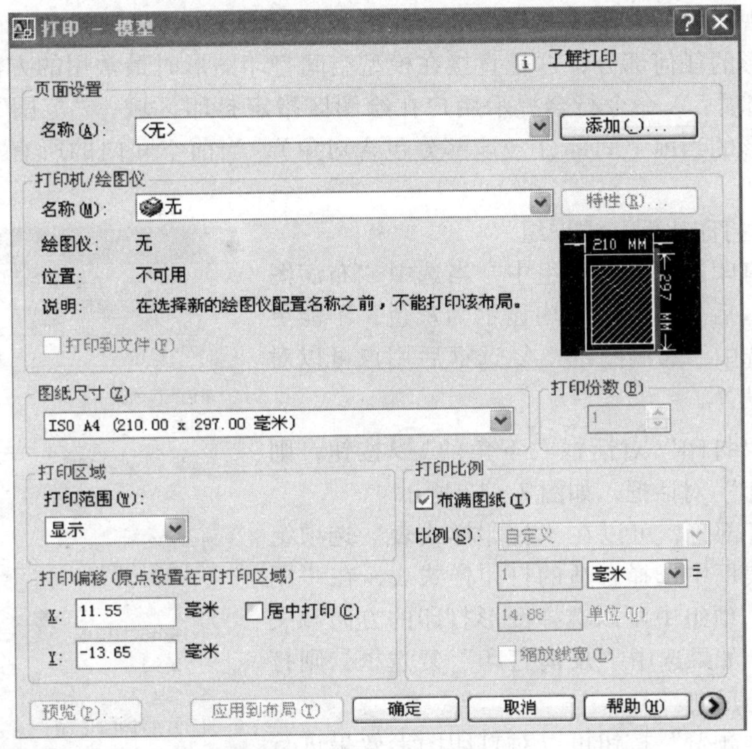

图 7－12 “打印”对话框

(1)“页面设置”选项组

在“页面设置”选项组中的“名称”下拉列表中可以选择所要应用的页面设置名称，也可以单击“添加”按钮添加其他的页面设置，如果没有进行页面的设置，可以选择“无”选项。

(2)“打印机/绘图仪”选项组

在“打印机/绘图仪”选项组中的“名称”下拉列表框中可以选择要使用的绘图仪。选中“打印到文件”复选框，则图形输出到文件后再打印，而不是直接从绘图仪或者打印机打印。

(3)“图纸尺寸”选项组

在“图纸尺寸”选项组的下拉列表框中可以选择适合的图纸幅面，并且在右上角可以预览图纸幅面的大小。

(4)“打印区域”选项组

在“打印区域”选项组中，用户可以通过 4 种方法来确定打印的范围。“图形界限”选项表示打印布局时，将打印指定图纸尺寸的页边距内的所有内容，其原点从布局中的（0，0）点计算得出。从“模型”选项卡打印时，将打印图纸界限定义的整个图形区域；“显示”选项表示打印选定的“模型”选项卡当前视口中的视图或布局中的当前图纸空间视图；“窗口”选项表示打印指定的图形的任何部分，这是直接在模型空间打印图形时最常用的方法。选择“窗口”选项后，命令行会提示用户在绘图区指定打印区域；“范围”选项用于打印图形的当前空间部分（该部分包含对象），当前空间内的所有几何图形都将被打印。

（5）“打印比例”选项组

在“打印比例”选项组中，当选中“布满图纸”复选框后，其他选项均显示为灰色，不能更改。取消选中“布满图纸”复选框后用户可以对比例进行设置。

单击“打印”对话框右下角的按钮，则展示“打印”对话框，如图7－13所示。

在展开部分，可以在“打印样式表”选项组的下拉列表框中选择合适的打印样式表，在“图形方向”选项组中可以选择图形打印的方向和文字的位置，如果选中“反向打印”复选框，则打印内容将是反向。

单击“预览”按钮可以对打印图形效果进行预览，若对某些设置不满意可以返回修改。在预览中，按Enter键可以推出预览并返回到“打印”对话框，单击“确定”按钮即可进行打印。

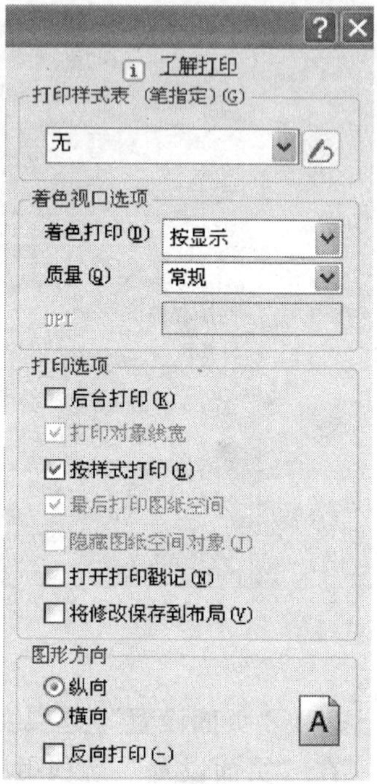

图7－13 “打印”对话框展开部分

7.3.3 汉字乱码的解决

在运行Auto CAD，有时打开CAD图时，里面的汉字会出现乱码现象。以下介绍两种常见的汉字出现乱码现象的解决方法。

（1）有时打开CAD图时，在别人的电脑里显示正常，但在自己的电脑里打开后，汉字就呈乱码。这是由于字体问题而造成的，Windows里边缺少该种字体，应从别人显示正常的电脑里把ACAD \ FONTS文件夹中字体拷贝到你的ACAD \ FONTS文件夹中，或是下载一些比较全的字体库拷到自己的电脑里就可以了。

（2）当我们用R14打开R12的文件，或是西文Windows 95或NT环境下的AutoCAD R14绘制的图纸，即使正确地选择了汉字字形文件，把正确的汉字字体文件放在了字体寻找路径下，汉字还是不能正确显示。原因是R14与R12采用的代码页不同。遇到这种情况，可到AutoDesk公司的中文主页去下载代码页转换工具“wnewcp. zip”，在Windows环境下运行“wnewcp . exe”。首先选中

“R11/R12”复选框，再单击“Browse”按钮，选择要转换的文件或目录，然后选择新的代码页，ANSI936 或 GB2312 均可，单击“Start Conversion”即开始转换。转换后，在 R14 中就能正确地显示汉字。

7.4 习题练习

1. 什么叫建筑电气工程图？它的作用是什么？
2. 建筑电气工程图主要有哪几类？
3. 绘制电气工程图的基本步骤是什么？

第8章　变电工程图实例精解

建筑供配电系统就是解决建筑物所需要的电能的供应和分配的系统，是电力系统的组成部分，随着现代化建筑的出现，建筑的供电不再是普通的一台变压器供几栋楼，而是一栋建筑物往往需要很多台大容量变压器，另外，在一栋建筑物或者同一小区中有多个级别的负荷同时存在，这大大地增加了配电系统的复杂性。但是供电系统的基本组成却不变。通常大型建筑或者小区的供电电压采用10kV，电能先经过高压配电所，再由高压配电所将电能送到各个终端变电所。

8.1　变配电所主接线图概述

主接线图也就是主电路图，是表示系统中电能的传送和分配的电路图。而用来控制、指示、测量和保护电路及其中设备运行的电路图，称为二次接线图，或者二次回路图。

建筑及其工厂变电的主接线图方案要满足以下要求：

（1）安全。应符合国家的标准和有关技术规范的要求，能充分保证人身和设备的安全。对高压断路器的电源侧及可能反馈电能的负荷侧，必须安装高压隔离开关；对低压电器也一样。

（2）可靠。应满足各级用电负荷对供电可靠性的要求。对于一级、二级负荷，其主接线方案应考虑两路电源供电，且来自不同的回路互为备用。

（3）灵活。应能适应各种用电系统的运行方式，便于操作维护，并能适应负荷的发展，应有扩充的可能性。

（4）经济。在满足上述要求的前提下，尽量使主接线简单，投资少，运行费用最小，并能节省电能和有色金属消耗，应尽可能选用技术先进又经济实用的节能产品。

8.2　电力负荷分级及供电要求

电力网的电压等级比较多，从输电的角度来讲，电压越高则输送的距离就越远，传输的容量越大，但电压越高，要求绝缘水平也相应提高，因而造价也越高。目前，我国根据国民经济发展的需要，技术经济上的合理性及电机电器制造工业的水平等因素，由国家颁布制定了我国电力网的电压等级主要有0.22kV、0.38kV、3kV、6kV、10kV、35kV、110kV、220kV、330kV、550kV等10级。其中电网电压1kV及以上的称为高压，1kV以下的电压称为低压。

在电力系统上的用电设备所消耗的功率称为用电负荷或电力负荷。根据电力负荷对供电可靠性的要求及中断供电在政治、经济上所造成的损失或影响的程度，分为三级。

8.2.1 一级负荷

中断供电将造成人身伤亡者，造成重大政治影响和经济损失，或造成公共场所秩序严重混乱的电力负荷，属于一级负荷。如国家级的大会堂、国际候机厅、医院手术室、省级以上体育场（馆）等建筑的电力负荷。对于某些特等建筑，如重要的交通枢纽、重要的通信枢纽、国宾馆、国家级及承担重大国事活动的会堂、国家级大型体育中心，以及经常用于重要国际活动的大量人员集中的公共场所等的一级负荷，为特别重要负荷。一级负荷应由两个电源供电，一用一备，当一个电源发生故障时，另一个电源应不至于同时受到损坏。一级负荷中的特别重要负荷，除上述两个电源外，还必须增设应急电源。为保证对特别重要负荷的供电，禁止将其他负荷接入应急供电系统。

常用的应急电源可有以下几种：独立于正常电源的发电机组、供电网络中有效地独立于正常电源的专门馈电线路、蓄电池。

8.2.2 二级负荷

当中断供电将造成较大政治影响、较大经济损失或将造成公共场所秩序混乱的电力负荷，属于二级负荷。如省部级的办公楼、甲等电影院、市级体育场馆、高层普通住宅、高层宿舍等建筑的照明负荷。对于二级负荷，要求采用两个电源供电，一用一备，两个电源应做到当发生电力变压器故障或线路常见故障时不至于中断供电（或中断供电后能迅速恢复）。负荷较小或地区供电条件困难时，二级负荷可由一路6kV及以上的专用架空线供电。

8.2.3 三级负荷

不属于一级和二级负荷的一般电力负荷，均属于三级负荷。三级负荷对供电电源无要求，一般为一路电源供电即可，但在可能的情况下，也应提高其供电的可靠性。

8.3 变配电所主接线图绘制

变配电所的主接线图的绘制有两种方法："系统式"和"装置式"。按电能的输送的顺序来安排各设备的相互连接关系，用这种方式绘制的主接线图，称为"系统式"主接线图。这种简图多在运行中使用。变配电所的值班室的模拟电路图上一般为这种系统式主接线图。这种主接线图全面、系统，但不反映其中的成套设备装置之间的相互排列位置，如图8-1所示。

WL1
LJ-95
ZLQ20-10000-3×120
WL2
LJ-95
ZLQ20-10000-3×120
No.101
GG-1A-J
GN810/400
RN210/0.5
LQJ-10 300/5
JDZ-10 10000/100
GN6-10/400
No.112
GG-1A-J
GN810/400
RN210/0.5
LQJ-10 300/5
JDZ-10 10000/100
GN6-10/400
No.102
GG-1A(F)-11
LQJ-10 3000/5
SN10-10/630
GN8-10/400
No.111
GG-1A(F)-11
LQJ-10 3000/5
SN10-10/630
GN8-10/400
LMY-3 (50×5)
WB1
GN6-10/100
WB2
10kV
No.103
GG-1A(F)-54
GN8 10/400
RN2-10/0.5
PS4-10
JDZJ-10 1000/100
No.104
GG-1A(F)-03
GN8 10/200
SN10-10/630
LQJ-10 1005
No.105
(同No.104)
No.106
(同No.104)
No.107
(同No.104)
No.110
GG-1A(F)-54
(同No.103)
ZLQ20-10000-3×25
ZLQ20-10000-3×25
ZLQ20-10000-3×25
ZLQ20-10000-3×25
至高压电容器室
至1号车间变电所
至2号车间变电所
至高压电动机组
图 8－1 “系统式”主接线图

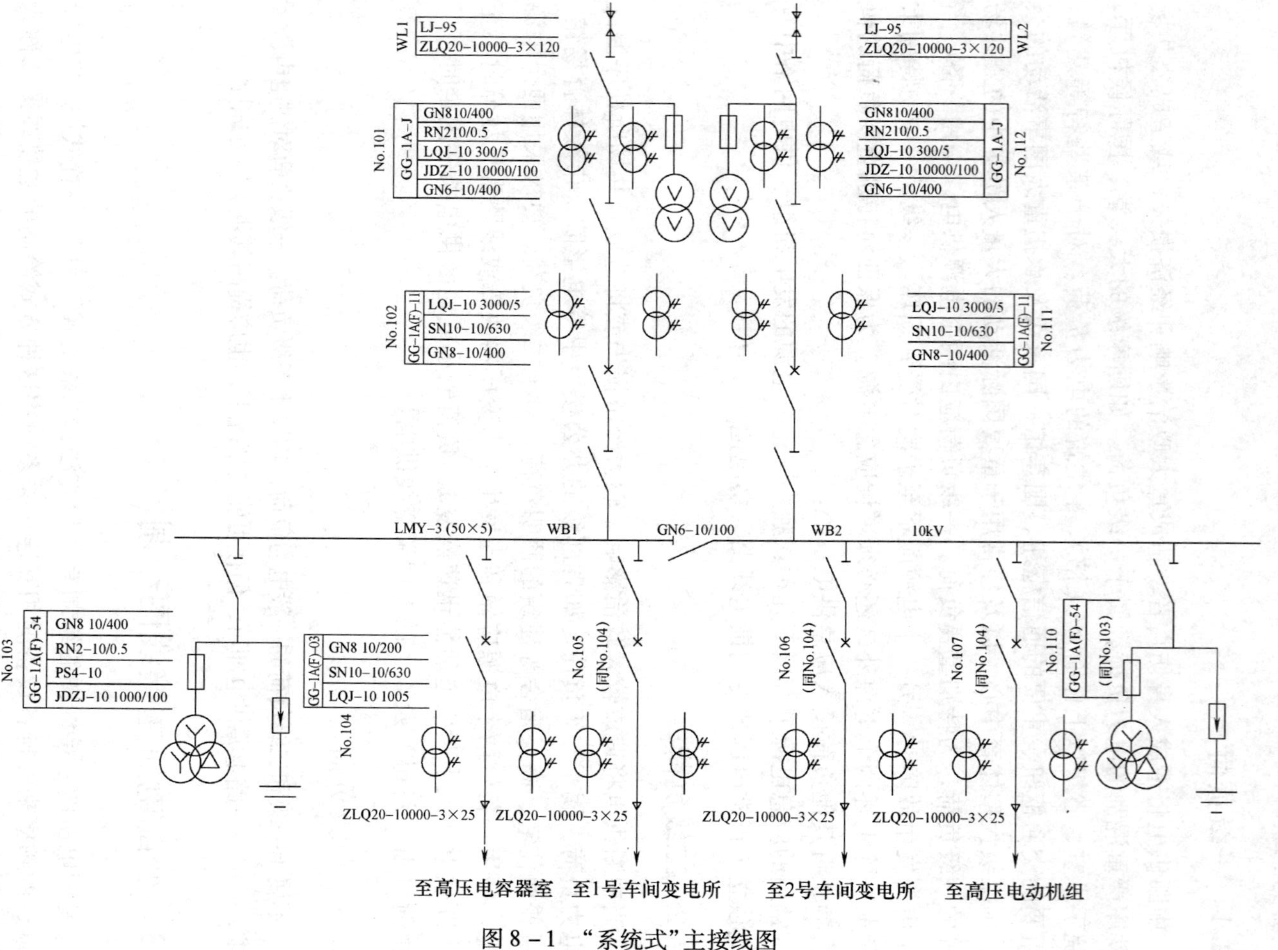

在供电所工程设计中往往采用另一种方式的主接线图，它是按高压或者低压成套装置之间的相互连接和排列位置绘制而成的主接线图，称为“装置式”主接线图。

本部分将结合专业电气绘图软件天正电气 CAD 来绘制主接线图，用户可以根据需要来确定系统的方案。下面按照“装置式”，讲解高压配电所主接线图的绘制。

8.3.1 绘制母线

在屏幕菜单中选择“导线”→“系统导线”（图 8－2）或输入命令“xtdx”后，弹出“导线设置”对话框（图 8－3）。选择“母线”，然后在命令提示下，用鼠标在图中点取母线的起点和终点，完成母线的绘制。

图 8－2 “导线”菜单

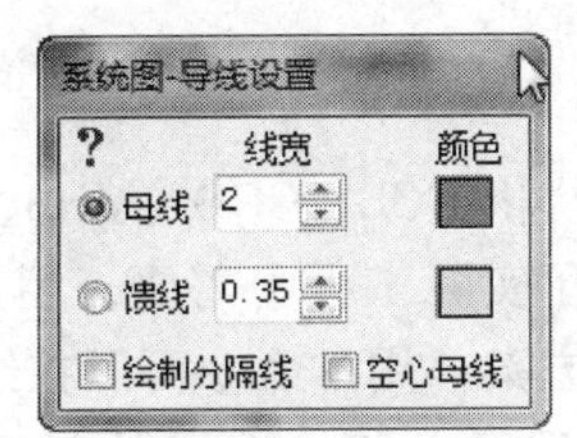

图 8－3 “导线设置”对话框

8.3.2 插入开关回路

在屏幕菜单中选择“强电系统”→“插开关柜”（图 8－4）或输入命令“ckgg”后，弹出“回路库”对话框（图8－5）。在此对话框中选择要用的开关

图 8－4 “强电系统”菜单

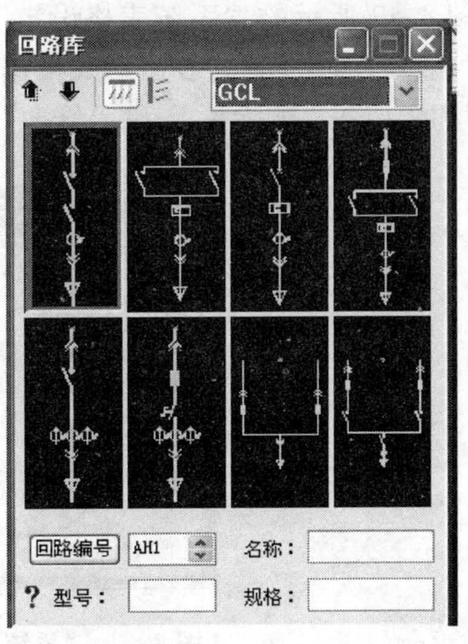

图 8－5 “回路库”对话框

柜型号，然后点击鼠标，将选中的开关回路插入图中母线位置。对话框的左上角四个图标按钮分别控制翻页和插入方向，方便用户的插入操作。图 8－6 为沿母线插入多个开关回路后的示例。

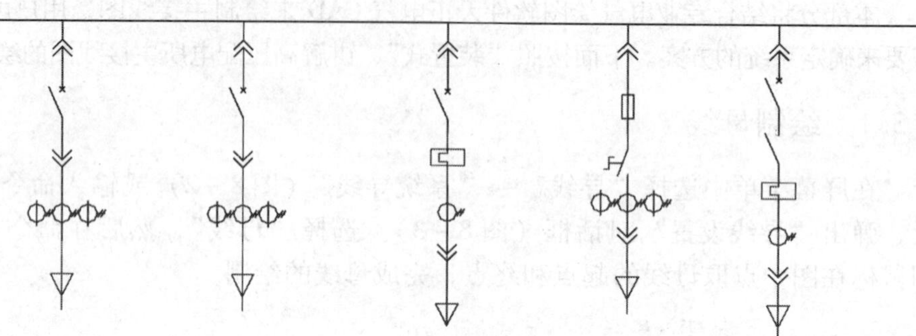

图 8－6 沿母线插入开关柜

天正电气提供 GCL、GGD、MNS、JYN 系列数百种回路方案供用户选择，如果仍然满足不了实际工程中需要，用户可利用“强电系统”→“造开关柜”命令自定义回路方案。用本命令可以在绘制系统图或电路图的过程中直接用选取其中的一部分来造开关柜。造成的新开关柜作为块存入库。之后，用户可以用“插开关柜”命令调用用户刚才自造的开关柜。在使用本命令的过程中，被选定的作为造开关的图形在原来的图中不受影响。

8.3.3 生成系统表格

在屏幕菜单中选择“强电系统”→“套用表格”或输入命令“tybg”后，弹出如图 8－7 所示的“系统表格设定”对话框。从下拉列表中选择表头，另外可以在列表中对已经有的表格形式根据自己的要求进行必要修改，修改可通过下面的“增加＋”、“删除－”和“修改”按钮进行。

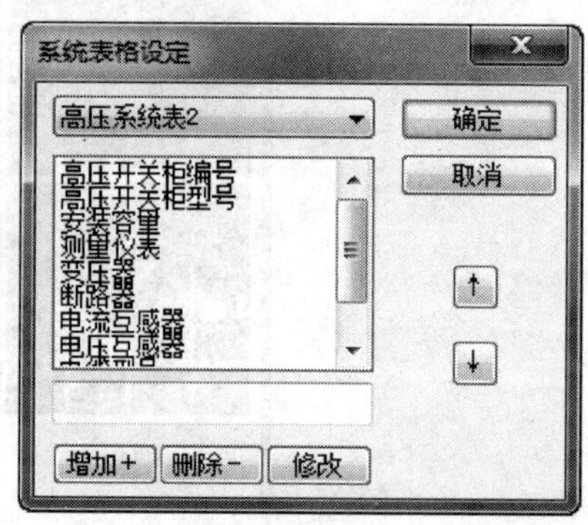

图 8－7 “系统表格设定”对话框

选择好表头后，在系统图中选取要添加表格的母线。之后自动生成系统表格，开关柜的信息也自动填入表中，如图 8－8 所示。

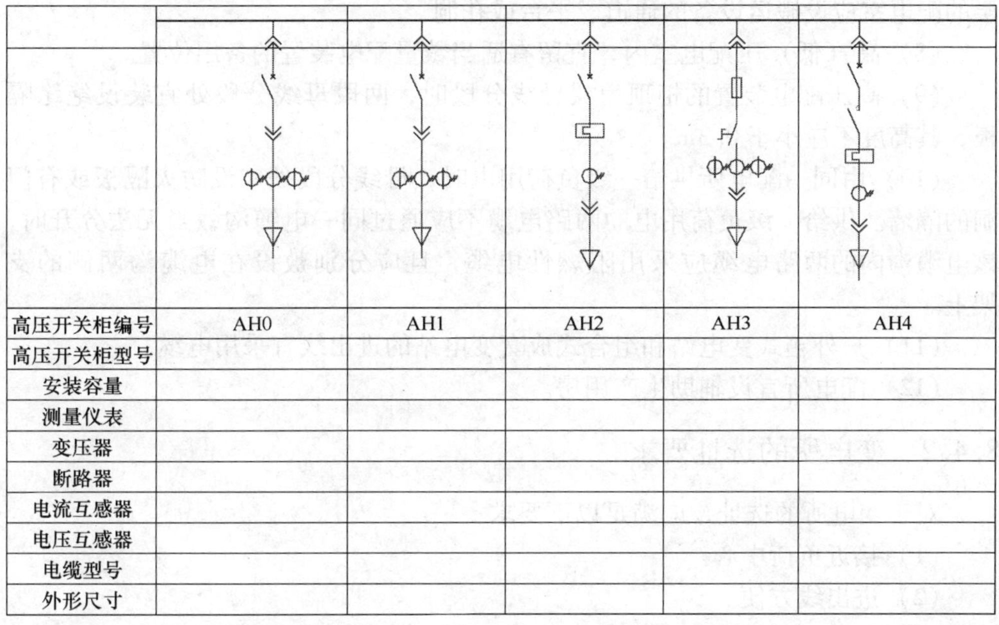

高压开关柜编号	AH0	AH1	AH2	AH3	AH4
高压开关柜型号					
安装容量					
测量仪表					
变压器					
断路器					
电流互感器					
电压互感器					
电缆型号					
外形尺寸					

图 8－8　自动生成的系统表格

8.4　变配电所设备布置图

8.4.1　变电所的型式与布置的基本要求

变电所的型式应根据用电负荷的状况和周围环境情况确定，并应符合下列规定：

（1）负荷较大的车间和站房，宜设附设变电所或半露天变电所。

（2）负荷较大的多跨厂房，负荷中心在厂房的中部且环境许可时，宜设车间内变电所或组台式成套变电站。

（3）高层或大型民用建筑内，宜设室内变电所或组合式成套变电站。

（4）负荷小而分散的工业企业和大中城市的居民区，宜设独立变电所，有条件时也可设附设变电所或户外箱式变电站。

（5）环境允许的中小城镇居民区和工厂的生活区，当变压器容量在 315kVA 及以下时，宜设杆上式或高台式变电所。

（6）有人值班的配电所，应设单独的值班室。当低压配电室兼作值班室时，低压配电室面积应适当增大。高压配电室与值班室应直通或经过通道相通，值班室应有直接通向户外或通向走道的门。

（7）变电所宜单层布置。当采用双层布置时，变压器应设在底层。设于二层的配电室应设搬运设备的通道、平台或孔洞。

（8）高（低）压配电室内，宜留有适当数量配电装置的备用位置。

（9）高压配电装置的柜顶为裸母线分段时，两段母线分段处宜装设绝缘隔板，其高度不应小于0.3m。

（10）由同一配电所供给一级负荷用电时，母线分段处应设防火隔板或有门洞的隔墙。供给一级负荷用电的两路电缆不应通过同一电缆沟，当无法分开时，该电缆沟内的两路电缆应采用阻燃性电缆，且应分别敷设在电缆沟两侧的支架上。

（11）户外箱式变电站和组合式成套变电站的进出线宜采用电缆。

（12）配电所宜设辅助生产用房。

8.4.2 变电所的选址要求

对于变电所的选址，应满足以下要求：

（1）接近负荷中心。

（2）进出线方便。

（3）接近电源侧。

（4）设备运输方便。

（5）不应设在有剧烈振动或高温的场所。

（6）不宜设在多尘或有腐蚀性气体的场所，当无法远离时，不应设在污染源盛行风向的下风侧。

（7）不应设在厕所、浴室或其他经常积水场所的正下方，且不宜与上述场所相贴邻。

（8）不应设在有爆炸危险环境的正上方或正下方，且不宜设在有火灾危险环境的正上方或正下方，当与有爆炸或火灾危险环境的建筑物毗邻时，应符合现行国家标准《爆炸和火灾危险环境电力装置设计规范》的规定。

（9）不应设在地势低洼和可能积水的场所。

8.4.3 变配电所设备的绘制

天正电气CAD提供了绘制变配电所相关设备的各项命令，有些命令通过天正电气屏幕菜单中选择“变配电室”下拉菜单得到，见图8-9；还有一些通过输入命令得到。以下介绍在布置配电设备和装置时的绘制命令。

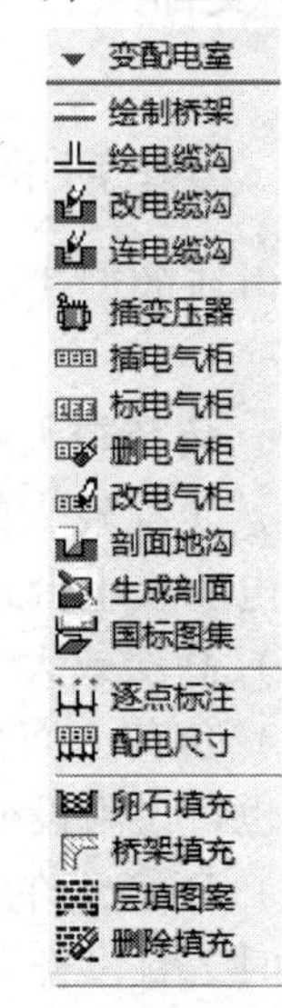

图8-9 “变配电室”下拉菜单

8.4.3.1 绘制桥架

在屏幕菜单中选择“变配电室”→“绘制桥架”，系统弹出“绘制桥架”对话框，见图8－10。此对话框中上面两行的文本框，为绘制桥架时的水平、垂直偏移量。点击“设置”按钮，弹出“桥架样式设置”对话框，见图8－11。此对话框列出了四种桥架拐角样式供用户选择，还有一些显示设置方面的选择，如分段线、粗边线、中心线的显示参数的选择等。用户根据需要，选择或输入具体值。点击“确定”按钮，返回“绘制桥架”主对话框。对话框中的“+”和“－”按钮为添加和删除桥架，添加桥架后将在对话框下部的列表栏中增加一行，反之，删除桥架则从列表栏中删除一行。列表栏的每一项是可编辑的，鼠标双击后，用户可以修改桥架的类型、尺寸等。当列表栏有多行桥架行时，将同时绘制多条桥架。点击“绘制桥架”主对话框中的“?”按钮，将弹出“桥架计算”对话框，见图8－12。通过此对话框，用户可以得到经计算后的建议桥架规格。

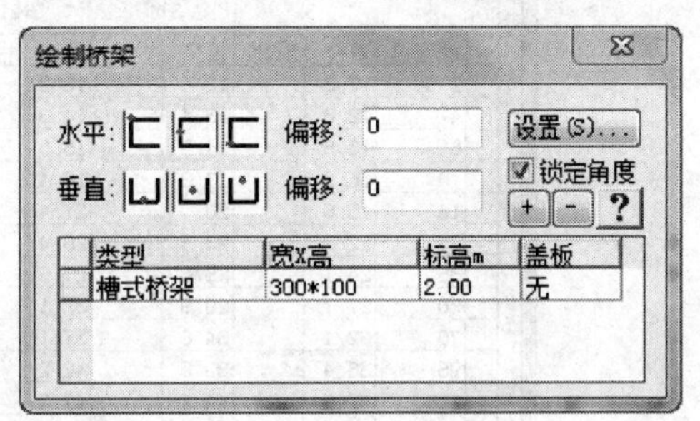

图8－10 “绘制桥架”对话框

图8－11 “桥架样式设置”对话框

在“绘制桥架”对话框中的参数输入完毕后，命令行提示用户输入桥架的平面位置，如下：

电缆截面积	电力电缆直径											
	3		3+1		3+2		4		4+1		5	
截面积	直径	根数	直径	根数	直径	根数	直径	根数	直径	根数	直径	根数
2.5	12.2		12.6		13.2		12.8		13.4		13.5	
4	12.8		13.4		14.3		13.7		14.5		14.8	
6	13.6		14.6		15.6		14.9		15.9		16.1	
10	16.2		17.3		18.4		18		18.9		19.6	
16	18.6		20		21.4		20.6		21.9		22.4	
25	22.2		23.8		25.4		24.8		26.2		27.2	
35	24.1		25.8		27.5		27.6		28.8		30.5	
50	27.7		29.9		32.1		31.6		33.4		35	
70	32.1		34.6		37.1		36.8		38.8		40.8	
95	36.4		39.3		42.2		41.8		44.1		46.4	
120	40.5		44.2		47.7		46.5		49.5		51.7	
150	44.6		48		51.4		51.6		54.1		57.4	
185	50		53.8		57.7		57.6		60.5		64.1	
240	56.1		60.5		64.9		64.9		68.2		72.3	
300	60		66.9		74		71.8		75.1		80	

图 8－12 “桥架计算” 对话框

命令：telcableadd

请选取第一点：

请选取下一点［回退（u）］：

…

用户根据命令提示，用鼠标点取桥架的转点，直到所有转点输入完毕。最后，输入回车结束桥架绘制命令。

桥架绘制完毕后，还可以对其进行填充。在屏幕菜单中选择“变配电室”→“桥架填充”，命令行提示如下：

命令：tel_fill

请选择要填充的桥架：<退出>指定对角点：

是否为该对象？［是（Y）/否（N）］ <Y>：Y

请选择填充样式［斜线 ANSI31（1）/斜网格 ANSI37（2）/正网格 NET（3）/交叉网格 NET3（4）/灰度 SOLID（5）］<斜线 ANSI31>：

根据上面命令提示，选择要填充的桥架以及填充的样式，系统将自动生成填充的桥架。

8.4.3.2 绘制电缆沟

在屏幕菜单中选择“变配电室”→“绘制电缆沟”，系统弹出“绘制电缆沟”对话框，见图 8－13。

对话框中第一行提示用户选择电缆沟的转角方式。之下的四个文本框让用户输入电缆沟的尺寸。再下面为与支架有关的参数，用户根据设计要求输入相应数据。参数输入完毕后，命令行提示用户输入电缆沟的平面位置，如下：

命令：TEL_GOUGE

请选择电缆沟起点：

请选择下一点［回退（u）］：

请选择下一点［回退（u）］：

…

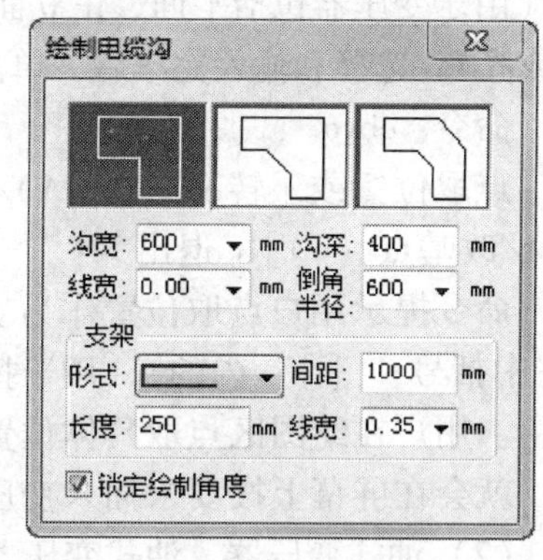

图 8－13 “绘制电缆沟”对话框

用户根据设计定位，用鼠标依命令行提示点取电缆沟的转点位置，直至所有转点输入完毕。输入回车结束电缆沟绘制命令。

8.4.3.3 插变压器

本命令功能为在变配电室设计图中插入干式或油式变压器设备。在屏幕菜单中选择“变配电室”→“插变压器”，系统弹出“变压器选型插入”对话框。在对话框右边上部是一个选择干式或油式变压器的下拉列表框，不同选择会出现不同的界面，见图 8－14（a）和图 8－14（b）。

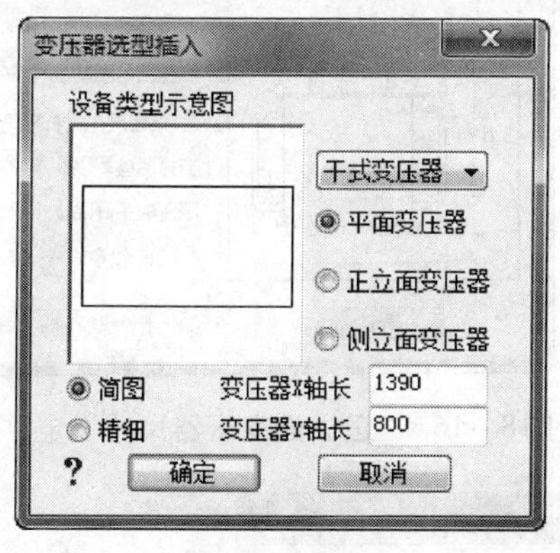

(a) 干式变压器

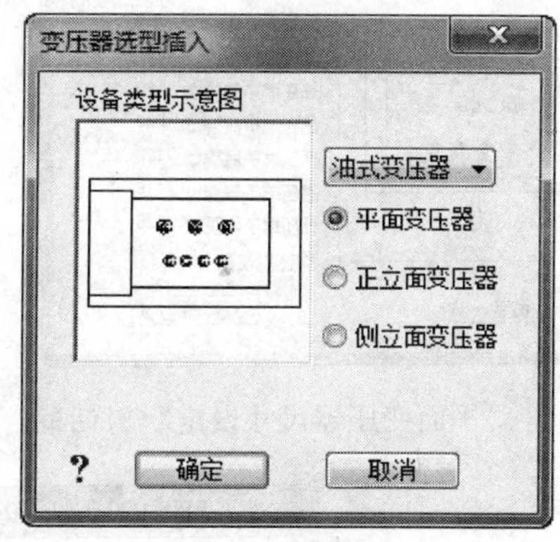

(b) 油式变压器

图 8－14 “变压器选型插入”对话框

现在分别介绍对话框在这两种界面下的使用方法。

（1）干式变压器。在下拉列表框的下部有一组选择变压器布置方向的互锁按钮，单击某一个按钮，选择合适的放置方向，左边的“设备类型示意图”图框中便出现对应设备的示意图；在干式变压器中还提供了“简图”和“精细”两种插入图块的互锁按钮，位于“设备类型示意图”下方，用户可以根据要求选择；在对话框的右下角是干式变压器尺寸设定的文本框，包括 X 轴长和 Y 轴长两个文本框（由于变压器包括平面、正立面和侧立面，所以用 *X* 轴和 *Y* 轴代表变压器的长、宽或高）。选择和输入完毕后，单击“确定”按钮，这时命令行提示：

命令：cbyq

点取位置或［转 90 度（A）/左右翻（S）/上下翻（D）/对齐（F）/改转角（R）/改基点（T）］<退出>：

命令提示用户点取位置作为变压器的插入点，另外，上述命令还有其他选项（在中括号“［］”内的），用于控制变压器的插入旋转角度，用户可以根据需要选用。用户在绘图区点取具体位置并通过输入或鼠标拖拽确定变压器的旋转角度后，就会在屏幕上按要求插入变压器。插入变压器命令结束。

（2）油式变压器。油式变压器的选型对话框中，只在下拉列表框的下部有一组选择放置变压器方向的互锁按钮，单击某一个按钮，选择合适的放置平面，左边的“设备类型示意图”中便出现对应设备的示意图。如果选择的是“平面变压器”，会弹出如图 8－15 所示的“平面变压器尺寸设定”对话框；如选择“正立面变压器”，则弹出如图 8－16 所示的“正立面变压器尺寸设定”对话框；如选择“侧立面变压器”，则弹出如图 8－17 所示的“侧立面变压器尺寸设定”对话框。这三个对话框从平、立、侧三个方向，为用户提供变压器细部尺寸的参数输入。

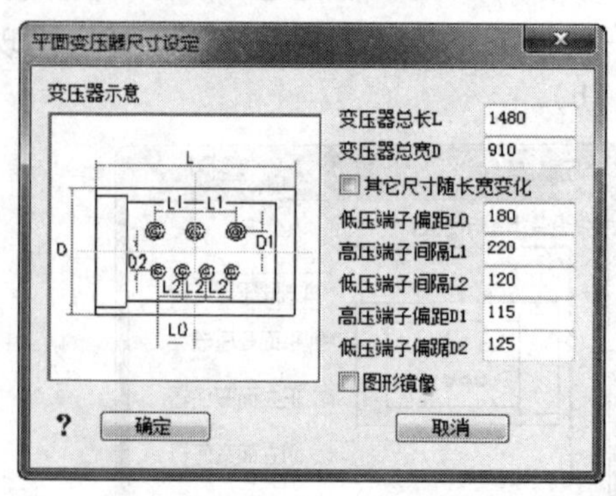

图8－15 “平面变压器尺寸设定”对话框

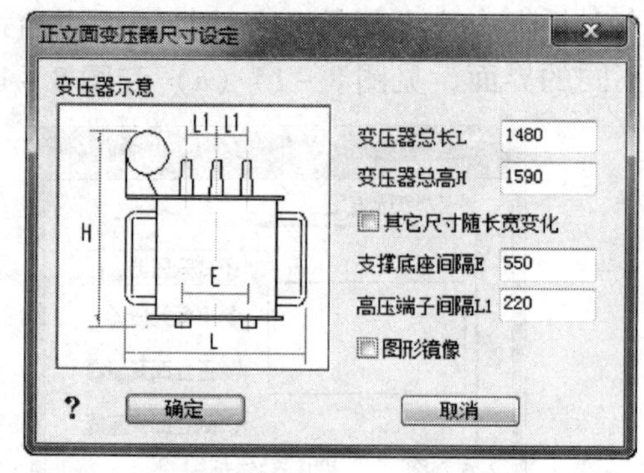

图8－16 “正立面变压器尺寸设定”对话框

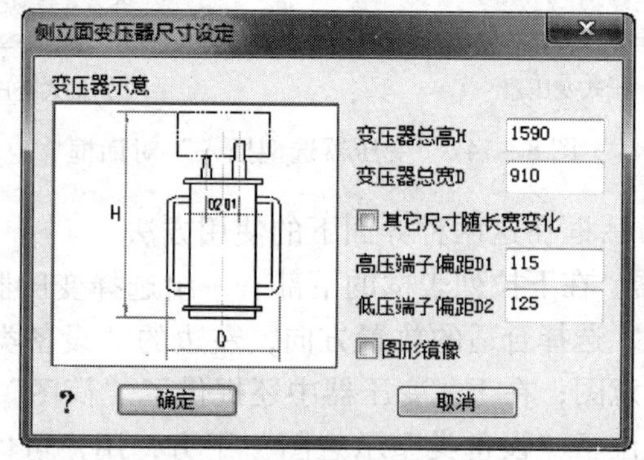

图 8－17 “侧立面变压器尺寸设定”对话框

“平面变压器尺寸设定”对话框左边是“变压器示意图”，图中不仅展现变压器的平面形状，而且指出右边各项尺寸的意义。在对话框右边的各编辑框中，可以输入要插入变压器的各项尺寸。其中，“变压器总长L”和“变压器总宽D”的尺寸是必须输入的。而其余的五个细部尺寸是否需要，取决于“其它尺寸随长、宽变化”复选框是否选择，如果被勾选（方框中有“√”），则这五个尺寸不必输入。在插入变压器时，这五个尺寸由系统按变压器的长、宽数据，自动设定。而如果这个选择框未被选择，那么这五个尺寸必须输入。“图形镜像”复选框如果被勾选，变压器按镜像方式插入。

正立面和侧立面的“变压器尺寸设定”对话框与平面的类似，只是由于端子个数和位置发生改变所以端子的间隔和偏距不同。

选择和输入完毕后，单击“确定”按钮，这时命令行提示：

命令：cbyq

目标位置：

通过鼠标点取目标位置后，在屏幕上按要求插入油式变压器。插入变压器命令结束。

8.4.3.4 插电气柜

本命令功能为在变配电室设计图中按要求个数和形状插入电气柜设备。在屏幕菜单中选择“变配电室”→“插电气柜”，系统弹出“绘制电气柜平面”对话框，见图8-18。对话框中，提示用户输入电气柜的数量、每个电气柜的尺寸以及电气柜的编号的文字格式等。用户根据设计要求，在相应的编辑框中输入参数。

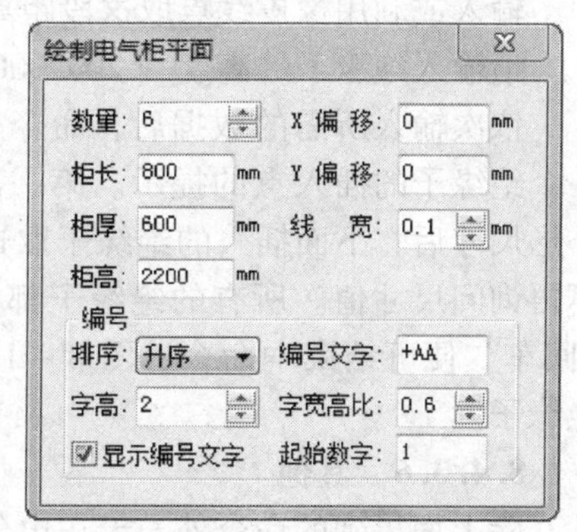

图8-18 “绘制电气柜平面”对话框

参数输入完毕后，根据如下命令行提示：

命令：tel_cabinet

请选择电气柜的插入点［90度翻转（A）/左右翻转（F）/切换插入点（S）］：

用户点取电气柜的插入点，并输入电气柜的旋转角度后，就会在屏幕上按要求插入电气柜。

8.4.3.5 插绝缘子

画平面或立面的绝缘端子，可通过输入命令“cjyz”。

在执行本命令后，命令行反复提示：

请点取平面绝缘子的插入点｛立面绝缘子［E］/绝缘子半径［R］｝<退出>：

命令默认是半径为50的平面绝缘子，如果需要插入该形状的平面绝缘子可以直接在屏幕上点取插入点；如果想改变平面绝缘子的半径应键入“R”。然后命令行提示：

请输入绝缘子的半径 <50.000>：

此时从鼠标所在的坐标点引出一条橡皮线，可通过输入或利用橡皮线点取这段距离（“取消”或单击鼠标右键取默认值50），就会在该点插入平面绝缘子。

要插入立面绝缘子应键入“E”。然后命令行提示：

请点取立面绝缘子的插入点 {平面绝缘子 [P]/绝缘子形状 [S]} <退出>：

此时默认值是半径为50，高等于200的绝缘子，点取插入点后插入立面绝缘子，同时命令行提示：

旋转角度 <0.0>：

可通过拖拽鼠标或输入角度来确定绝缘子的插入角度。

如果想改变立面绝缘子形状应键入“S”，此时命令行提示：

请输入绝缘子的半径 <50.000>：

输入或利用橡皮线点取这段距离后，命令行提示：

请输入绝缘子的高度 <200.000>：

依次输入所需的数据后，命令行又出现输入下一个绝缘子的插入点的提示。第一次输入绝缘子的外形尺寸后，下面插入的绝缘子取这个尺寸，TElec不再询问尺寸值。所有的绝缘子都插好之后，输入“回车”便可结束本命令，图8－19所示为画出的绝缘子。

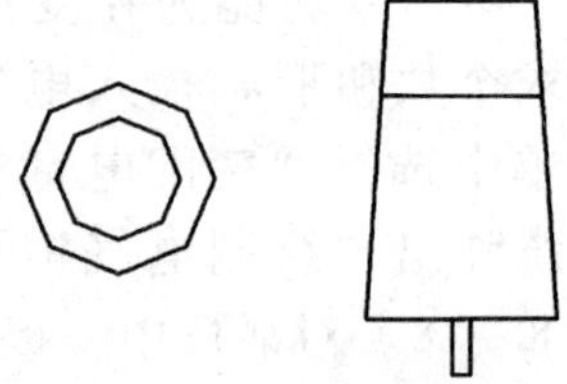

图8－19　绝缘子平立面图

8.4.3.6　其他

除上面提到的命令外，天正电气CAD还提供了电缆沟、电气柜的编辑命令方便用户的修改，以及自动生成剖面图的命令。这些命令将在具体绘制实例中加以讲解。

8.4.4　变配电所设备布置图的绘制举例

变配电所的绘制可使用天正电气CAD来完成，可分三个步骤进行：

①绘制变配电所房屋平面图；

②绘制变配电所室内电气设备；

③标注尺寸。

下面结合一个变电所布置图实例，讲解绘制过程。

（1）首先准备好一张绘制好的变配电所建筑平面图（图8－20）。

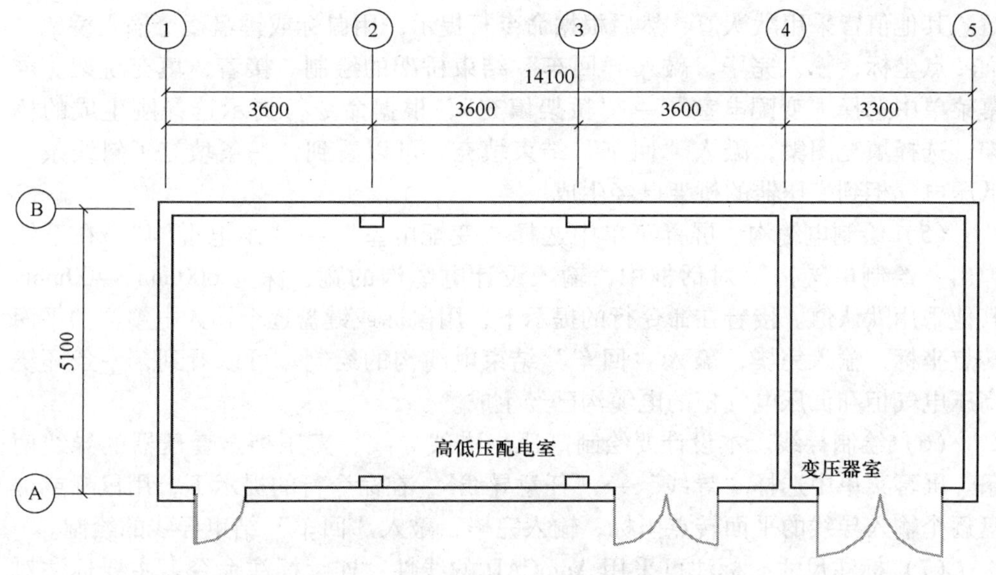

图 8-20　某变配电所建筑平面图

（2）插入电气柜。先绘制高压电气柜，屏幕菜单中选择“变配电室”→“插电气柜”，在弹出对话框中，输入电气柜数量为 3，柜长、厚、高分别为 1200mm、1100mm、2200mm，以及编号文字的格式（“+AH”）。然后，在命令提示下，拖动鼠标将三个高压电气柜插入到 1、2 号轴线之间的具体位置上。由于系统默认电气柜为横向排列，为满足纵向排列的设计要求，使用 AutoCAD 的“Move”命令移动其他两个电气柜使之与第一个对齐呈纵向排列，高压电气柜绘制完毕。接着用同样的命令绘制低压电气柜，在弹出对话框中，输入电气柜数量为 6，柜长、厚、高分别为 800mm、600mm、2200mm，以及编号文字的格式（“+AA”）。由于低压柜设计为横向排列，所以在参数都输入完毕后，直接点击鼠标插入低压电气柜组。可以看到电气柜插入后，系统已经自动生成了文字编号并标在电气柜内。

（3）插入变压器。屏幕菜单中选择“变配电室”→“插变压器”，在系统弹出“变压器选型插入”对话框的下拉框中选“油式变压器”，并在复选框中点选“平面变压器”，然后点“确定”按钮。系统响应并弹出“平面变压器尺寸设定”对话框，在此对话框中输入变压器的具体尺寸。这里，我们输入它的总长、总宽为 1480mm、910mm，并勾选“其它尺寸随长宽变化”，不勾选“图形镜像”，然后点击“确定”。根据命令行提示，点击鼠标插入变压器。

（4）绘制桥架。屏幕菜单中选择“变配电室”→“绘制桥架”，在系统弹出“绘制桥架”对话框中的列表栏有一个默认行，双击其中的“宽×高”、“标高”项，根据具体设计值修改默认值。由于本设计只有一条桥架，不需添加新行。其他值皆采用默认值，然后根据命令行提示，用鼠标或键盘逐个输入桥架平面转点坐标，输入完毕，敲入“回车”结束桥架的绘制。接着，填充桥架。屏幕菜单中选择“变配电室”→“桥架填充”，根据命令行提示选择刚生成的桥架，选择填充图案，敲入“回车”结束填充。可以看到，一条填充了斜线条从低压电气柜到变压器的桥架已经生成。

（5）绘制电缆沟。屏幕菜单中选择“变配电室”→“绘电缆沟”，在系统弹出“绘制电缆沟”对话框中，输入设计电缆沟的宽、深为600mm、400mm。其他采用默认值。接着在命令行的提示下，用鼠标或键盘逐个输入电缆沟的平面转点坐标，输入完毕，敲入“回车”结束电缆沟的绘制。可以看到，一条环绕高压电气柜和低压电气柜的电缆沟已经生成。

（6）绘制导线。本设计要绘制高压柜进线导线、高压柜至变压器的导线两条。屏幕菜单中选择“导线”→“任意导线”，在命令行的提示下，用鼠标或键盘逐个输入导线的平面转点坐标，输入完毕，敲入“回车”结束导线的绘制。

（7）标注尺寸。标注可采用 AutoCAD 的线性、连续标注命令。主要标注对象为变压器、高低压电气柜等。由于这些设备已经按实际尺寸生成，所以标注直接采用提示尺寸，不必用户输入尺寸。尺寸标注完毕后，变配电设备平面布置图也基本完成了。图 8－21 为完成的变配电设备平面布置图。

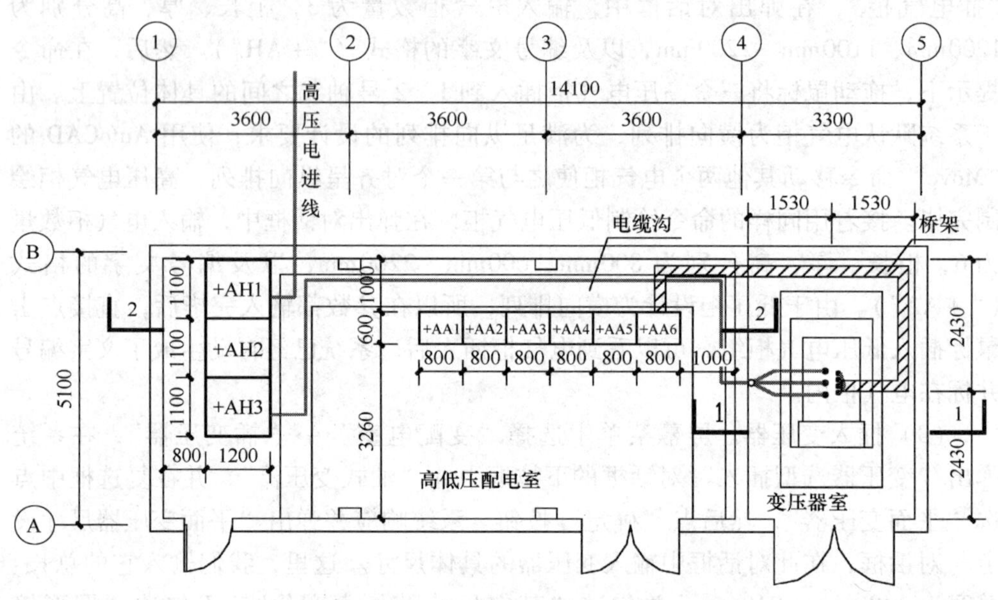

图 8－21　某变电所的变配电设备平面布置图

（8）自动生成剖面图。天正提供了自动生成剖面图的功能。屏幕菜单中选择“变配电室”→“生成剖面”，命令行出现如下提示：

命令：tel_symsec

请输入剖切编号 <1 >：

点取第一个剖切点 <退出>：

点取第二个剖切点 <退出>：

点取剖视方向 <当前方向>：

请输入变压器默认高度：1800

点取剖面插入位置 <退出>：

按照上面的命令提示，逐个输入值或点取位置，最后可看到系统自动生成的剖面图随鼠标移动。点适当位置，剖面图插入到此处。由于设备在输入时即为实际尺寸，因此生成的剖面图也是成比例的。根据图 8－21 生成的剖面图，见图 8－22。

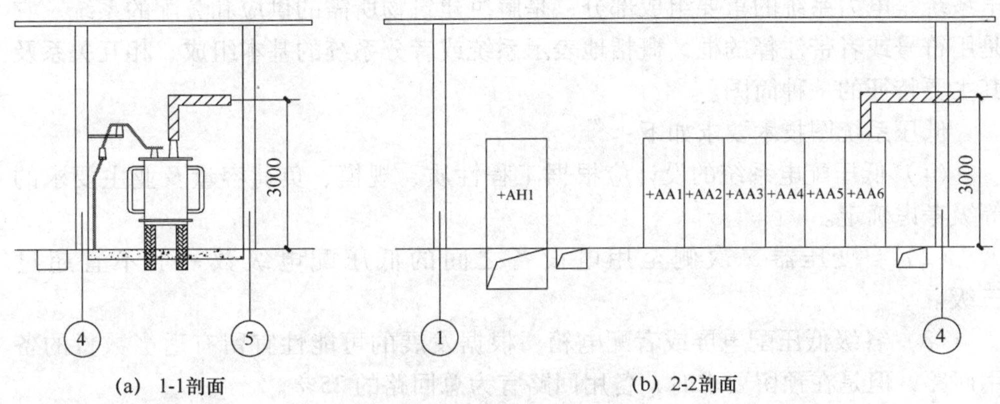

(a) 1-1剖面　　(b) 2-2剖面

图 8－22　自动生成的剖面图

8.5 习题练习

1. 变配电所的选址有哪些要求？
2. 变配电所的主接线有哪些形式？
3. 什么叫主接线图？它的作用是什么？
4. 如何绘制变配电所的主接线图？

第 9 章 配电工程图实例精解

9.1 低压配电系统图

低压配电系统的范畴是从变电所低压侧至用电设备的电气线路。建筑工程配电系统是电力系统的重要组成部分，是解决建筑物所需的供应和分配的系统。它是用符号或者带注释的框，概括地表示系统或者分系统的基本组成、相互关系及其主要特征的一种简图。

低压系统图技术要求如下：

（1）低压配电系统的设计应根据工程性质、规模、负荷容量及业主要求的等级考虑确定。

（2）自变压器二次侧至用电设备之间的低压配电级数一般不宜超过三级。

（3）各级低压配电屏或者配电箱，根据发展的可能性宜留有适当数量的备用回路，但是在预留要求时，备用回路宜为总回路的25%。

（4）由公用用电网引入的低压电源线路，应在电源进线处设置隔离开关及保护电器。由本单位所引入的专用回路，可以装设不带保护的隔离电器。

（5）杆式供电的配电箱，其进线开关宜选用带保护的开关，由放射式系统供电的配电箱，进线可以用隔离开关。

9.2 低压配电系统图绘制

本节以某办公楼为例讲解低压配电系统图的绘制过程。绘制的思路是：根据定义好的回路信息，用 TElec 的“系统生成”命令生成配电箱的系统图。有多种获取回路信息的方法，如从电气平面布置图获取、从已有系统图获取等。本例采用从电气平面布置图获取回路信息的方法，以下为绘制某办公楼标准层配电系统图的步骤。

（1）准备绘制好的电气平面图。图 9－1 为办公楼标准层的照明和插座平面布置图。

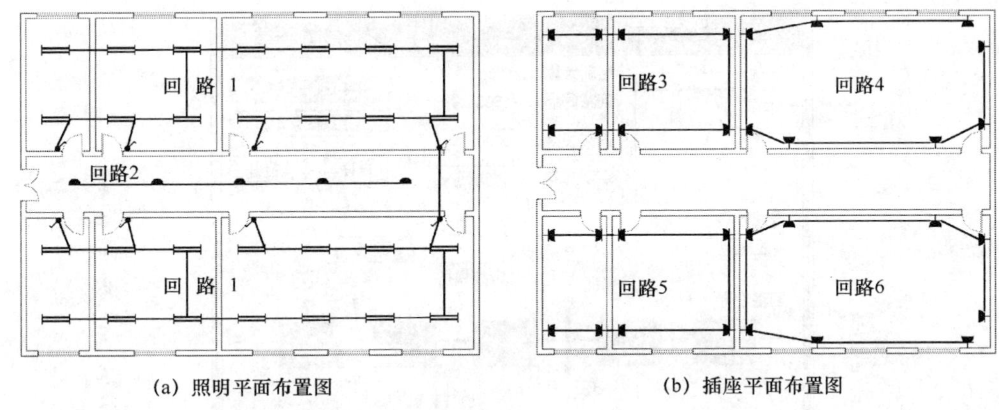

图 9－1 某办公楼标准层电气平面图

（2）检查平面图中的回路设置。因为 TElec 按编号组织回路，回路编号对系统图的生成非常重要，因此要检查回路的编号设置是否符合设计要求。一般在绘制平面图时，都会按要求设置好回路。但如果平面图绘制过程中没有给导线正确输入回路编号，可用屏幕菜单的“导线”→“导线编辑”命令进行修改。命令行提示如下：

命令：bjdx

请选取要编辑导线 <退出>：指定对角点：找到 13 个

请选取要编辑导线 <退出>：

此命令要求用户选中要修改的导线，然后在“导线编辑”对话框中勾选“更改回路”，修改回路的编号。图 9－1 中，回路已经按设计要求编号，其中照明系统有两个回路，而插座系统有四个回路，回路编号已在图中标明。

（3）生成配电箱系统图。在屏幕菜单中选“强电系统”→“系统生成”，系统弹出“自动生成配电箱系统图”对话框。点击此对话框右上角“从平面图读取”按钮，将在命令行提示用户：“请选择平面图范围 <退出> 指定对角点：”。这时，用户可用框选的方法，选择平面图中所有导线。TElec 具有自动筛选的功能，因此不必担心选到了其他设备。当有效回路被选中后，输入回车，系统又会弹出“自动生成配电箱系统图”对话框（见图 9－2）。这时，观察对话框下部列表框，可发现列出了六条回路，与平面图相符。每条回路都有“负载”项，它是系统自动搜索该回路中所有用电设备，并累加其额定功率得到的回路总负载。

（4）在“导线参数”组中，勾选“自动计算导线规格”。

（5）点击“平衡相序”按钮，系统自动确定各回路相序，并根据三相平衡进行负荷计算。

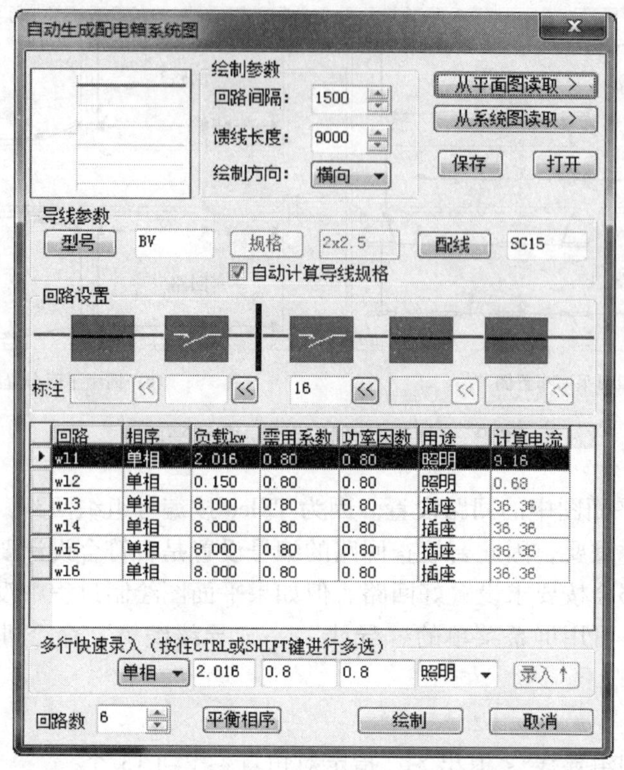

图9-2 “自动生成配电箱系统图”对话框

（6）在“回路设置”组中，点击五个图片按钮中的最左边的一个，会弹出一个图块选择框，见图9-3。选择“电度表”图块，表明系统图中回路将有一个电度表。

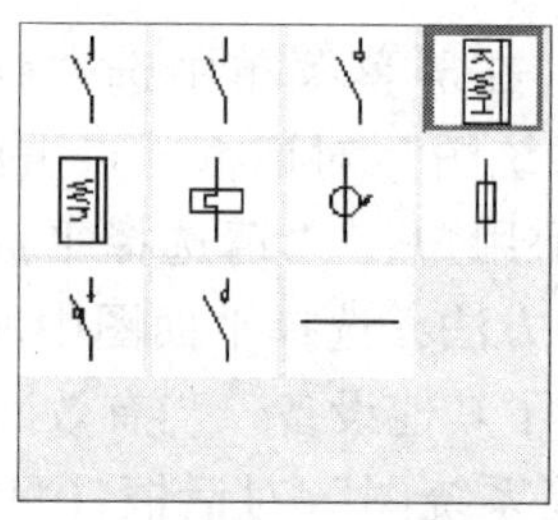

图9-3 图块选择框

（7）在“回路设置”组中的“标注”栏，有五个“< <”按钮，它对应其上的五个图块。点击按钮后，会弹出“元件标注”对话框，见图9-4。此对话框中列出了此元件的各种型号，根据要求选择，然后点“确定”按钮。所选型号将由系统自动标注到系统图中。

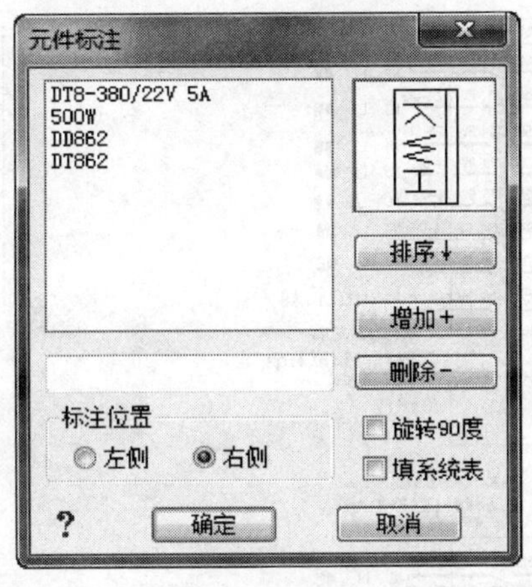

图 9－4 “元件标注”对话框

（8）标注完毕后，点击“绘制”按钮，根据命令行提示点插入点，这时由系统自动生成的一个配电箱的系统图就插入到了指定位置。

（9）最后，选屏幕菜单“强电系统”→“虚线框”命令给系统图添加虚线框，完成配电箱系统图绘制，见图 9－5。

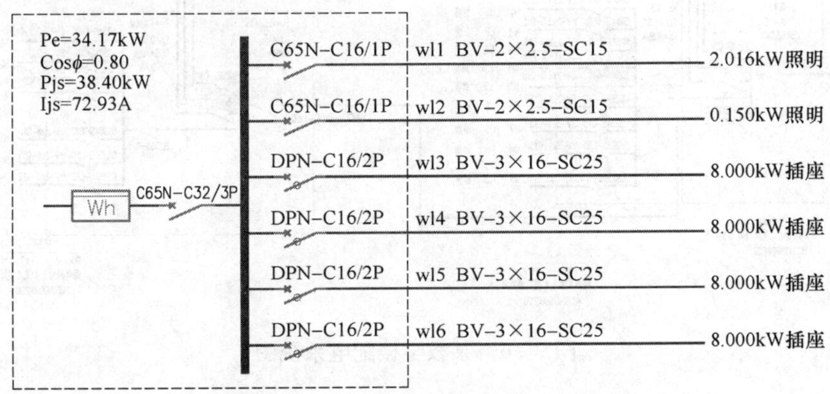

图 9－5 由系统自动生成的标准层配电箱系统图

9.3 某教学楼配电系统图实例

某教学楼共四层，每层设两个配电箱，其中第一、四层配电箱各有 9 条回路，第二、三层则各有 8 条回路。每个配电箱可根据上节介绍的方法绘制系统图。然后，再将这 8 个配电箱连接在一起，组成整栋教学楼的配电系统图，见图 9－6。

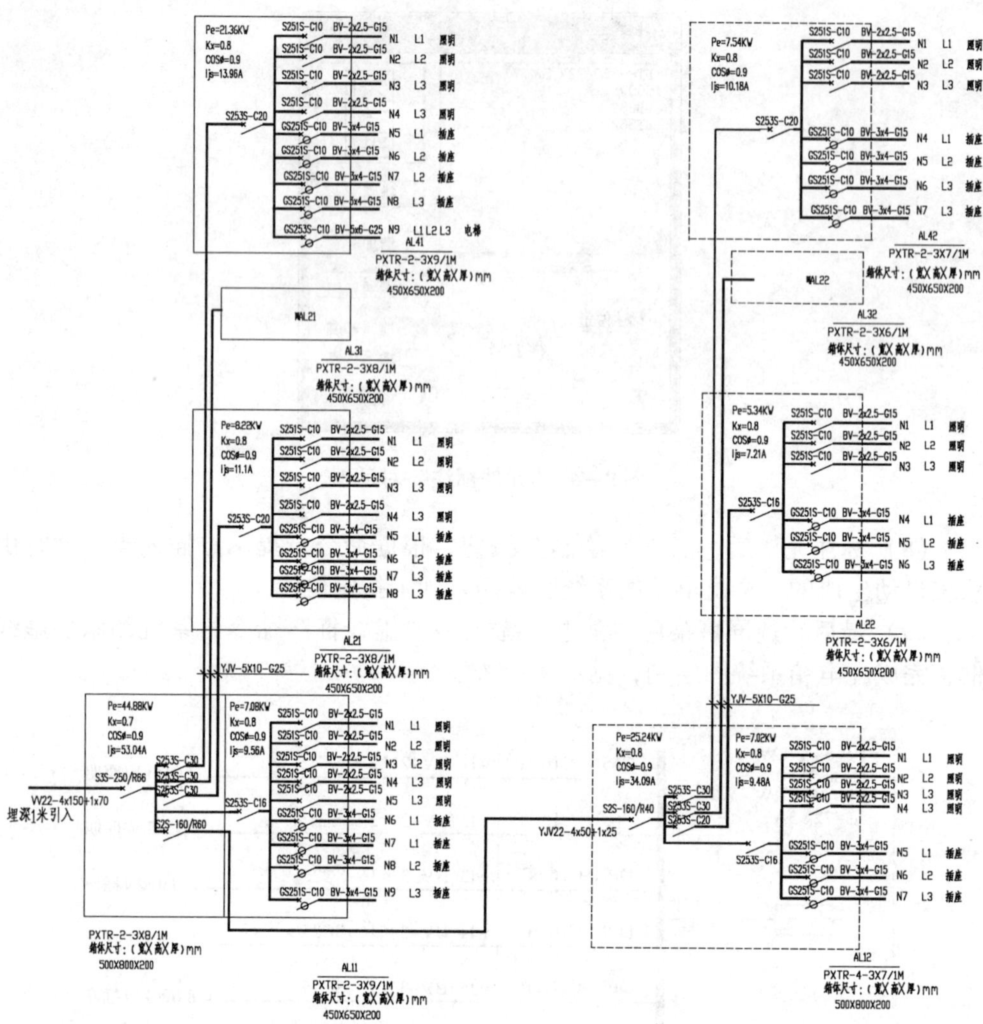

图 9-6　某教学楼配电系统图

9.4　习题练习

1. 什么是低压配电系统？
2. 如何绘制低压配电系统图？

第 10 章　照明工程图实例精解

照明按光源方式分为自然照明和人工照明两大类。电气照明由于它具有灯光稳定，彩色丰富，控制调节方便和安全经济等优点，因而成为现代人工照明中应用最为广泛改的一种照明方式。实践证明，生产的产品质量和劳动生产率与照明质量有密切的关系。良好的照明是保证安全生产，提高劳动生产率和产品质量，保证职工视力健康的必要措施。因此电气照明的合理设计对工业生产具有十分重要的作用。本章具体描述了用天正电气软件绘制两种常见照明工程图——照明平面图和插座平面图的方法。

10.1　照明方式和种类

按下列要求确定照明方式：

（1）工作场所通常应设置一般照明；

（2）同一场所内的不同区域有不同照度要求时，应采用分区一般照明；

（3）对于部分作业面照度要求较高，只采用一般照明不合理的场所，宜采用混合照明；

（4）在一个工作场所内不应只采用局部照明。

按下列要求确定照明种类：

（1）工作场所均应设置正常照明。

（2）工作场所下列情况应设置应急照明：

①正常照明因故障熄灭后，需确保正常工作或活动继续进行的场所，应设置备用照明；

②正常照明因故障熄灭后，需确保处于潜在危险之中的人员安全的场所，应设置安全照明；

③正常照明因故障熄灭后，需确保人员安全疏散的出口和通道，应设置疏散照明。

10.2　照明系统图绘制

照明系统图的实例为一栋七层职工住宅楼。经过分析知，电源进线送到一个配电箱，然后再由这个配电箱分为两路分别送至两个单元配电箱，再由每一单元配电箱各分七路出来送到七个楼层上的楼层配电箱，每个楼层配电箱再分两路出来送到每楼层的两个用户。

根据上面的分析，系统图绘制如下：

（1）绘制进线总配电箱。在屏幕菜单中选择“平面设备”下拉菜单，菜单列出多种设备布置方式（详见6.2.1节介绍）。选“任意布置”，系统弹出“天正电气图块”对话框。点击此对话框中的下拉菜单，选择“箱柜”，如图10－1。选择要插入的总配电箱图块。

（2）在命令行的提示下，鼠标点击具体位置，将总配电箱图块插入到图中。

（3）同样方法，将单元配电箱、楼层配电箱插入到图中相应位置。

（4）在屏幕菜单中选择“导线”→“平面布线”，根据屏幕提示选需连接的各级配电箱，绘制导线。最后，绘制好的照明系统图见图10－2。

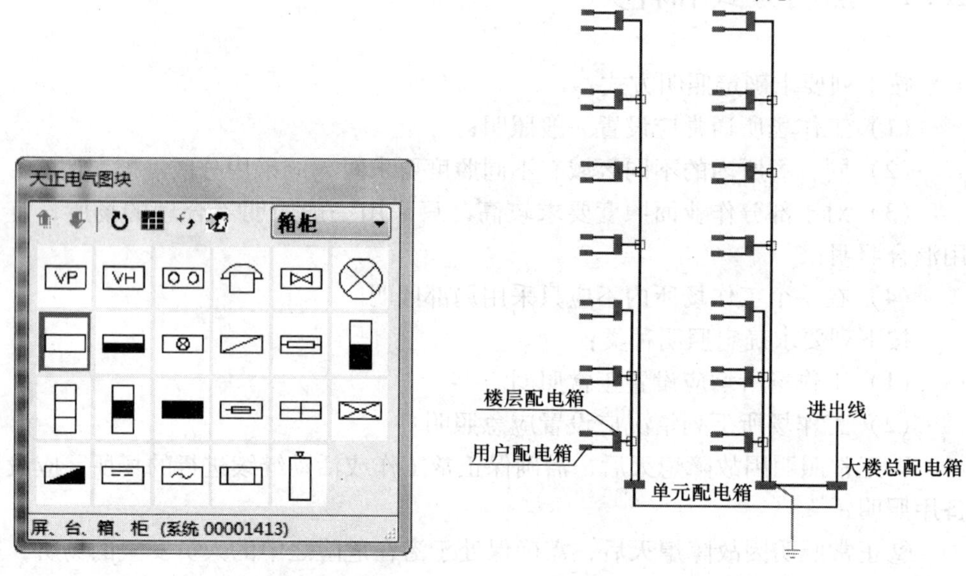

图10－1 “天正电气图块”对话框（箱柜）

图10－2 照明系统图

10.3 配电箱系统图绘制

（1）在屏幕菜单中选择“强电系统”→“系统生成”（图10－3），系统弹出“自动生成配电箱系统图”对话框。见图10－4。

（2）在对话框中输入参数，点击“绘制”按钮。根据命令提示，鼠标选取插入位置。之后，系统自动在指定位置绘制出配电箱系统图。图 10－5 为系统生成的 AL1 单元配电箱系统图。

图 10－3 “系统生成”菜单

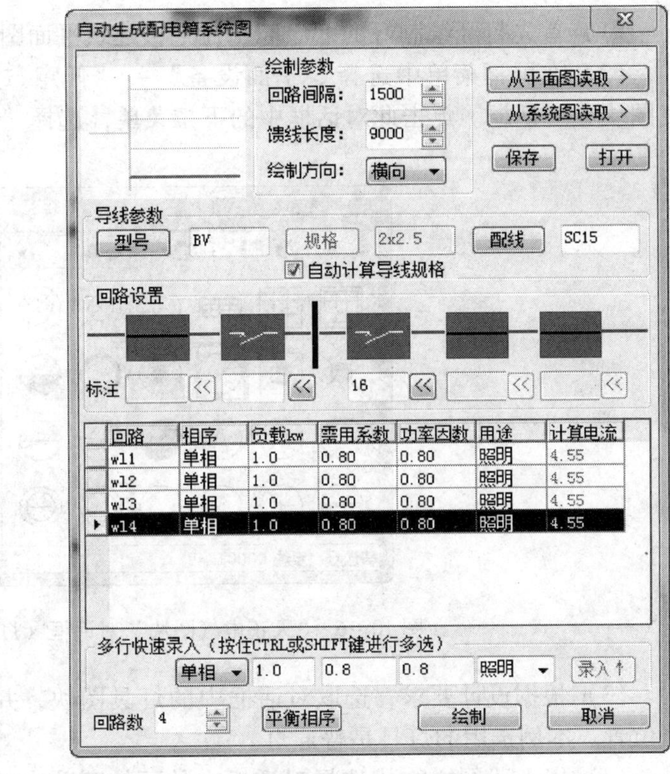

图 10－4 “自动生成配电箱系统图”对话框

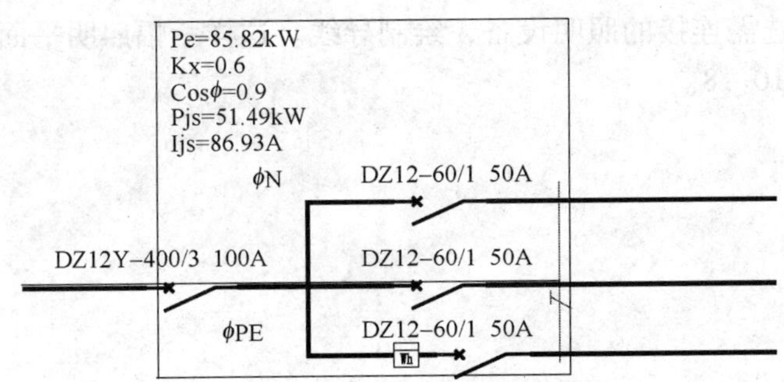

图 10－5 AL1 单元配电箱系统图

10.4 照明平面布置图绘制

（1）首先打开绘制好的七层职工住宅楼建筑平面图。

（2）在屏幕菜单中选择“平面设备”→“任意布置”，系统弹出“天正电气图块”对话框。点击此对话框中的下拉菜单，选择“灯具”，如图 10-6。

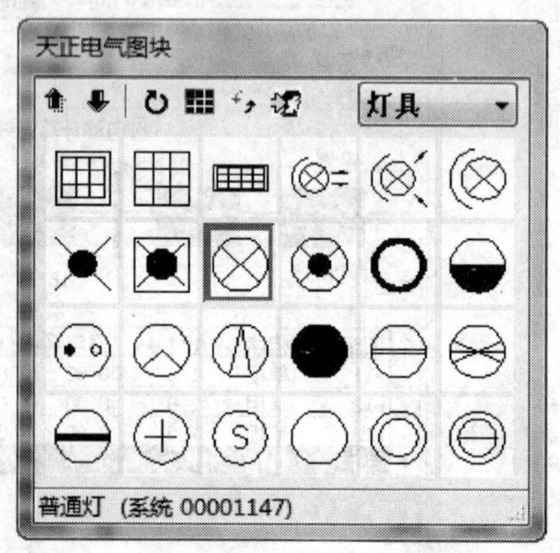

图 10-6 “天正电气图块”对话框（灯具）

（3）根据设计要求，选取对话框中的灯具图块，并插入到建筑平面图中适当位置。本例选用的灯具是普通灯。

（4）以上述同样方式选择对话框中的下拉菜单中的“开关”、“箱柜”，分别在建筑平面图中插入开关图块和配电箱图块，见图 10-7。图中照明配电箱 HX，向各个灯具供电。

（5）用导线连接照明设备。在屏幕菜单中选择“导线”→“平面布线”，根据屏幕提示选需连接的照明设备，绘制导线。这样一幅照明平面布置图就绘制完毕了。如图 10-8。

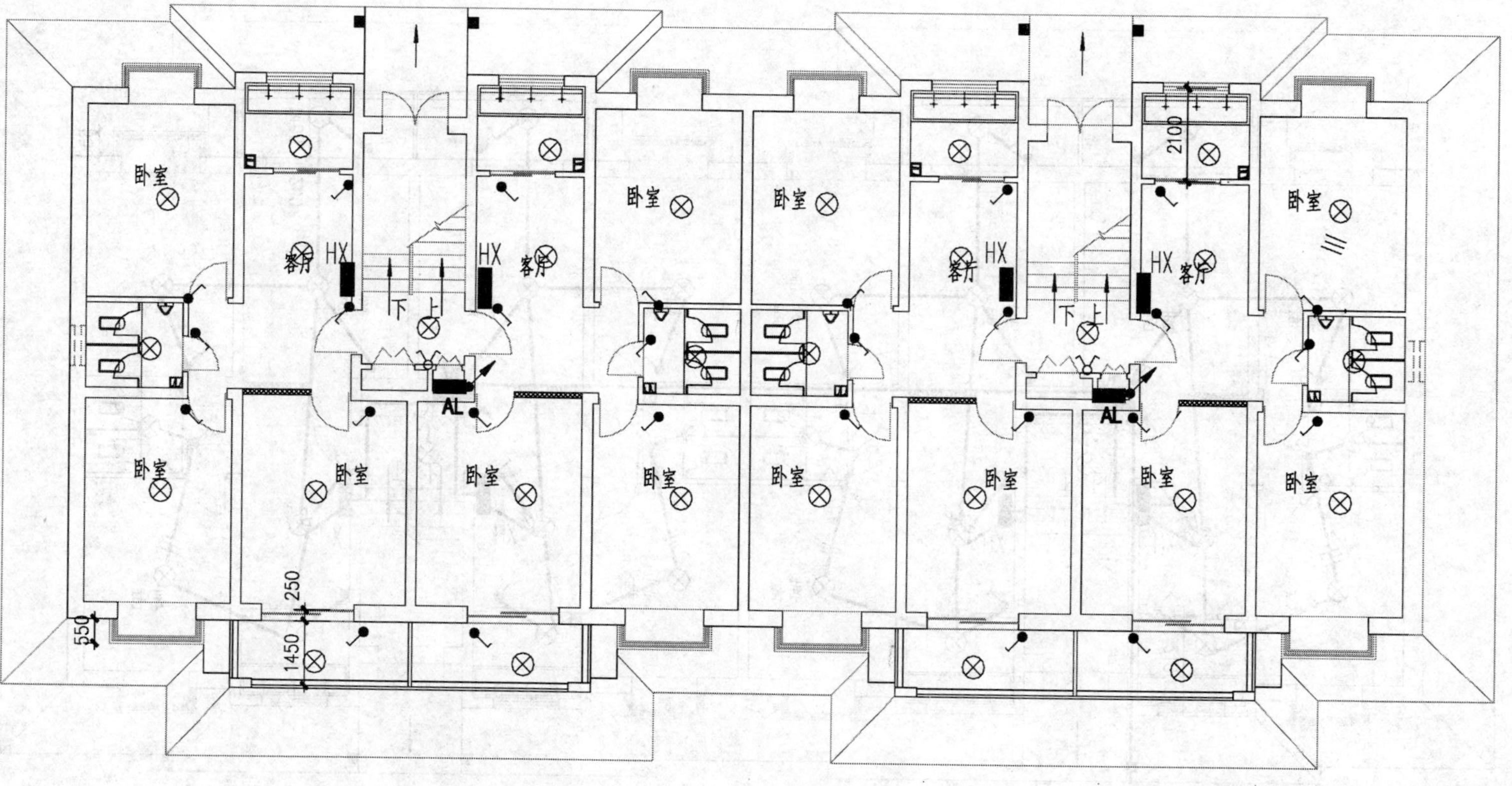

图 10－7　照明图块平面布置图

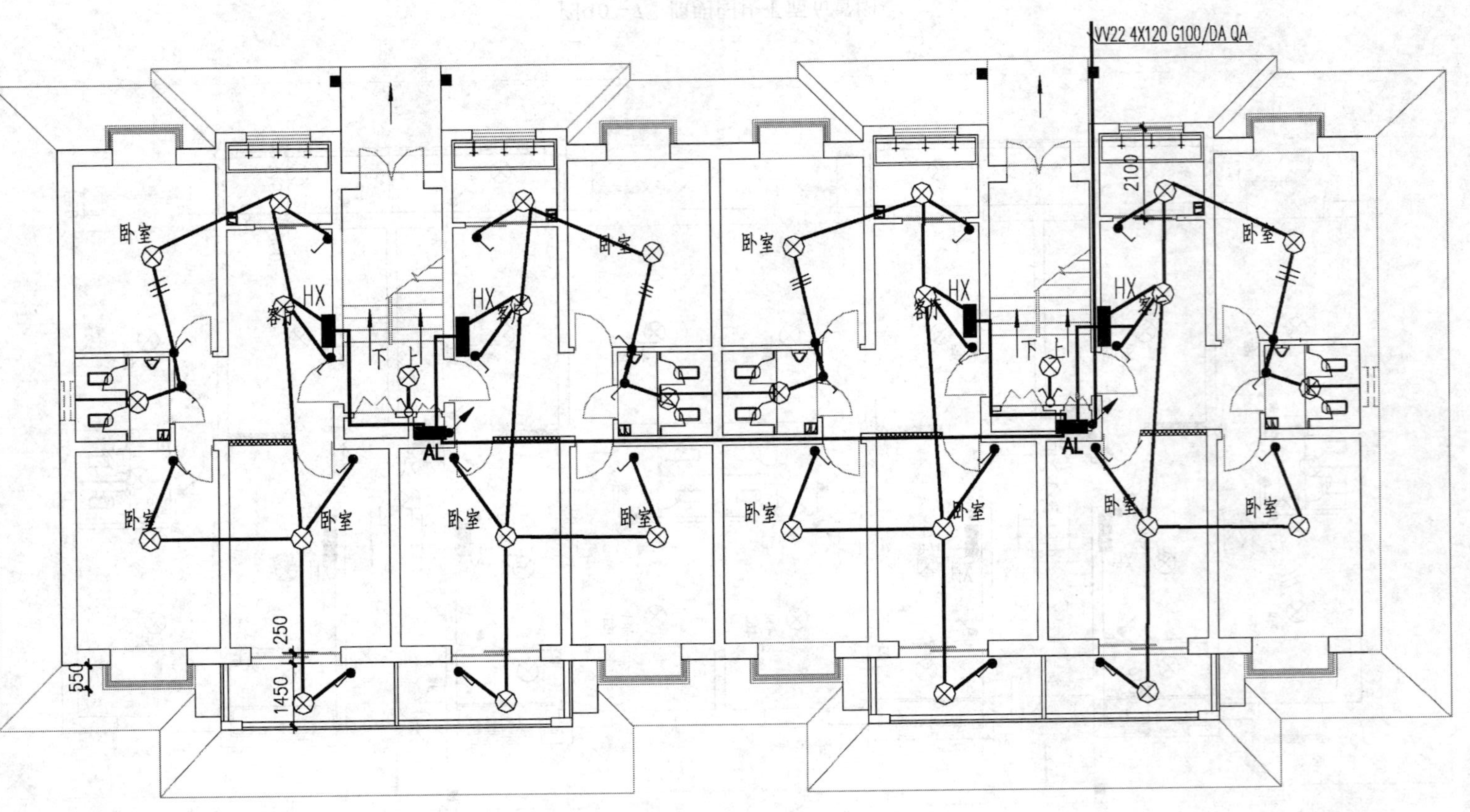

图 10－8　某职工住宅楼底层照明平面布置图

10.5 插座平面布置图绘制

（1）首先打开绘制好的建筑平面图。

（2）在屏幕菜单中选择“平面设备”→“任意布置”，系统弹出“天正电气图块”对话框。点击此对话框中的下拉菜单，选择“插座”，如图 10－9。

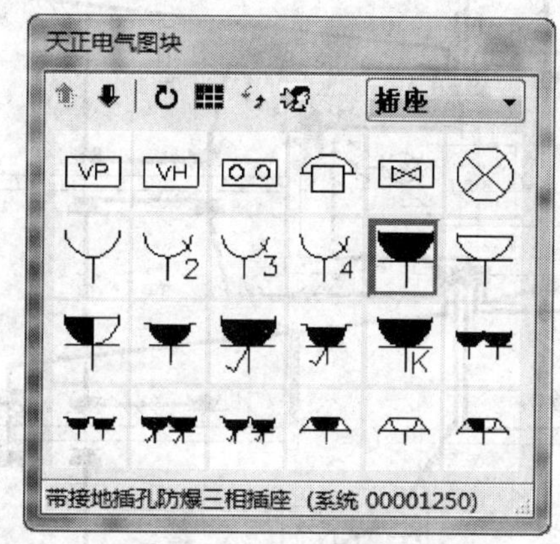

图 10－9 “天正电气图块”对话框（插座）

（3）根据设计要求，选取对话框中的插座图块，插入到建筑平面图中适当位置。

（4）用导线连接插座设备。在屏幕菜单中选择“导线”→“平面布线”，根据屏幕提示选需连接的插座设备，绘制导线。插座平面布置图绘制完毕，如图 10－10。

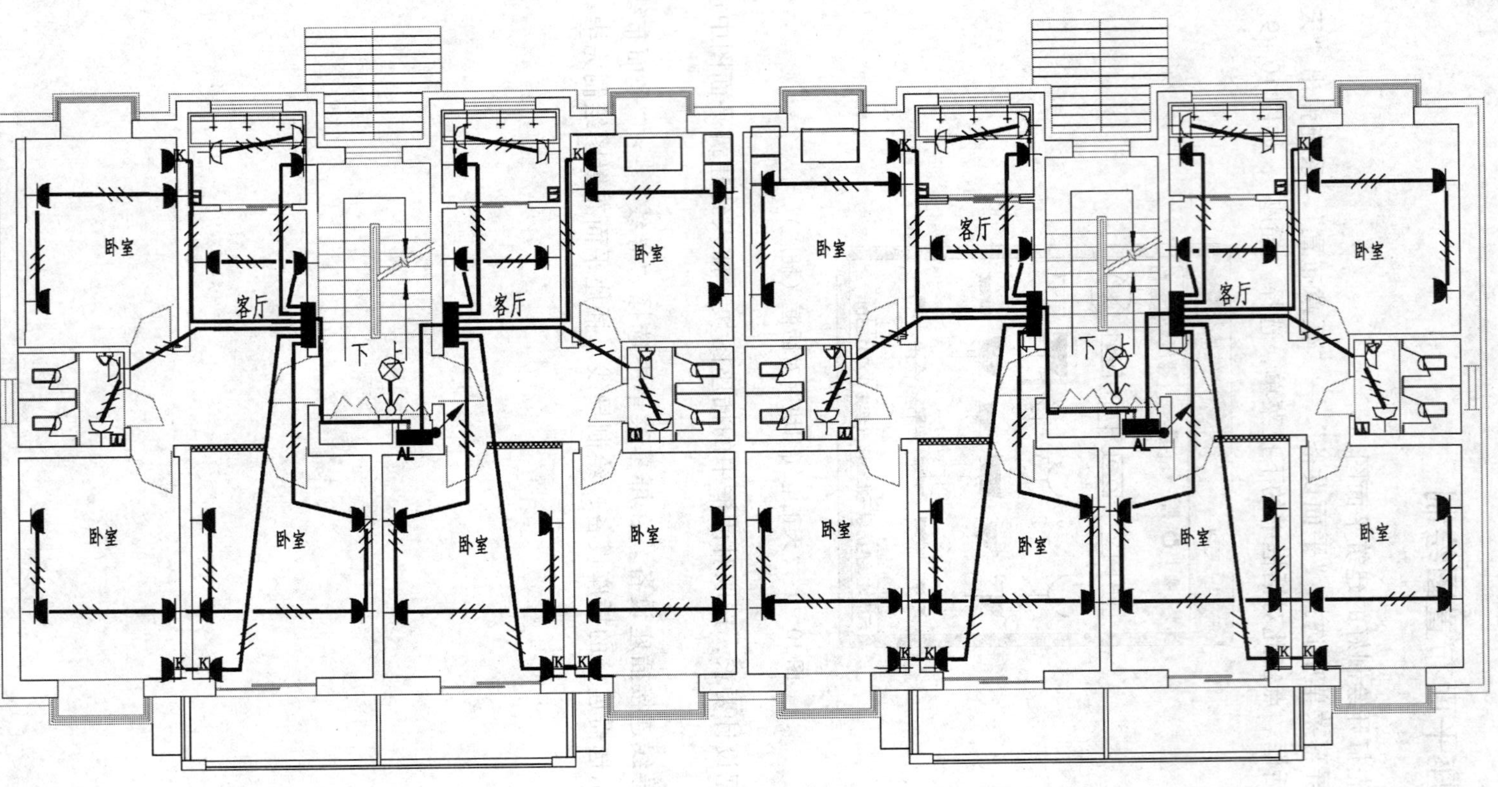

图10－10 某职工住宅楼标准层插座平面布置图

10.6 习题练习

1. 照明的分类有哪些？
2. 照明设置的原则是什么？
3. 照明及插座平面布置图的绘制步骤是什么？

第 11 章　防雷、接地平面图实例精解

雷电是带有电负荷的“雷云”之间或者“雷云”对大地或物体之间产生的急剧放电的一种自然现象。雷电放电过程产生雷电过电压又称大气过电压，它是由于电力系统中的设备，线路或者建筑物遭受来自大气中的雷电或者雷电感应而引起的过电压。雷电过电压产生的雷电冲击波，其幅值可达 1 亿伏，其电流幅值可高达几十万安，因此对供电系统危害极大，必须加以防护。

11.1　防雷设计

建筑防雷平面图主要作用是给防雷施工提供一定的依据，使被保护的建筑物及风帽、放散管等突出屋面的物体处于接闪器及架空防雷网格的保护下，防雷网格尺寸根据建筑物的防雷等级来定。

11.1.1　建筑物防雷分类

建筑物根据其重要性，使用性质，发生雷电事故的可能性和后果，按防雷要求分为三类（据 GB50057－1994 规定）。

11.1.1.1　一类防雷建筑物

凡符合下列情况，为一类防雷建筑物：

（1）凡制造、使用或者存储有炸药、起爆药、火工品等大量爆炸物质的建筑物，因点火花而引起的爆炸，会造成巨大的破坏和人身伤亡者。

（2）具有 0 区或者 10 区的爆炸危险环境的建筑物。

（3）具有 1 区爆炸危险环境的建筑物，因火花而引起的爆炸，会造成巨大的破坏和人身伤亡者。

11.1.1.2　二类防雷建筑物

凡符合下列情况，为二类防雷建筑物：

（1）国家级重点文物保护的建筑物。

（2）国家级的会堂、办公建筑物、大型会展和博览建筑物、大型火车站、大型城市大型供水水泵等特别重要的建筑。

（3）国家级计算中心、国际通讯枢纽等对国民经济有重要意义且装有大量电子设备的建筑物。

（4）制造、使用或者存储爆炸物质的建筑物，且火花不易引起爆炸或者不至于造成巨大的破坏和人身伤亡者。

（5）预计雷击次数大于0.06次/年的部、省级办公建筑物及其他重要或者人员密集的公共建筑物。

（6）预计雷击次数大于0.3次/年的住宅、办公楼等一般性民用建筑物。

11.1.1.3 三类建筑防雷建筑物

凡符合下列情况，为三类防雷建筑物：

（1）省级重点文物保护建筑及省级档案馆。

（2）预计雷击次数大于或者等于0.012次/年，且小于或者等于0.06次/年的部、省级办公建筑物及其他重要或者人员密集的公共建筑物。

（3）预计雷击次数大于或者等于0.06次/年且小于或者等于0.3次/年的住宅、办公楼等一般性民用建筑。

（4）预计雷击次数大于或者等于0.06次/年的工业建筑物。

（5）根据雷击后对工业生产的影响及产生的后果，并结合当地气象、地形、地质及周围环境等因素，确定要防雷的21区、22区、23区火灾危险的环境。

11.1.2 建筑防雷装设的种类和设计要求

常用的防雷装置有接闪器、引下线、接地装置等。接地装置包括接地体和接地线两部分。接闪器包括直接接受雷击的避雷针、避雷线、避雷网，及其用作接闪器的金属屋面和金属构件等。连接接闪器的与接地体装置的金属导体，称为引下线。填入土壤或者混凝土基础中作散流用的导体，称为接地体，从引下线断接卡或者换线处至接地体的连接导体，或从接地端子、等电位连接带至接地体的连接导体，称为接地线。防雷装置是接闪器、引下线、接地装置、电涌保护器及其他连接导体的总和。

接闪器有三种情况：

（1）独立的避雷针。

（2）架空线或者架空避雷网。

（3）直接装设在建筑物上的避雷针、避雷带或避雷网。

接闪器布置应符合的要求，见表11－1。

表11－1　接闪器布置要求

建筑防雷类型	滚球半径 h_r/m	避雷网格尺寸/m
第一类防雷建筑物	30	≤5×5或≤6×4
第二类防雷建筑物	45	≤10×10或≤12×18
第三类防雷建筑物	60	≤20×20或≤24×16

引下线使用圆钢或者扁钢，优先采用圆钢，圆钢直径不得小于8mm，扁钢截面不得小于48mm^2，其厚度不得小于4mm。烟囱上的引下线的圆钢直径不得小于12mm，采用扁钢不得小于100mm^2，其厚度不得小于4mm，并用镀锌或者涂漆。

11.2 接地设计

低压配电系统遍及生产、生活的各个领域，人们随时都要与其接触。当由于某种原因其外露导电部分带电时，人们若与其接触，就有可能遭受电击，也就是所说的触电。为了保证人们生命的安全，必须采用相应的保护措施。

11.2.1 接地装置技术要求

用电设备的接地，一般可分为保护性接地和功能性接地。接地的种类按其作用不同可分为以下几种：

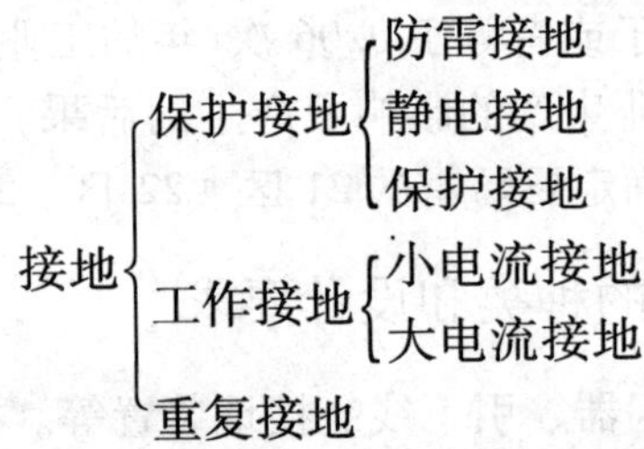

从安全的角度来讲，单纯的接地保护方式是不可靠的，可以作为接零保护的辅助保护方式，即同时接地又接零保护，这时的接地属于重复接地。

所谓电气上的“地”，是指电位等于零的地方。电气设备的任何部分与土壤做良好的连接称为接地，接地点与“地”之间的电压称为接地电压。

接地短路电流是指设备的绝缘损坏，外壳对地的短路，其经短路点入大地的电流称为短路电流。

接地电阻是指电流从接地极向周围流散所受的阻力。

接地保护的定义：将用电设备与带电体相绝缘的金属外壳和接地极做金属连接称为保护接地。在供电系统中，当供电距离较长，线路对地的部分容量较大时，人体触及带电的设备外壳也有危险。

在设计过程中，应该考虑施工中应注意的问题：

（1）在电源中性点有工作接地的供电系统中，工作接地并不可靠。

（2）在 1kV 以上的供电系统中，不论电源中性点接地与否，一律采用保护接地。

（3）在保护接地中，要注意高压窜入低压的问题。

（4）在 380/220V 供电系统中，当电力变压器容量小于 100kVA 时，接地阻值不大于 10Ω；当电力变压器容量大于 100kVA 时，接地阻值不大于 4Ω。

（5）设计接地装置时，应考虑土壤干、湿、冻结等季节性变化对土壤电阻率的影响。

（6）在 10kV 及以下电力网中，严禁利用大地作相线或中线。

利用桩基钢筋或地基钢筋作为接地板，接地电阻可以达到1Ω，分流高层建筑接地的措施一般采用框架结构钢筋作为接地体，作用相当好。

在高层建筑内难做接地，故常采用TN－S供电系统，接地PE即可。在楼内不用接地并与防雷接地分开。

11.2.2 等电位连接技术要求

强调有可能带电伤人或物的导电体被连接并和大地电位相等的连接就叫等电位连接。

国际上非常重视等电位连接的作用，它对用电安全、防雷以及电子信息设备的正常工作和安全使用，都是十分必要的。根据理论分析，等电位连接作用范围越小电气上越安全。

11.2.2.1 接地是大范围的等电位连接

安全接地也是等电位连接，它是以大地电位为参考电位的大范围的等电位连接。在一般概念中接地指的是接大地，不接大地就是违反了电气安全的基本要求，这一概念有局限性。即将电气系统和电气设备外壳与地球连接，这就是常说的“接地”。在地球上则需用接地极作为接线端子与其连接。

11.2.2.2 建筑物的等电位连接安装

国家建筑标准设计图集《等电位连接安装》（97SD567）对建筑物的等电位连接具体做法作了详细介绍。该图集适用范围为：一般工业与民用建筑物电气装置防间接接触电击和防接地故障引起的爆炸和火灾的等电位连接通用安装图，建筑物防雷和电子信息设备防瞬态过电压及干扰等其他等电位连接安装尚应按其相应的要求进行施工。

等电位连接及其连接的导电部分可分为以下三类：

（1）总等电位连接（MEB）。总等电位连接的作用在于降低建筑物内间接接触电压和不同金属部件间的电位差，并消除自建筑物外经电气线路和各种金属管道引入的危险故障电压的危害，它应通过进线配电箱近旁的总等电位连接端子板（接地母排）将下列导电部分互相连通；进线配电箱的PE（PEN）母排；公用设施的金属管道，如上、下水、热力、煤气等管道；如果可能，应包括建筑物金属结构；如果做了人工接地，也包括其接地极引线。建筑物每一电源进线都应做总等电位连接，各个总等电位连接端子板应互相连通。

（2）辅助等电位连接（SEB）。将两导电部分用导线直接做等电位连接，使故障接触电压降至接触电压限值以下，称作辅助等电位连接。

下列情况下需做辅助等电位连接：电源网络阻抗过大，使自动切断电源时间过长，不能满足防电击要求时；自TN系统同一配电箱供给固定式和移动式两种电气设备，而固定式设备保护电器切断电源时间不能满足移动式设备防电击要求时；为满足浴室、游泳池、医院手术室等场所对防电击的特殊要求时。

（3）局部等电位连接（LEB）。当需在一局部场所内做多个辅助等电位连接时，可通过局部等电位连接端子板将下列部分互相连通，简便地实现该局部范围内的多个辅助等电位连接，这被称作局部等电位连接。

等电位连接线和等电位连接端子板宜采用铜质材料。

①等电位连接线的截面为40mm×40mm 或 50mm×50mm。

②等电位连接端子板的截面不得小于所接等电位连接线截面。

住宅楼内应做等电位连接。根据国内电气事故统计，低压系统短路大多为相线接触到设备外壳、金属管道结构和大地的接地故障（接地短路），而这些设备外壳、管道、结构带对地故障电压易导致人身电击或电气火灾事故，住宅内做总等电位连接可消除或降低这种故障电压，其效果胜过单纯的接地。因此国际电工标准 IEC60364－4－41 和发达国家电气标准以及我国电气标准都将它规定为电气安全的基本要求。

为保证等电位连接可靠导通，等电位连接线和接地母排应分别采用铜线和铜板。等电位连接这一电气安全措施并不需要复杂价昂的电气设备，它所耗用的不过是一些导线，不像埋在地下的人工接地极易因受土壤腐蚀而失效（实际上在实施等电位连接的同时也实现了接地，因它所连接的水管和基础钢筋等本身已起到低电阻长寿命的接地作用），它在保证电气安全上的作用远胜于我们过去习惯采用的专门打入地下的人工接地。

11.3　防雷接地平面图绘制举例

在建筑电气绘制中，绘制接地电气平面图是一项重要的工作，TElec 充分地考虑到实际的应用，提供了一系列的绘图命令。点 TElec 的屏幕菜单之“接地防雷”（图 11－1），可以看到一系列与防雷相关的命令。

以下结合 TElec 描述绘制防雷接地图的方法。

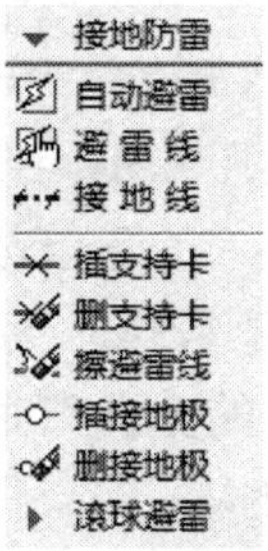

图 11－1 “接地防雷”菜单

11.3.1　绘制避雷线

下拉菜单“接地防雷”→“自动避雷”或“避雷线”，都可绘制避雷线。前者自动搜索封闭的外墙线，沿墙线按一定偏移距离绘制避雷线；后者则手工点取绘制避雷线基准的外墙线位置，沿墙线按一定的偏移距离绘制避雷线。下面以“自动避雷”为例讲解。

（1）准备一张有外墙线的建筑平面图。

（2）点击“接地防雷”→“自动避雷”，或在命令行中键入“zdb1”命令，命令执行并出现下面提示：

命令：zdb1

请在要布避雷线的外墙线（封闭）外点一下｛天正 3 建筑条件图［S］/天正 7 建筑条件图中心线［D］｝：<退出>：

是否确认是建筑外包围线<Y>：

请输入避雷线到外墙线或屋顶线的距离 <120>：

请输入支持卡的间距 <1000>：

按上面的命令提示输入参数，TElec 自动在建筑平面图中绘制避雷线（墙体中心线的粗线）并按间距插入支持卡（交叉线表示），如图 11－2。

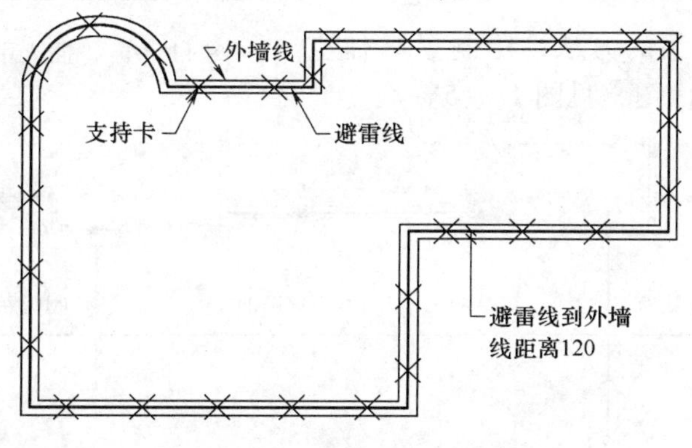

图 11－2　避雷线平面图

11.3.2　绘制接地线

（1）在下拉菜单点“接地防雷”→“接地线”，或在命令行中键入“jdx”命令，命令执行并出现下面提示：

命令：jdx

请点取接地线的起始点或｛点取图中曲线［P］/点取参考点［R］｝<退出>：

（2）点取起始点后，命令行反复提示：

直段下一点｛弧段［A］/回退［U］｝<结束>：

依次点取各轴线上的转折点，如果碰到弧线可以键入“A”，改为弧线状态，同时还要在点取弧线终点后，再根据提示点取轴线上的一点，直至所有的轴线上都有接地线。如图 11－3 所示。

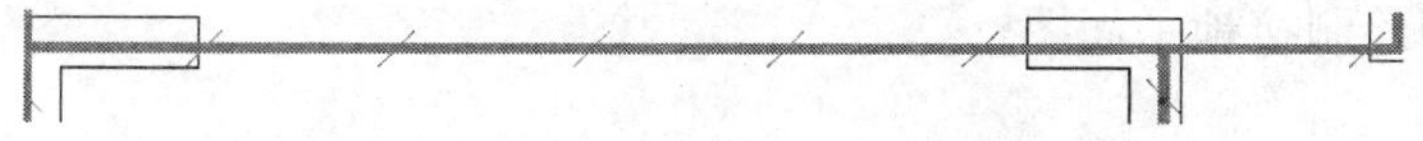

图 11－3　接地线的轮廓图形

（3）上面画出了接地线的轮廓图形，但它还要有上引线和下引线。键入命令“cryx”，弹出“插入引线”对话框如图 11 -4 所示。

命令：cryx

请点取要插入引线的位置点 <退出>：

在图中选定要插入引线的位置，然后点击鼠标将引线插入到指定位置。

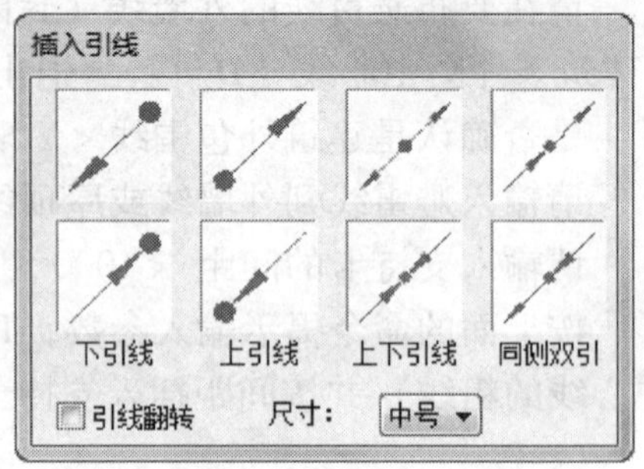

图 11 -4 “插入引线”对话框

11.3.3 防雷平面图实例

根据上面介绍的方法，绘制了某住宅楼的屋顶防雷平面图，见图 11 -5。

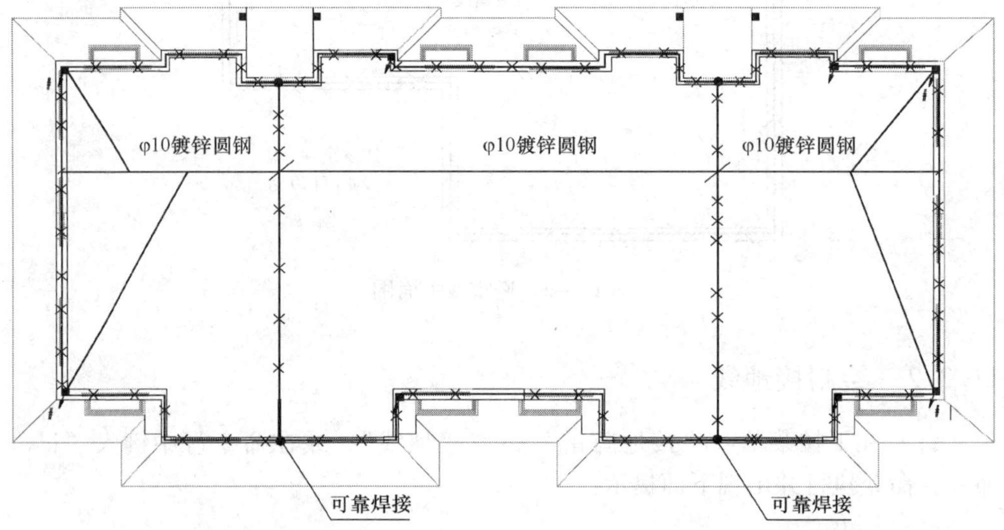

图 11 -5 某住宅楼的屋顶防雷平面图

11.4 习题练习

1. 简述雷电的成因与危害。
2. 防雷接地系统由哪几部分组成?
3. 什么叫等电位连接？它的作用是什么?
4. 如何绘制接地平面图?

第 12 章　建筑弱电工程部分

随着建筑事业的发展，各建筑商越来越重视弱电部分的投资，它是智能化的集中体现，是现代居民住宅，商业办公的必要的设计。其中，建筑弱电工程内容包括有：综合布线系统设计、楼宇自动化系统设计、有线电视与电话系统设计、安全防范系统设计、消防报警系统设计等。在本章中着重介绍以上系统的设计规范及设计要求，并通过天正软件绘制的简单过程。

12.1　综合布线系统

12.1.1　综合布线系统的设计规范和要求

综合布线是一种由能够支持各种信息电子设备相连的缆线、跳线、接插软线和连接器组成的，应用于建筑物或建筑群内部的、模块化、灵活性极高的信息传输通道。按照国标，综合布线可以包括 7 个子系统：工作区子系统、水平（配线）子系统、干线（垂直）子系统、设备间子系统、管理区子系统、进线间子系统、建筑群子系统——即“两间，两区，三个子系统”。

常见的综合布线拓扑结构有总线型、星型、环型。在现在的多数小区住宅，商业办公中都用的是星型网络拓扑结构，我们在下面的介绍中也主要以此结构为主，这样便于在以后的社会实践中得心应手。

利用上面的七个子系统，我们可以把综合布线在实际中的要求用图 12 -1 表示。

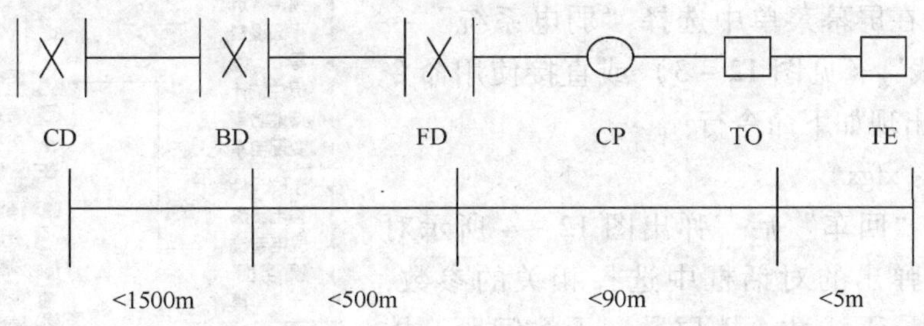

图 12 -1　综合布线系统结构组成示意图

一般的综合布线设计中，仅给出进线总干线、交换机（BD）、垂直干线系统、楼层配线间子系统（FD）、水平子系统。而进线间的设计、机柜的位置、走线，在图纸中不能体现，这就要求施工单位根据经验、现场具体情况按照要求来完成。但是在设计的图纸说明中会详细描述设备间的大小、选用的设备、走线是

FC 或者 WC，管子是用 PVC 或者是钢管等。这些在施工中至关重要，对工程是否能按期完工，能否获利起决定性作用。

12.1.2 综合布线系统的绘制

对于综合布线这一设计，有专门的设计软件像 VISIO2003，我们在这里用的是基于 AutoCAD 的天正绘图软件——TElec8。如图 12－2，是综合布线图的实例。

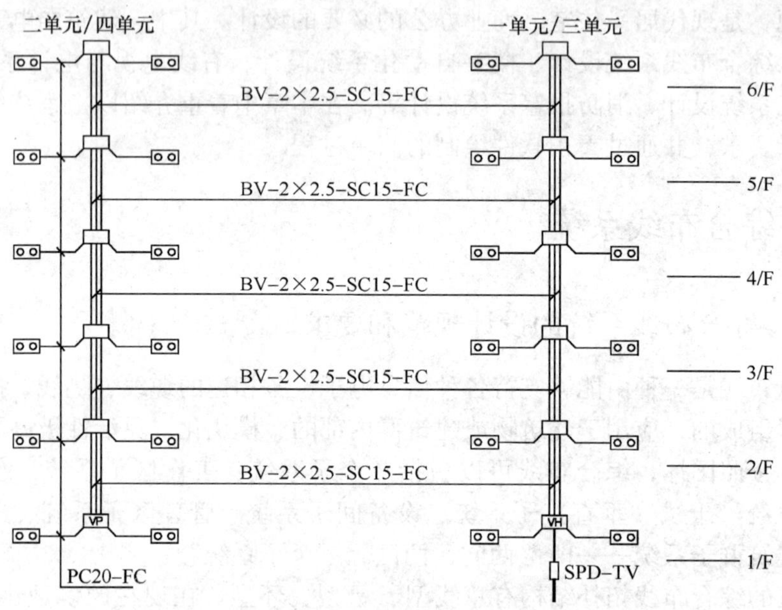

图 12－2 一个综合布线图实例

综合布线的具体操作过程如下：

（1）在屏幕菜单中选择“弱电系统”→“消防干线”（见图 12－3）或直接使用命令“xfgx”，出现如下命令行：

命令：xfgx

输入“回车”后，弹出图 12－4 所示对话框。在弹出的对话框中选择相关的参数，其中包括：干线数、楼层数、干线间距、楼层间距、支线形式、支线长度。通过对它们的设置来完成所有综合布线的楼层的框架图。所有参数输入完毕，点此对话框的“确认”按钮。在命令行出现以下提示：

请输入插入点<退出>

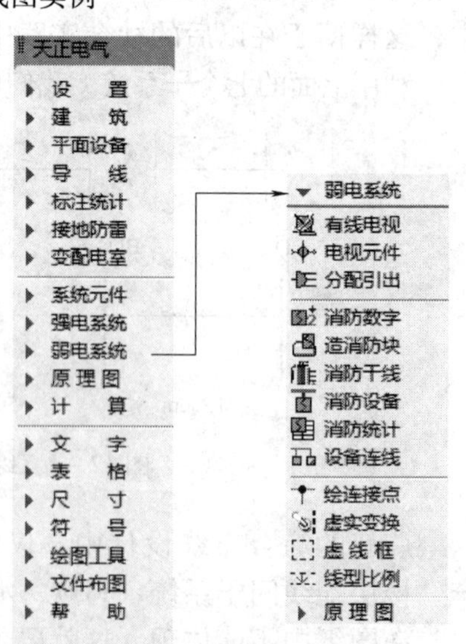

图 12－3 弱电系统菜单

此时，用户拖动鼠标到要插入图的地方，点击鼠标左键。可以看到由 TElec 自动生成的“综合布线楼层框架图”已经插入到指定位置，见图 12－5。

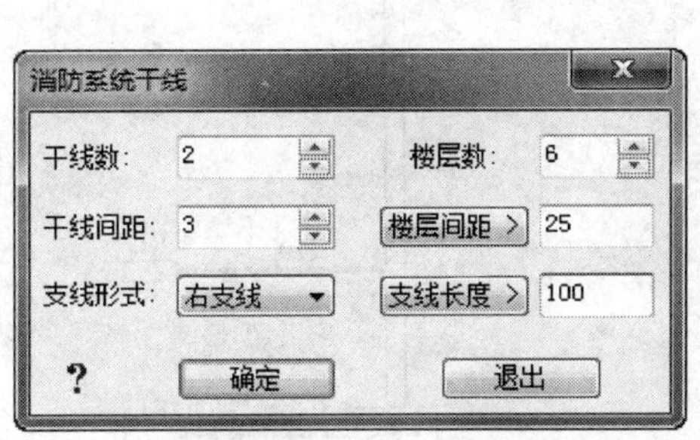

图 12－4　消防系统干线菜单

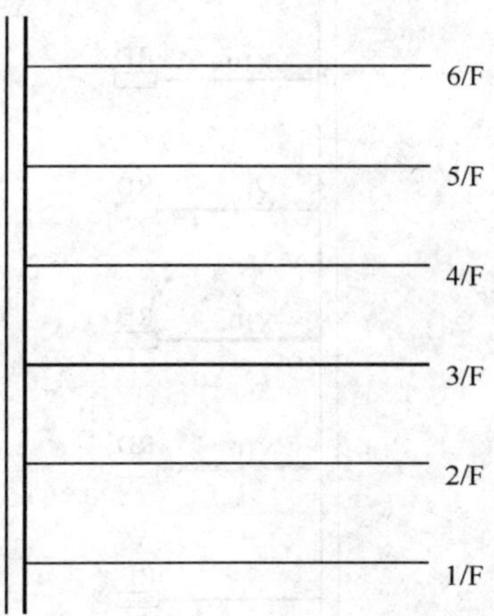

图 12－5　综合布线楼层框架图

（2）在屏幕菜单中选择“平面设备”→“任意布置”或直接使用命令“rybz”，出现如下命令行：

命令：rybz

请指定设备的插入点｛转 90［A］/放大［E］/缩小［D］左右翻转［F］｝<退出>：

同时弹出图框如图 12－6 所示。

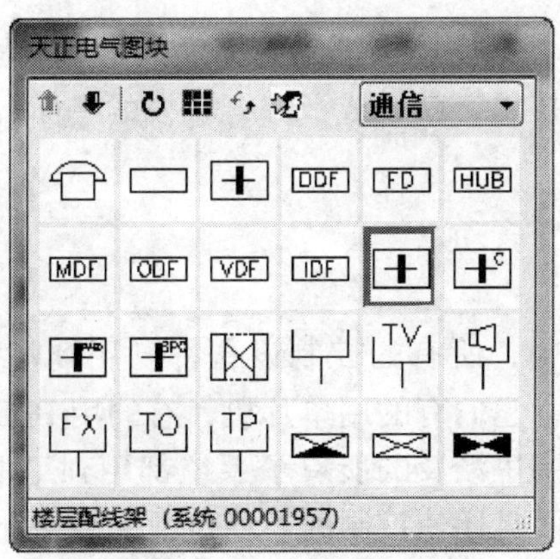

图 12－6　电气图块对话框

选中所需的设备图块，拖动鼠标将其插入到相应位置。

（3）通过直线命令把选中的电气图块连接成如图 12－7 所示的形式。

（4）绘制楼层配线图，见图 12－8。

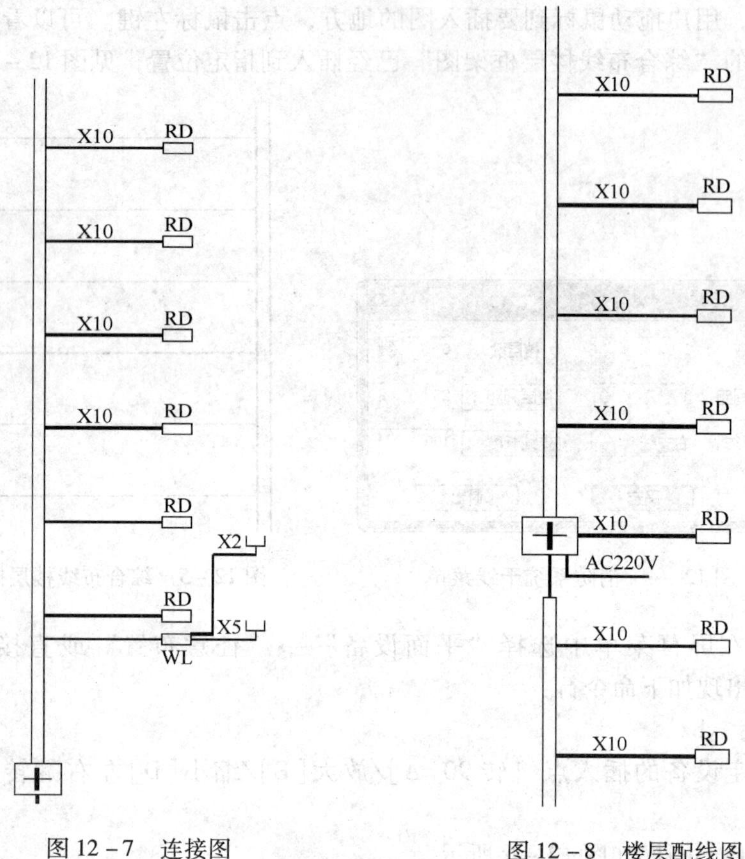

图 12-7　连接图　　图 12-8　楼层配线图

（5）最后，把楼层配线图整体插入图 12-5 中，这样就完成了整体布线图，再加上一些必要的接地技术，就完成了综合布线的平面设计图的绘制。

12.2　楼宇自动化系统

在现在的控制过程中，所有的控制设备都已用到了自动控制，从工艺的流程，到设备的电气控制，它们有的用单片机，有的用 PLC，总之，现在已经进入了电气控制的时代。楼宇里涉及的所有子系统都用到了电机，若都用手动控制，这样不仅是资源浪费，而且还使控制的不稳定性大大增加。鉴于这种情况，现在很多楼宇控制都实现了自动化，在本章中重点介绍电气控制。

建筑设备电气控制电路图

建筑设备一般包括各种起重设备、建筑电梯以及消防联动等，主要是以各类电动机或其他执行电器作为控制对象，因此设计人员经常需要绘制相应的电气控制系统图，电器原理图中包括所有电器元件的导电部件及接线端子。有的线路简单，有的线路很复杂，如果用画导线然后插入元件的方法绘制，就显得繁琐，基于 AutoCAD 的天正软件解决了这一问题，为此项工作提供了很大的便利。

以下是所有的控制命令的操作：

（1）在屏幕菜单中选择“原理图”→“原理图库”（见图 12－9）或直接使用命令“yltk”。该命令是从原理图库中直接选取标准图插入，为绘图提供基础。

在天正软件中包含了华北标办原理图集，用户可以从原理图库中直接调用标准图插入图中，而后通过修改得到设计人员的原理图，绘图的工作量和所需时间大大减少。

（2）在屏幕菜单中选择“原理图”→“电机回路”（见图 12－9）或直接使用命令“djhl”。该命令主要用来绘制电机主回路，并选用适当的启动方式，测量保护等接线形式。电机主回路都是由基本形式构成的，不同的是附加的功能有所不同。图 12－10 为输入“djhl”命令后弹出的电机主回路设计对话框。从中可以选择主回路基本形式，还可以根据需要在主回路中加入其他的接线方式。如选择“选择启动方式”选择框，对话框中将有四种启动方式供选择。如选择“选择正反转回路”选择框，则可加入正反转运行方式，这些加选内容将被自动加到回路中。

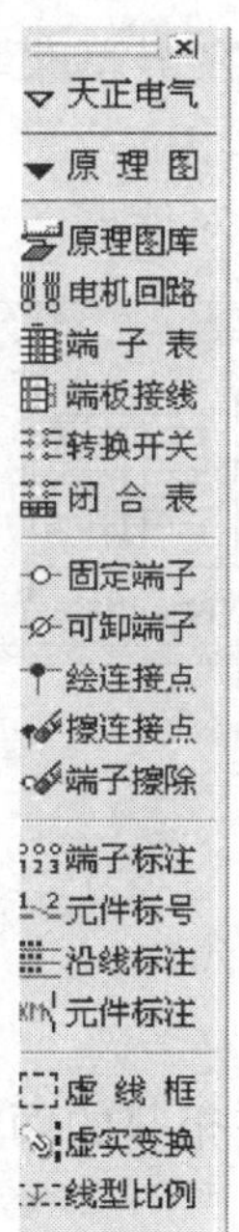

图 12－9 天正电气原理主菜单

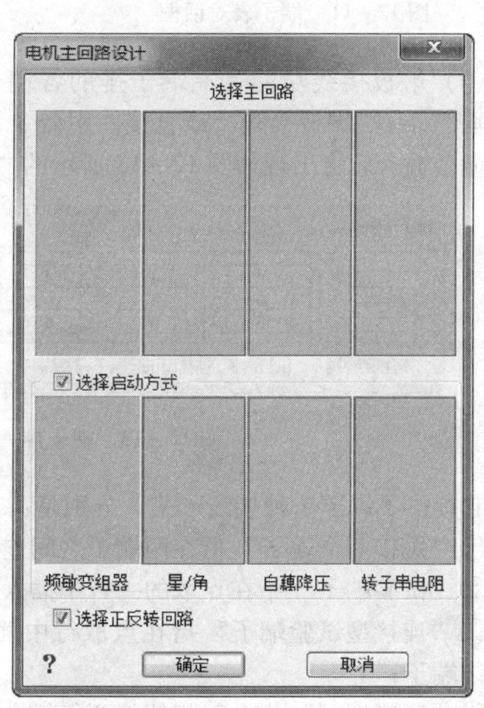

图 12－10 电机主回路设计对话框

（3）TElec 提供了专门绘制端子的命令，大大减少了绘制端子的工作量。在屏幕菜单中选择“原理图”→“端子表”或直接使用命令“hdzb”。弹出“端子设计”对话框，见图 12－11。根据对话框的提示进行选择，然后在屏幕上点插入点，端子表即自动绘制到图中，见图 12－12。程序生成的端子表为空表，内容由手工填写。

图 12－11　端子表对话框

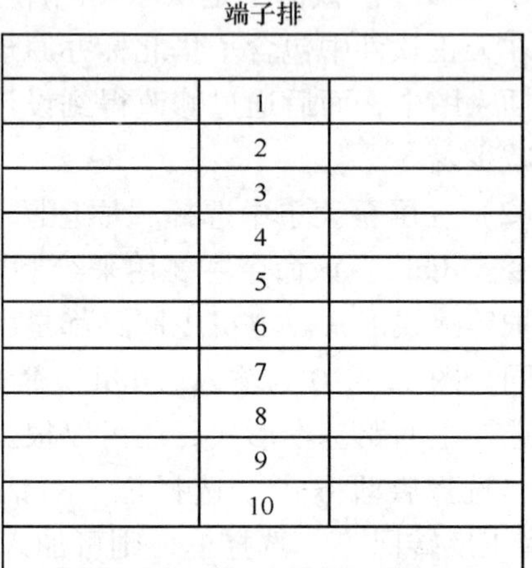
端子排

	1	
	2	
	3	
	4	
	5	
	6	
	7	
	8	
	9	
	10	

图 12－12　端子表

（4）端板接线功能是在端子排的各端子处引出导线。在屏幕菜单中选择“原理图”→“端板接线”或直接使用命令“dbjx”。

命令输入后将出现如图 12－13 所示的“端子排－接线”对话框。

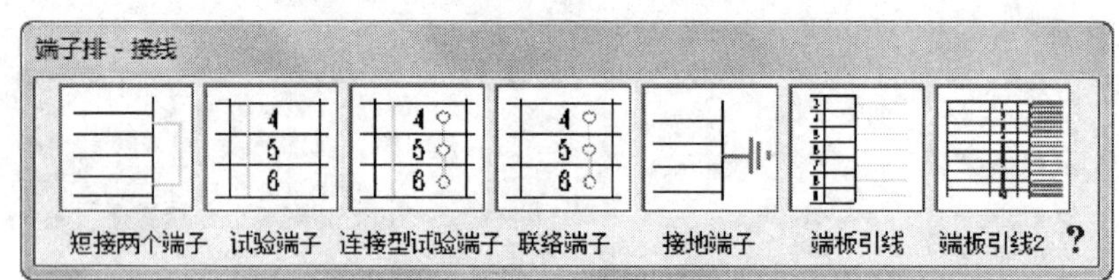

图 12－13　端子排－接线对话框

它提供了以下 7 种接线形式，分别是：

①“短接两个端子”指在两端子之间连接导线使之短路；

②“试验端子”指在点取的一行中插入试验端子；

③“连接型试验端子”指在点取行中插入试验端子和在相邻的两行之间插入联络端子；

④“联络端子”指在每相邻的两行插入联络端子；

⑤“接地端子”指在端子表中插入接地端子；

⑥“端板引线”指在端子表上所选端子侧引出电缆；

⑦“端板引线2”指在端子表上所选端子侧引出电缆，并每一缆线都有另一条的引出线。

(5) 转换开关的功能就是在已画好的导线上插入转换开关。在屏幕菜单中选择“原理图”→“转换开关”或直接使用命令“zhkg”。

依据命令提示依次点取转换开关的两侧边虚线的始末。再根据命令提示，确定转换开关的位置及转换开关中断子之间的距离，并按命令提示拾取不画转换开关的导线，使之不参与转换开关的绘制。之后在虚线与导线的交叉点处插入端子，转换开关的图如图12－14所示。

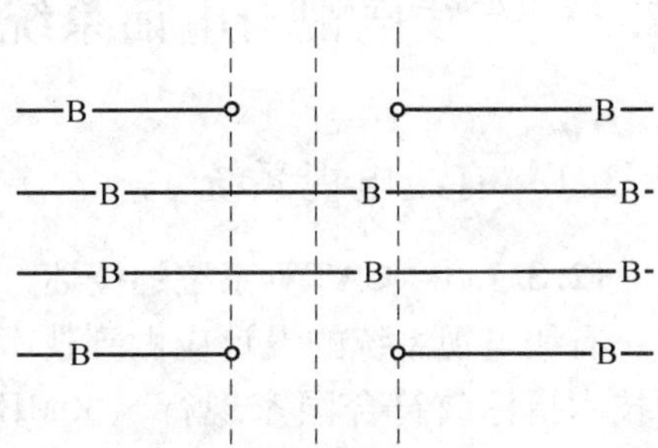

图12－14　转换开关图

(6) 闭合表就是绘制转换开关的闭合表。在屏幕菜单中选择“原理图”→“闭合表”或直接使用命令“bhb”。

弹出转换开关闭合表对话框，如图12－15所示，其各选项功能如下：

①“开关型号”在表中输入开关的型号，生成时其至于表头；

②“触点对数”从下拉菜单中选取触点对数；

③“手柄角度”在要选的框中选择；

④“表头设置”提供两种表头的设置；

⑤“触点状态”在闭合表中选择触点是闭合还是断开。

定义好了闭合表的所有参数就完成了绘制，生成的“转换开关闭合绘制表”如图12－16所示。

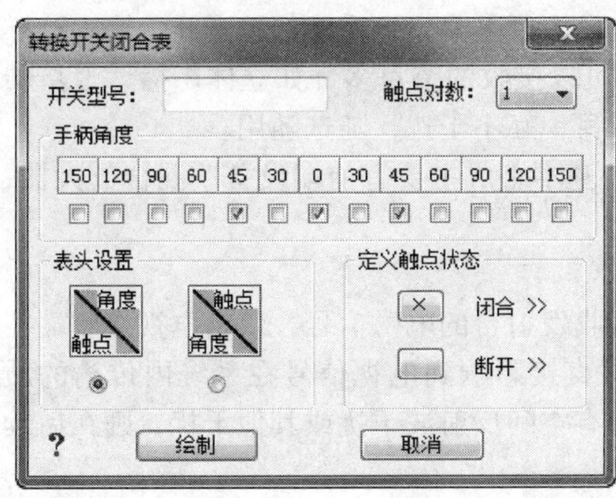

图12－15　转换开关闭合表对话框

角度 / 触点	45	0	45
1–2			
3–4			

图12－16　转换开关闭合绘制表

（7）固定端子“gddz”和可卸端子“kxdz”命令。这两个命令就是在绘制原理图中表示固定端子（或可卸端子），此时导线自动断开。

此外还有绘制连接点“hljd”、擦连接点“cljd”、端子标注“dzbz”等命令，此处不再详述。

12.3 有线电视与电话系统

12.3.1 有线电视系统

12.3.1.1 CATV 系统的概述

有线电视系统的设计应做到技术先进，经济合理，安全使用。有线电视系统的技术指标应符合国家现行《30MHz～1GB 声音和电视信号的电缆分配系统》标准参数要求。进入系统的信号质量及系统的传输质量应符合下列规定：

进入系统前端的电视信号质量，不宜低于五级质量标度的2.75级。

系统对所传电视信号的损伤（不包括天线及馈线），不应使信号变坏（对任意一项电性能）至五级损伤标度的四级以下。

12.3.1.2 电视信号

电视信号是将电视屏幕上的每一幅画面分成许多像素，然后从左到右、从上到下进行扫描，将每个像素按不同颜色和亮度送出去。其中从左到右的扫描称为行扫描，从上到下的扫描称为场扫描。我国电视制规定一次场扫描的时间为20ms，一次帧为40ms，一次行扫描为64s。场消隐的时间16ms，行消隐的时间为12s。

12.3.1.3 CATV 系统的主要特点

CATV 系统一般采用同轴电缆作为信号传送，这是因为它的屏蔽信号好，能防止杂波的进入，图像清晰，不过现在已有很多 CATV 系统都用光纤传输，这样更能减少一些非线性失真。CATV 系统可以接收的节目多，如立体广播、卫星转播的节目、闭路放录像、自办的电视节目，互不干扰，随选随用。

（1）系统的基本组成。有线电视的基本组成主要有前端设备、混合放大器、分支器、分配器等。

（2）CATV 系统设备。包括：

①有线天线。电视天线的作用是接收发射台的电磁信号，供给电视接收端使用。接收天线输出的信号质量好坏，将直接影响到电视信号在系统内传输的质量。可以设想，若天线输出的信号中含有空间反射波干扰或其他干扰，则在后续中的信号传输中很难消除。

②放大器。在整个系统中，放大器的种类很多。主要有天线放大器、频道放大器、线路放大器、分配放大器等。它们的作用主要是为了放大电视信号，用于

因电视电缆太长，补偿分配器或分支器的损耗。

③混合器与分波器。CATV 系统中，常常把天线接收到的不同频道电视信号合并为一个送到宽频道放大器中，混合器的作用就是把几个信号合并成一路而又不互相影响，并阻止其他信号通过。而分波器恰巧和它相反，是将一个输入端的多频道信号分解成多路输出，每一个输出端将覆盖着某一频段的器件。常见的混合器有 VHF/UHF 混合、VHF/VHF 混合、UHF/UHF 混合、专用频道混合等四种组成。

④分配器。分配器是将混合器或者放大器送来的信号进行平均分配，常见的分配器有二分配器、三分配器、四分配器及六分配器。

⑤分支器。分支器的功能是在高电平馈线传输中，以较小的插入损耗，从干线上取出部分信号分配给用户端。常见的分配器有二分器、三分器、四分器等。

⑥同轴电缆。它是目前应用最广的一种传输信号，它的特性阻抗是 75Ω，常见的电缆型号有：SYV－75－12、SYV－75－9、SYV－75－5。其中第一个用于主干，后两个用于支干。

12.3.1.4 有线电视系统平面图的绘制

在有线电视的平面图绘制中，所示的平面视图只是一种参考，并不是实际中的施工图，它只是一种大致上描述该怎样安装、怎样走线。这要求懂技术的负责人以图纸为指导，同时根据施工中出现的具体情况做相应调整。这样才能使这个系统按照预先的设想完成，并达到预定目的。

绘制步骤如下：

(1) 绘制有线电视系统框架图。在屏幕菜单中选择“弱电系统”→“有线电视”或输入命令“yxds”，弹出电视天线设定对话框，如图 12－17。

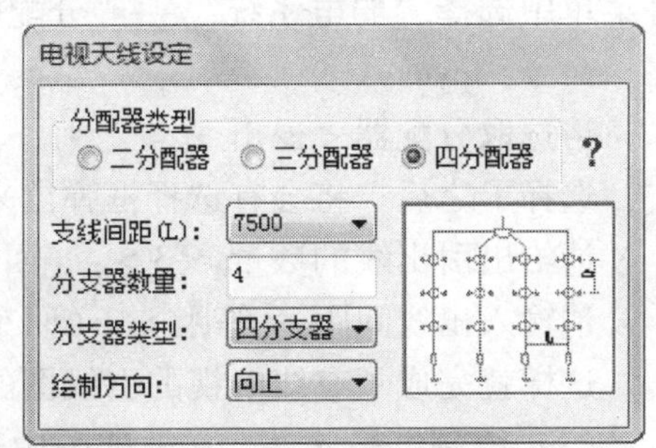

图 12－17 电视天线设定对话框

对话框中各项的作用和使用方法如下：

①“系统示意图”：用于显示系统的形式；

②“分配器类型”：三个互锁按钮用于选择主分配器类型，确定分支的数量；

③“支线间距”：用下拉列表框选择各种间距；

④“分支器数量”：输入每条支路上分支器的数量；

⑤“分支器类型”：下拉列表可选择分支器类型为一分支器、二分支器、三分支器及四分支器；

⑥“绘制方向”：复选框选择分支器绘制的方向。

在这个对话框中设定要绘制的天线系统形式及相关尺寸后，在屏幕上出现鼠标拖动的分支器的预演图，选定合适位置点击鼠标，然后按“回车”，系统即在点击处按所设参数绘制天线系统。图 12 - 18 为系统生成的三种有线电视系统框架图（二分配器、三分配器及四分配器）。

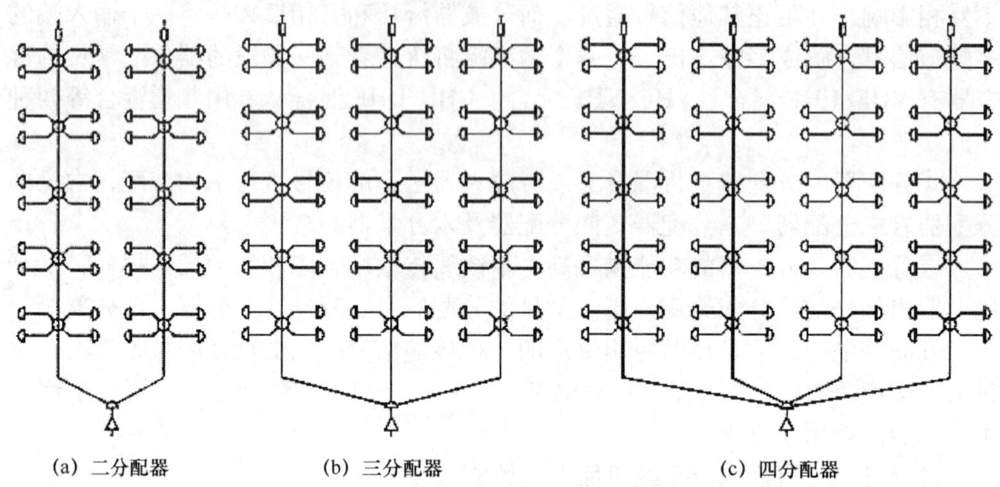

(a) 二分配器　(b) 三分配器　(c) 四分配器

图 12 - 18　有线电视系统框架图

有线电视系统图框架绘制完毕后，用户还可利用“分配引出”、“电视元件”等命令进行详细绘制。

（2）绘制分配器上的引出线。绘出上面的框架图后，要引出分支线。在屏幕菜单中选择“弱电系统”→“分配引出”或输入命令“fpyc”。

命令：fpyc

请选取分配器 <退出>：

选择了之后，将会有选择框弹出来

请给出引出线的数量 <3>：（回车）

请输入出线间距 <等距>：（回车）

这样就完成了有线电视的引线图的绘制。

（3）绘制电视元件。在框架图中还可以添加电视元件。在屏幕菜单中选择“弱电系统”→“电视元件”或输入命令“dsyj”。

命令：dsyj（回车）

弹出电视元件选择框，见图 12 - 19。从中选择需要的元件。然后出现如下命令提示：

请指定设备的插入点 {转 90 [A]/放大 [E]/缩小 [D] 左右翻转 [F]} <退出>：

这时，用户点击鼠标以确定元件设备插入的位置，命令完成。图 12 - 20 为插入元件后的示例图。

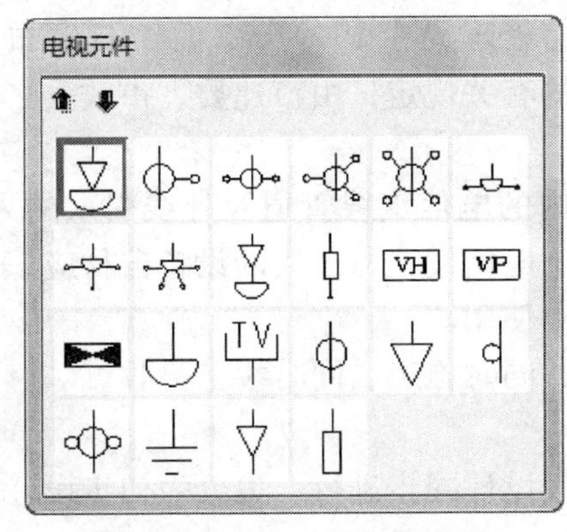

图 12－19　电视元件对话框

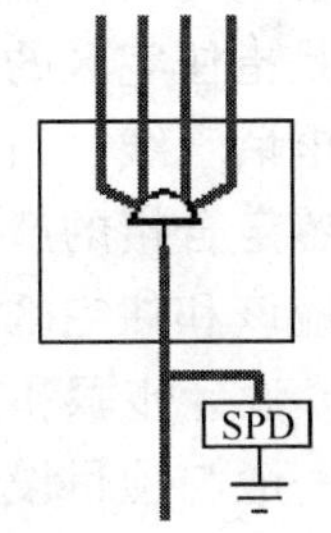

图12－20　元件设备插入后示例图

(4) 绘制虚线框。在框架图中还可以添加虚线框包围一组设备，使得图更醒目。在屏幕菜单中选择“弱电系统”→“虚线框”或输入命令“hxxk”。

命令：hxxk

请点取虚线框的一个角点 <退出>：

再点取其对角点 <退出>：

这样就完成了虚线框的绘制过程。

综合上述四个步骤，就可以绘制出一个完整的有线电视系统图，如图 12－21 所示。

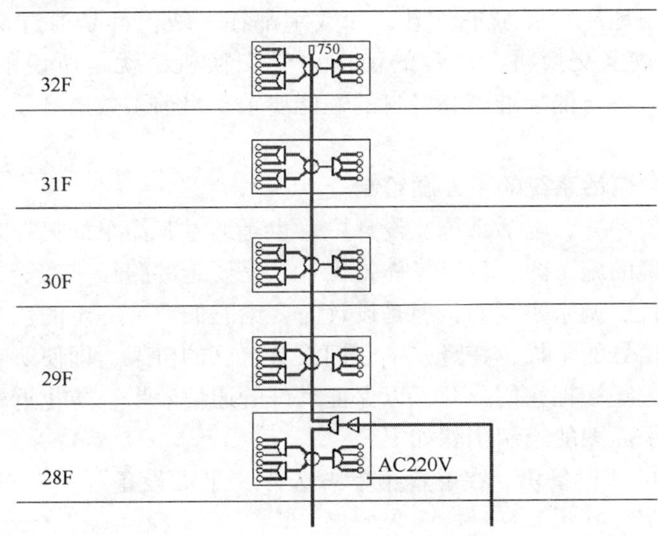

图 12－21　有线电视系统图

12.3.2　电话系统

电信通信系统设计依据为《北京市住宅区及住宅建筑电信设施设计技术规

定》（即 DBJ01—601—1999），是北京电信管理局在 1999 年 2 月 1 日颁布的标准。它是根据北京城市总体规划及邮电部的有关规定，由市建委、市政委、市政管委和市电信管理局共同制定的。

电信设施是指住宅区的规划用地红线内的电信支线管道及外线引入的人孔，住宅建筑内的电话管线、组线箱、交接间。电信设施所选用的设备器材应该是定型产品，未经鉴定合格的产品不得在工程中使用。

电信设施应该和住宅区建筑同时设计、同时施工、同时竣工验收。

12.3.2.1　设计步骤和内容

电信设计一般与项目设计的各单体工程设计同步进行，也分为初步设计和施工图设计两个阶段。

（1）初步设计。开展初步设计之前，应根据工程的规模确定通信系统的组织模式，即通信的体系、工作方式、设备运行程序、设备容量及与当地邮电部门的联系方式。通信系统的组织原则应尽早确立，这需要与建设方共同研究决定。因为建筑工程的性质、规模以及对通信的要求千差万别，所以在接受通信设计任务时，要明确设计单位的使用要求，以便在设计中选用合适的通信模式。

（2）施工图设计。初步设计经过会审后，根据修改意见及要求作审批结论，而后再进行施工图的设计。施工图设计的内容是：通信模式、电话机总容量、电话站的位置、平面布置、用户分布、供电设施、界区外线、中继线进出的位置、方式及有关专业分工配合内容等。

就目前的房地产发展水平，语音和数字都在一块，都是通过交换机来实现的，数字的用数字交换机，语音的使用语音交换机，就是所说的程控交换机（PBX）。它们有各自的标准，有各自的性能要求。目前多数语音使用的是三类双绞线（UTP）。

12.3.2.2　电话系统的平面图绘制

和其他系统一样，电话系统在设计中，也是通过其简单的拓扑来实现的，它们没有一个明确的施工图，没有具体指出什么是要走的路径。在竖井中，通过和其他的工种进行协调来实现的，但是设计时要给它们留有一定的位置。在施工过程中为了防止信号的干扰，在竖井中它们没有自己的桥架，即使所有的弱电走在一块，也要通过隔板把它们分开，以保证良好的通信效果，防止近端串扰等。

有线电话平面图的绘制步骤如下：

（1）插入电话设备块。在屏幕菜单中选择“平面设备”→“任意布置”或输入命令“rybz”。

命令：rybz

请指定设备的插入点｛转 90［A］/放大［E］/缩小［D］左右翻转［F］｝<退出>：

弹出对话框见图 12－22。从中选择所需电话设备图块，然后点击鼠标于图块插入位置。插入后设备图见图 12－23。

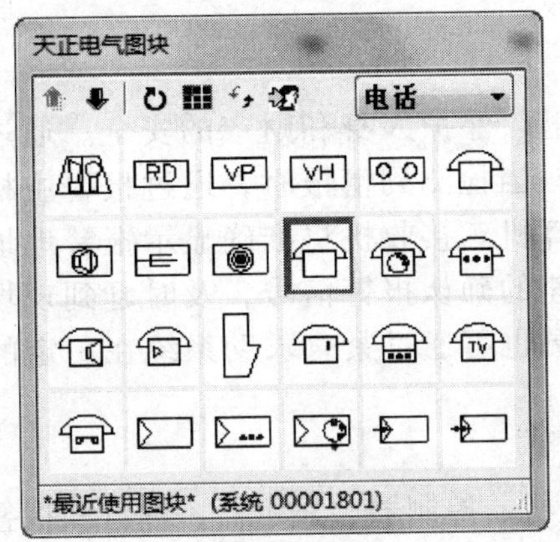

图 12－22 电话图块选择对话框

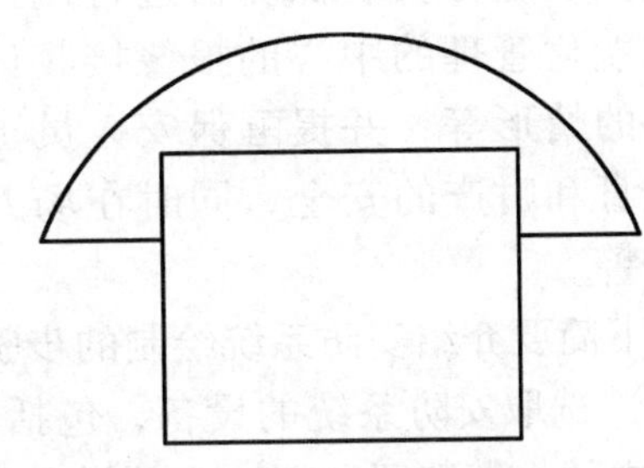

图 12－23 插入后的设备图

（2）绘制引出线。从插入的设备块中引出总线，对其进行等分点。在屏幕菜单中选择“弱电系统”→“分配引出”或输入命令“fpyc”。可参见有线电视系统绘制的相关介绍，不再赘述。

在引出线上还可以再插入电话设备块，反复上述两个步骤，最后绘制出完整的电话系统控制图，见图 12－24。

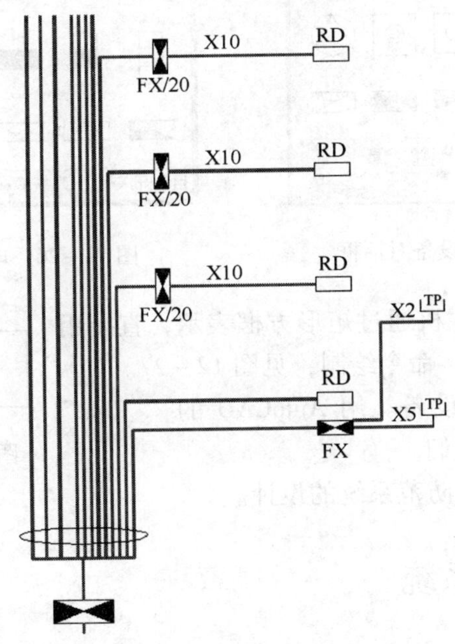

图 12－24 电话系统控制图

12.4 安全防范系统

安全防范是指保证在一定的区域里，保护人身和财产的安全。通过在特定的范围、地方安装探测器进行监控。当检测到情报时，通过报警主机把它传到智能化管理的中心的报警接收计算机。接收机将准确显示报警地址和所遭破坏的情形等，并提醒保安人员迅速的确认报警信号，及时赶到现场，以保证人身和财产的安全，同时在场人员也可通过紧急求助系统在一定的区域进行报警。

以下简要介绍安防系统绘制的步骤。

（1）选取安防系统的设备，包括主机、控制器、显示器、键盘和报警装置等。其中的报警装置和消防中的设备是一样的，见图 12－25。控制器通过“任意布置”→“箱柜”选取，见图 12－26。

图 12－25　消防设备对话框

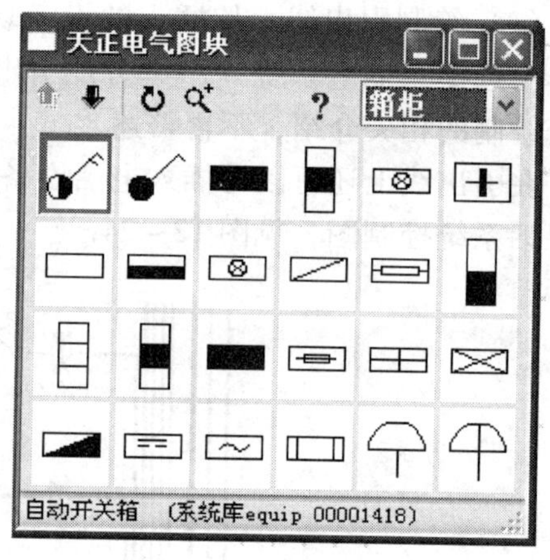

图 12－26　电气图块对话框

（2）绘制主机。主机通过矩形方框表示，直接用 AutoCAD 的“_rectang”命令绘制，见图 12－27。

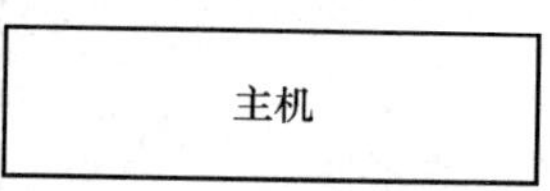

图 12－27　主机示意图

（3）连接主机与设备。用 AutoCAD 的“_line”命令绘制线段，连接它们。

这样就完成了安全防范系统的设计。

12.5 消防报警系统

建筑中的消防报警系统是建筑弱电系统中不可缺少的一部分，通过感烟探测器、感温探测器、感光探测器及红外探测器对情报信号进行探测，发生火情时，探测器将采集的火灾信号发送到火灾报警盘上，火灾报警盘接收到信号，对发生火情的地址进行显示，并通过铃声、报警装置、消防广播等设备进行报警，并联动控制启动灭火设备，对于监控功能要求较高的场所，联动控制还包括了将火灾现场的情报通过视频监控发送到监控页面，并自动打开安全通道指示灯。

12.5.1 消防报警系统平面设计图的绘制

具体操作步骤：

（1）绘制消防干线。在屏幕菜单中选择“弱电系统”→“消防干线”或输入命令“xfwz”。

命令：xfwz

回车后，弹出对话框见图 12－28。

请输入插入点 <退出>：

鼠标点击响应上面命令提示，插入消防系统干线图，见图 12－29。

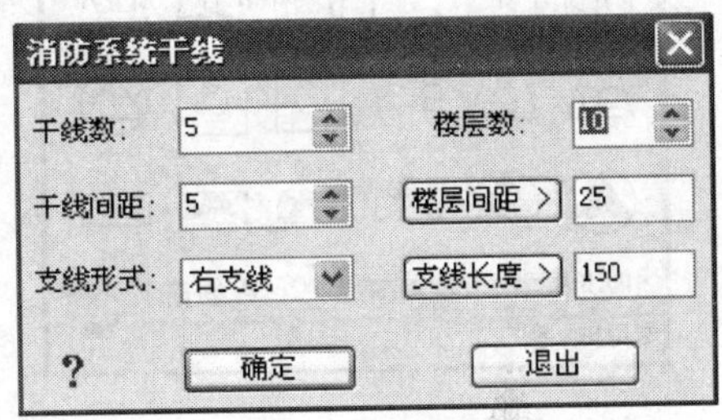

图 12－28 消防系统干线对话框

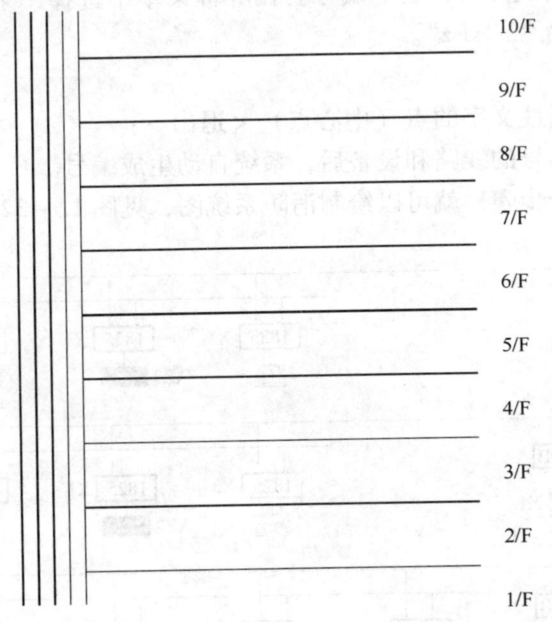

图 12－29 消防系统干线图

（2）插入消防设备块。在屏幕菜单中选择“弱电系统”→“消防设备”或输入命令“xfsb”。

命令：xfsb

弹出对话框如图 12－30，它可以进行设计引线长度、字高、数量。同时可以通过图 12－31 来设计它与导线的连接。

图 12－30　消防设备对话框

图 12－31　消防设备与导线连接方式图

（3）设置消防线路和设备的编号。在屏幕菜单中选择“弱电系统”→“消防数字”或输入命令“xfsz”。

命令：xfsz

请点取插入属性文字的点（中心点）<退出>：

鼠标点击拟编号的线路和设备后，系统自动生成编号。

通过上述三个步骤，就可以绘制消防系统图，见图 12－32。

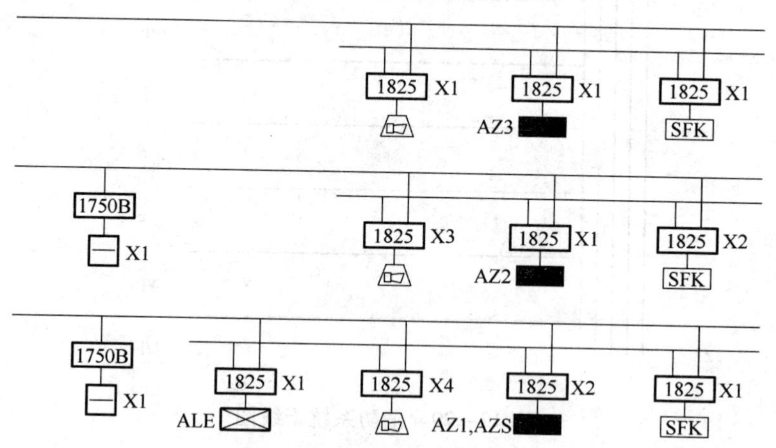

图 12－32　消防系统图

（4）消防统计。消防统计是对整个消防系统中所有的设备进行快速的统计，这样可以防止人为统计中出现错误，以提高准确性。

在屏幕菜单中选择“弱电系统”→“消防统计”或输入命令“xftj”。

命令：xftj。

请选择统计范围＜全部＞：

点取位置或｛参考点［R］｝＜退出＞：

系统会自动生成选择范围内的所有消防设备统计表，见图12－33。

	防火卷帘按钮盒	随设备配套	暗装，距地1.4m
1751	短路隔离器	随设备配套	随设备定位
1750B	输入模块（配水流指示器）	随设备配套	随设备定位
1750	输入模块	随设备配套	消防接线箱内安装
1825	总线控制模块	随设备配套	设备控制箱内安装
1807	多线控制模块	随设备配套	设备控制箱内安装
SFK	正压送风口	随设备配套	见暖施
	智能离子感烟探测器	随设备配套	吸顶安装
	智能离子感烟探测器	随设备配套	吸顶安装
	防爆型感烟感温探测器	随设备配套	吸顶安装
	手动报警按钮（带电话插孔）	随设备配套	明装，距地1.4m
	火警电话	随设备配套	明装，距地1.4m
	声光警报器	随设备配套	明装，距地2.3m
	消火栓按钮	随设备配套	消火栓内安装

图12－33　消防设备统计表

（5）最后，在完成系统画图之后，还要画出其控制线。见图12－34。

线路敷设说明：

1，—B—	回路总线：	ZR-BV-2X1.5-SC15-CC/WC
2，—H—	二线直通电话线：	ZR-RVS-2X1.0-SC15-CC/WC
3，—K—	多线联动控制线：	ZR-BV-8X1.5-SC20-CC/WC
4，—S—	消火栓直接启泵控制线：	ZR/KVV-4X1.5-SC25-CC/WC
5，—DH—	消防电话总线：	ZR-RVS-4X1.0-SC15-CC/WC
6，—D—	联动外控电源线：DC24V	ZR-BV-2X2.5-SC15-CC/WC

图12－34　设备控制线

这样就完成了消防报警系统的绘图过程。

12.5.2　消防报警系统实例图

消防报警总控制平面图见图 12－35。

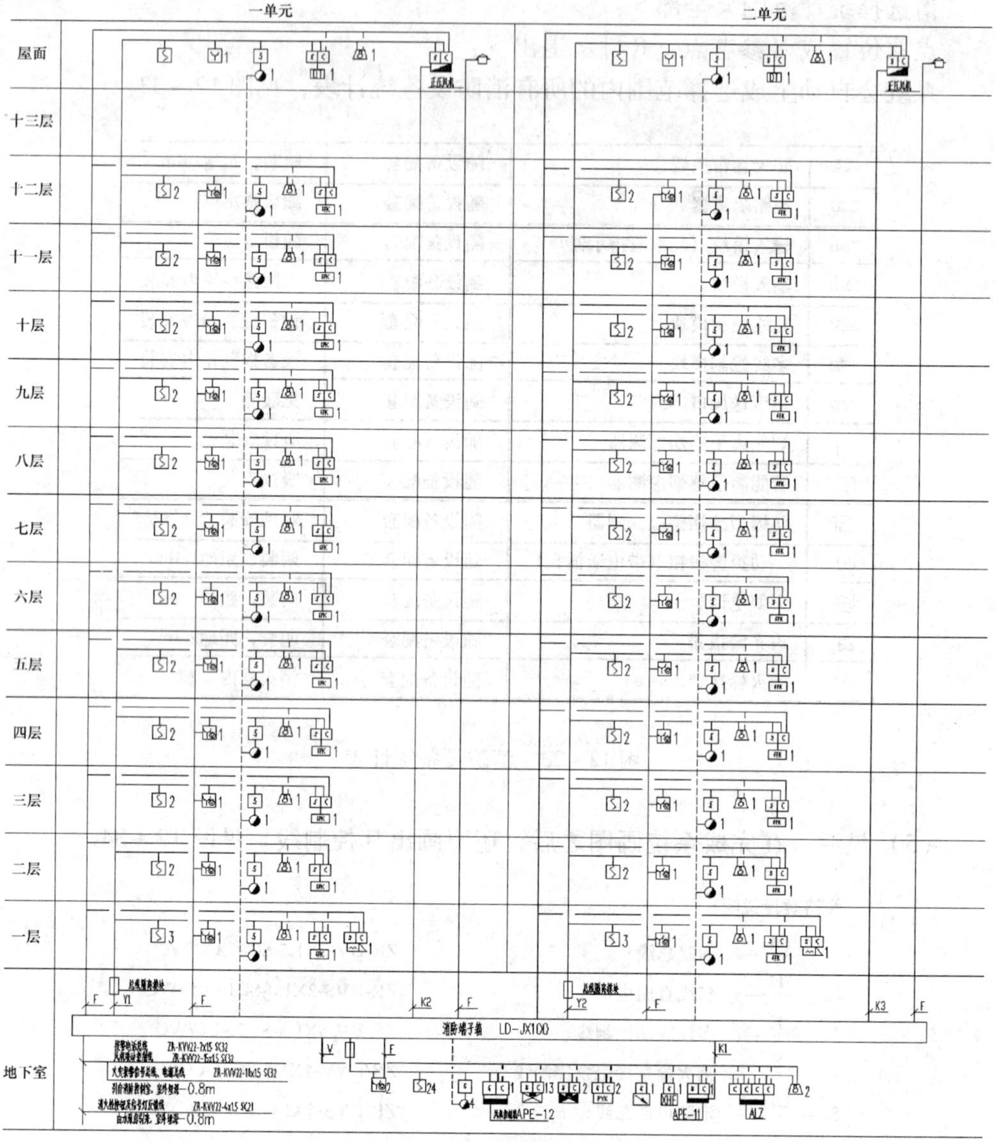

图 12－35　火灾报警总控制平面图

12.6 习题练习

1. 建筑工程的弱电部分主要由哪些系统组成？
2. 综合布线系统由哪些子系统组成？其各自作用是什么？
3. CATV 系统的前端设备有哪些？
4. 楼宇自动控制包括哪些系统？
5. 安全防范系统的功能有哪些？
6. 火灾报警系统的基本工作原理是什么？
7. 系统弱电工程图主要有哪些部分？

参考文献

[1] 刘瑞新，朱维克，于梅. AutoCAD 2005 中文版应用教程［M］. 北京：机械工业出版社，2005

[2] 姜勇. AutoCAD 习题精解［M］. 北京：人民邮电出版社，2006

[3] 姚梦明，陆燕. 办公室照明［M］. 上海：复旦大学出版社，2005

[4] 戴志中，蒋珂，卢昕. 光与建筑［M］. 济南：山东科学技术出版社，2004

[5] 唐定曾，唐海. 建筑电气技术［M］. 北京：机械工业出版社，2008

[6] 梁志超，黄铁兵. 民用建筑电气设计手册［M］. 北京：中国建筑工业出版社，2008

[7] GB50034－2004，建筑照明设计标准［S］. 北京：中国建筑工业出版社，2005

[8] JGJ/T 16－92，民用建筑电气设计规范［S］. 北京：中国建筑工业出版社，2005

[9] 张瑞武. 智能建筑［M］. 北京：清华大学出版社，1998

[10] 钟朝安. 现代建筑设备［M］. 北京：中国建材工业出版社，1995

[11] 陈一才. 现代建筑电气设计与禁忌手册［S］. 北京：机械工业出版社，2003

[12] 梁一冰. 电气工程设计－CAD 技巧与应用［M］. 北京：机械工业出版社，2006

[13] 王晓东. 电气照明技术［M］. 北京：机械工业出版社，2003

[14] 刘思亮. 建筑供配电［M］. 北京：中国建筑工业出版社，2006

[15] 刘宝林. 现代建筑电气设计［M］. 机械工业出版社，2003